四訂
食品の官能評価・鑑別演習

（公社）日本フードスペシャリスト協会　編

建帛社
KENPAKUSHA

まえがき

　食品の生産，流通，消費という川の流れにたとえられるシステムを消費の側から，いわば川を遡行する形で観察，研究していくことにより，よどんだ流れを浄化するようなシステムが見えてこないか。そのような学問体系を修得した人たちに消費や流通の現場で活躍していただき，より豊かな食生活が構築できないか。あるいは，新しい流れもできてくるのではないか。このような考えにより，フードスペシャリストという新しい資格制度が創設された。

　この資格が発足して約27年となるが，多くの学生諸氏が資格取得を目指して勉学に励んでいる。この間あいついで食品不祥事が起こり，食品の品質表示基準が改定されるなど，フードスペシャリストを取り巻く環境も激しく変化している。日本人における食生活は一層の広がりをみせ，フードスペシャリストには，より広く深い知識が求められるようになってきた。フードスペシャリストに寄せられる期待はますます大きくなっているといえよう。

　本書はフードスペシャリスト養成課程の必修科目である「食品の官能評価・鑑別論」のテキストとして編纂されたものである。本書が刊行されたのは1999年のことで，爾来2004年に新版，2014年に三訂版が発行され，今回約10年ぶりに四訂版を発行することとなった。

　初版では官能検査，化学的評価，物理的評価および個別食品の鑑別法という内容構成であったが，新版では初版の理念は忠実に守りながら，新たに食品の品質について章を設けて食品表示を取り上げ，また菓子などの食品項目を追加して充実させた。難解とされる部分についてはできるだけ平易にすることを試みている。

　食品を選択するという行為には多くの背景と動機が存在しており，

その行為を補助することが求められるフードスペシャリストに必要とされる知識や技能は，非常に多岐にわたっている。しかしながら，どんな場面においても種々の食品についての深い知識と，それらの品質を見抜く技能が基本になくてはならない。化学的・物理的な評価法はもちろんのこと，嗜好に直接結びつく官能的な食品の評価法の技術はフードスペシャリストにとって必須のものである。

　今回の改訂による，四訂版では，種々の食品に対する深い知識と，それらの品質を見抜く技能を修得するという，本テキスト初版からの理念については変わらないように心がけた。なかでも本改訂では，実際の現場で行われる官能評価を意識して内容を改め，個別食品の鑑別の章をできるだけ多くの食品についての知識を修得できるように充実させた。

　本書は初心の学生諸子にも平易にわかりやすく，かつ専門技術者としてのフードスペシャリストに必要十分なものとするにはどうすればよいか，努力を尽くしたつもりである。しかしながら，でき上がったものはまだまだ十全なものとは言い難く，今後の試行錯誤により改良の必要性を痛感している。

　フードスペシャリストを志す学生諸子が，本書を基礎にその名称に恥じない人材に成長されんことを心より願う次第である。

　2024 年 2 月

責 任 編 集　青 柳 康 夫

筒 井 知 己

目　次

食品の品質とは 序

（1）食品の特性

　食品が食品であるためにすべてに優先して基本的に具備していなければならない品質特性は，**安全**であるということである。その上に立って，食品は 3 つの機能，すなわち**一次機能**（栄養機能），**二次機能**（嗜好機能），**三次機能**（生体調節機能）を有しているものと定義される（図 1 ）。

　安全な食品とは生物学的，化学的，物理的に人に対して危害を及ぼす物質を含有しないものである。安全でない食品には，有毒植物や毒キノコなど，毒素などを含み本来食品となすべきでないものと，本来安全である食品に，加工，保存，流通，調理などの過程で毒素や金属片などの異物が混入した場合がある。カビ毒や細菌汚染，脂質酸化などによる食中毒の発生はこの例である。また，石粒や金属片の混入の検出は品質検査の最重要項目のひとつとなっている。

　一方，安全とされる食品にも漠然とした不安をぬぐえず，安心であるとされ

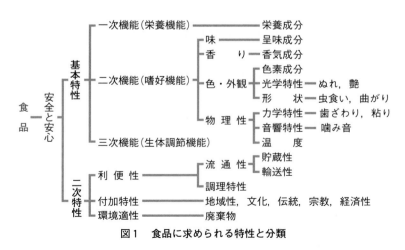

図1　食品に求められる特性と分類

ないものがある。遺伝子組換え食品や放射線照射食品が安全であるとされる一方で，未だに多くの人に安心であるとされないような例である。また，残留農薬や放射能汚染に対する人々の反応にも，同じことがいえる。このように，食品には安全であるというだけでなく，安心も求められている。

食品は人が生命活動を行う基本となる栄養素を提供するものであり，栄養機能が最も重要な機能であるが，嗜好的に満足できるものでなくては食品として十分なものではない。また，これらに加えて，食品の生体調節機能についても種々明らかにされつつあり，これらが食品の基本特性を構成している。

（2）食品の品質

栄養機能，嗜好機能，生体調節機能での品質とは各食品が本来具備する，あるいは求められる機能を十分に満たしているかどうかが判断の基準となる。

栄養素の含有量，鮮度，おいしさ，物理的性質，機能性成分量など，**化学的・物理的分析**あるいは**官能評価**などにより品質が管理される。しかし，実際の食品の品質あるいは価値は，これら以外の多くの要素が関係している。

二次特性としての品質は，利便性やその他の付加特性，環境負荷などがこれに含まれている。**利便性**とは，貯蔵性や輸送適性などよりなる流通性や調理適性などの因子からなる。**保存性**は乾燥食品，冷凍食品，塩蔵，レトルトパウチ食品など，新しい食の分野を創造するほどに重要なものであり，また輸送性は食品の販路などに決定的な影響がある。**調理適性**においてはインスタント食品，電子レンジ対応食品などのように新しい食品の価値を創造してきた。

食商品学的な視点からは**商品価値**としての品質が求められる。生産地や生産企業あるいは生産者，生産法，さらには販売者など，いわゆるブランドの要因，季節，時期，日時等の要因，販売される地域，地方などによる要因，宗教による禁忌に対応する食品，容器，包装などの外観や視覚的な要因，また流通販売時の温度など，非常に多くの要因が食品の品質あるいは商品価値を規定している。最近ではこれらに加え，その食品の生産，流通などでの環境への負荷の軽重も，特性として重要となりつつある。

1 官 能 評 価

★ 概要とねらい

　官能評価とは，ヒトの五感（視覚，聴覚，嗅覚，味覚，触覚）を用いて対象となる食品などの特性を評価すること，または，ヒトの感覚強度を測定することをいう。日本では独自の日本工業規格（JIS）として方法が制定されていたが，2004年に国際標準化機構（International Organization for Standardization：ISO）との整合性が検討され，現在では，統合されたJIS Z9080，Z8144の規約に基づき実施される。また，ヒトを対象とした研究であるため，ヒトに対する安全性を担保し，繰り返し数や評価項目数，実施時の試料の適切な調製および量など，評価者に負担をかけないよう十分考慮した実施方法として，細心の注意をはらい設計されることが要求される。その一連の対象試料の選定や調製方法および実施方法は，倫理委員会（ヒトを対象とした研究として配慮がなされているか）の審査を経て承認されなければならないことになっている。また，有意な結果に導くための適切な統計手法についての知識も日々進化しており，常に研鑽が必要である。

　本書では，食品開発における商品設計の最終確認として必須となる，ヒトの感覚による官能評価分析方法について，正しい基本理論を解説し知識を習得したうえで，さらに演習により手法や解析方法を体験し，フードスペシャリストとして実践に役立つことを目的とした。官能評価手法も食している時間を指定しない（静的）方法から口に入れたときから飲み込むまで（動的）を評価する方法に移行しつつあり，常に学びを深める分野であることも覚えておいていただきたい。

1. 官能評価の概要

（1）官能評価とは

　官能評価とは，ヒトの五感（視覚，聴覚，嗅覚，味覚，触覚）を用いて対象となる物の特性を評価すること，または，ヒトの感覚強度を測定することをいう。視覚による評価は，標識やポスターなど，線の長さの錯覚等により見え方を考慮する分野，聴覚は，騒音やノイズに関する分野，嗅覚は，匂いがヒトの感覚や記憶に与える影響などを研究する分野，味覚は味の感じ方に関する分野，触覚は座り心地や付け心地などの分野であり，食の官能評価以外でも様々な分野がある。ここでは，食品の官能評価が対象であるため，視覚は外観，聴覚は咀嚼音等，嗅覚は香り，味覚は5基本味をはじめとする味，触覚はテクスチャー（口触りなど）と五感を用いて食べ物を評価する手法について取り上げる。実施はJIS Z9080，Z8144の規約に基づき行われる。

（2）官能評価の目的と意義

　官能評価は，かつては官能検査といわれ，工場出荷前の品質検査等，一定の基準がある合否判定方法であった。近年は消費者の求めるより細かな特性を描写し，それを具現化するシステム全体をさすようになったため，検査ではなく評価という言葉を用いている。日本では，酒や緑茶など，味の熟練者による評価は行われてきたが，熟練者の育成には時間がかかるため，広く客観的に評価を行えるように，尺度を一定にし，心理的効果などによるバイアスを排除した手法を用いて統計処理により有意差をみる。数値化は商品開発における商品の比較が可視化され，比較が容易になるなどの意義がある。つまり，品質検査，対象の比較，消費者の嗜好を数値により「みえる化」するなどの目的で行われる。

（3）官能評価の問題点

　官能評価はヒトがどのように感じるかを測定するため，実験者と評価者にヒトが介在する。つまりヒトの感覚生理や心理的側面を考慮する必要が生じる。一つの刺激に対する反応は，以前に獲得した経験または環境がもたらす感覚刺激と切り離すことができないが，これらの要因から生じる影響を制御し標準化（基準化）して考える。実験計画では，番号や記号で予め順序が予測されるものを用いないことや，疲労効果（繰り返し数）や，評価室の環境（照明・音・匂いなど）などの刺激への応答に混在するノイズを最小限に抑える必要がある。また，生理学的にヒトが最も感覚の鋭い濃度範囲や温度帯，時間や空腹状況なども考慮することにより，正確な値を得る工夫が必要となる。さらに訓練によって評価者の反応を研ぎ澄ますことも正確な評価を行ううえで重要である。

２．官能評価の基本と実施法

　官能評価には，ヒトの感覚や情緒的側面を「好き―嫌い」のような尺度で主観的に評価する嗜好型官能評価と味や香りの特徴に「差があるかないか」「強度の強弱」のような尺度で客観的に評価する分析型官能評価がある。また，分析型官能評価の一種で高度に訓練された専門評価者が「良―不良」のような尺度で評価する評価型官能評価がある。信憑性の高いデータを揃えるために，評価者であるパネルの選定，評価手法の選定，環境の設定が大切となる。

（1）評価者の選定
1）評　価　者

　官能評価の評価者は個人をパネリスト，その集団をパネルという。

　嗜好型官能評価を行う**嗜好型パネル**，分析型官能評価を行う**分析型パネル**，評価型官能評価を行う**専門家パネル**がある。嗜好型パネルは味覚感度等の訓練は必要ないが，分析型や専門家パネルは感覚感度やスケール合わせなどの訓練

が必要となる。偏食傾向がなく健康であることも重要である。

2）人　　数

　嗜好型パネルは対象となる母集団を代表する内訳で目的にもよるが，ISOでは60人以上を推奨している。分析型パネルは，10〜20人前後で行われる。専門家パネルは少人数でよい。例えば，2点試験法では，専門家で7人以上，選ばれた評価者で20人以上，選抜や訓練を受けていない評価者30人以上，消費者型試験では数百人以上が望ましいとされる。順位法では，専門家2人以上，選ばれた評価者5人以上，選抜訓練を受けていない評価者10人以上，消費者型試験では100人以上が望ましいとされる。

3）選　　定

　嗜好型パネルは母集団を代表する内訳であるので，男女比や地域差，家庭環境等を考慮しバラつきがないように選定する。分析型パネルは，五味の識別テスト（p.8,演習1）や香り識別テストなどに合格したパネルに，さらに訓練や尺度合わせなどを行い選定する。いずれも健康で，偏った見方や好き嫌いがないか，対象物のアレルギーがないか，強制ではないかなどを考慮し，十分な説明を行ったうえで自由な意思で参加できることが大切である。

（2）官能評価の設計

1）内 的 条 件

　① 　生理的制約　　疲労効果（順応）─刺激を受け続けると感覚が弱くなる。評価の試料数や評価時間を考慮する。対比効果─2つの刺激を継時的または同時に与えると，片方の刺激が他方の刺激を強めたり弱めたりする現象で前者を**継時対比**，後者を**同時対比**という。刺激の強い試料の後では，弱い刺激の試料が本来の刺激よりさらに弱く感じることがある。同時対比は2つの刺激を同時に味わう場合で甘味溶液に少量の塩味を加えると甘味が強まる現象などのことである。遮蔽効果（抑制・マスキング）─1つの刺激の影響で他方の刺激の強さが弱まる現象である。順序効果─対比効果，遮蔽効果などの影響を考慮し，試料の提示順序は均等になるように配慮することが必要である。大規模な

場合はランダム化して試料を提示する。閾値—感覚が生じる境界を刺激（絶体）閾といい，最小刺激量を閾値という。また，同種の刺激の違いを感知できるかどうかの境を**弁別閾**という。

② **心理的制約**　記号効果—a，b，cまたは数値であらかじめ優劣のイメージを起こさせるような記号は用いない。3桁の乱数を用いてコード化する。**中心化傾向**—段階のある評点をスケールに用いる場合，中央に回答が集まりやすい傾向がある。**教示効果**—事前になされる教示の内容が試料の評価に影響を及ぼすことがある。ブランド効果—試料に関する情報（品質・価値・ブランドなど）は先入観を与えることがある。

2）外的条件（環境の設定）

① **官能評価室**　官能評価を実施する環境設計として，パネリストへの生理的，心理的な負担，影響の変動がなく，かつ評価対象物を実際に使用する状況と大きく条件が異ならないような工夫が重要である。スペースは，試料を提示し評価を行う評価ブース，グループ評価室，試料を準備する準備室，評価結果を集計する事務スペースが必要である。評価室は，室温（20〜25℃），湿度（50〜60％），照明（実際の照明に近いもの300ルクス，色の試験では1,000—4,000ルクス），色彩（ブースは白または彩度の低い色），騒音（40dB以下，会話はしない），臭気（陽圧が望ましい），振動に注意を要する。手法により仕切りのある場所（ブース）またはオープンパネル（円卓），グループインタビュー形式などがある。

② **試料調製**　各評価者に提示する試料はできるだけ同一になるようにする。食品の部位による差がある場合は，できるだけ均質な部位を選ぶ。調理を行う場合は，一定になるように温度や時間など注意を要する。また，試料のばらつき（その試験で必要な試料間差以外の変動）は最小化しなければならない。測定しようとする刺激以外の刺激の影響は排除する（フレーバーの差をみるために適切な色の照明を用いて外観の差をマスクするなど）。試料の提供温度は差を検出しやすく評価中に変化しない温度とする。

③ **実施条件**　**容器**は試験に影響しないものを選択する。ワインのように

容器の形が規定されているものもある。**試料温度**や量は一定とし，**提示順**は順序効果に注意する。**試料数**は3～5種が望ましい。**評価の時間**は，空腹および満腹の時間を避け，午前や午後の半ばとする。**口すすぎ**は，試料によってはお湯を用い，2回ずつ行う。適宜，無塩クラッカーなどを用意することもある。

3）研究倫理

官能評価の協力者に対し，心身の安全を確保し個人の権利を守り，個人情報に関する不利益を与えないように配慮しなければならない。特に食品の官能評価は，食品の安全性に配慮した試料であり，無理な量でないこと，官能評価の参加は自由意志であることが求められる。実施にあたり，目的・方法・結果の公表等インフォームド・コンセントを十分に行い，個人情報の保管・管理を徹底するなど倫理委員会等の承認を受けたものであることが必要とされる。

＊演習1　五味識別テスト

ⅰ）試　　料

表1-1に示す試薬（g）と精製水（100mL）をビーカーに入れ，ガラス棒で完全に溶けるまで混ぜ，五基本味の希釈溶液検液を作製する（溶けにくいものは温める）。

ⅱ）方　　法

表1-2に従って表1-1の検液を40mLずつカップに分注し，1つのトレーにランダマイズされたカップ8個（五基本味の検液5個と無味の精製水3個でA～Hの順に並べ替える）を配置する。被験者は一口味わった後，空のコップ等に吐き出す。次の試料に移る場合は口をすすぎ用の水で2回すすぎ味が残らないようにする。

甘味・塩味・酸味・苦味・うま味に該当する記号を用紙に記入する。

ⅲ）検　　定

五味中の誤数が1個以下で2回連続4個以上正解で合格。

表1-1　五味識別テスト用試薬濃度（MSG：モノグルタミン酸ナトリウム）

味の種類	甘味	塩味	酸味	苦味	うま味
溶質	スクロース	食塩（NaCL）	酒石酸	無水カフェイン	MSG
濃度（g/dL）	0.4	0.13	0.005	0.02	0.05

表1-2　五味識別テスト試料の乱数例（8人分）

No.	甘味の記号	塩味の記号	酸味の記号	苦味の記号	うま味の記号	無味の記号
95	A	C	E	G	H	BDF
44	H	F	D	B	A	CEG
61	B	H	G	D	E	ACF
59	C	A	F	E	H	BDG
88	F	G	C	H	D	ABE
50	G	E	A	F	B	CDH
22	D	B	G	C	E	AFH
62	F	D	B	A	C	EGH

―五味識別テスト用紙―

No._____

　与えられた8個の試料をよく味わい，その中より以下のものを1個ずつ選び，該当するコップの記号を記入してください。
・甘味を感じるもの
・塩味を感じるもの
・酸味を感じるもの
・苦味を感じるもの
・うま味を感じるもの
　どれから先に味わっても結構です。5種の味に該当するものは必ずあります。もしも同種と感じる味のものが2個以上あれば，より強く感じるほうのコップの記号を記入してください。したがって該当しないものが3個ありますが，それらは記入する必要はありません。

味の種類	甘味	塩味	酸味	苦味	うま味
コップの記号					

（3）評価手法の選定

　官能評価の手法では，相対評価（差を比較する，または比較対象がある）と絶対評価（試料そのものを評価する）に大別される。

相対評価は比較を行うもので，試料数により2点試験法と3点試験法がある。また，対で比較する1対比較法，順序をつける順位法がある。

絶対評価は，採点法や尺度法，SD法がある。また近年では口中の時系列による評価（動的官能評価）もある。

1）識別試験法（difference test）

① **2点試験法（paire conparison test）**　2種類の試料A,Bを比較して特性の差を識別する方法で**2点識別法**（paired difference test）と**2点嗜好法**（paired preference test）がある。2点識別法は客観的順位のついた2つの試料を判断させ，差の識別能力があるかを明らかにする方法である。統計処理は片側（t分布の片方側：濃度の比較など正解がある場合）の2項検定を用いる（表1-3）。2点嗜好法は，好ましいか好ましくないか，など順位はないため，表1-4（両側のt分布：好き嫌いなど正解がない場合）を用いて有意差[*1]検定を行う。見方は，パネル数を回答数として，10人の場合は，片側でも両側でも有意水準[*2] $\alpha = 0.05$（5％）以下の有意差があるためには，9個以上の正答数（回答数）が必要となる。演習2を参照。

* 1　**有意差**（significant difference）：確率的に偶然ではなく意味のある差。
* 2　**有意水準**（significance level）：αで表され，0.05（5％）または0.01（1％）以下の確率pのときに有意（差がないという仮説：帰無仮説が否定される水準）となる。

＊演習2　2点識別法

ⅰ　**方　　法**

　塩分濃度の異なる汁物試料P（0.8％）とQ（0.9％）を用意し，10人のパネルに提示する。順序効果を考えてPQの組み合わせを5人，QPの組み合わせを5人に提示する。

ⅱ　質問票―汁物の官能評価―

　PとQは塩分濃度の異なる汁物です。一口含み塩味の強い方の記号を記入してください。次の試料に移るときは水で口を2回すすいでください。

　　塩味の強い試料の記号　（　　　　）

ⅲ　**検　　定**

Pが強い人数が2人，Qが強い人数が8人であった。この試験の場合，強い方はあらかじめ決まっているため片側検定となる。表1-3，1-4の10人の有意差5％は9人正解，1％は10人正解が必要なので，このパネルは識別ができなかったと判定される。

表1-3　2点識別法のための片側検定表

回答数	各有意水準における 5%	1%	回答数	各有意水準における 5%	1%	回答数	各有意水準における 5%	1%	回答数	各有意水準における 5%	1%
5	5	—	18	13	15	31	21	23	44	28	31
6	6	—	19	14	15	32	22	24	45	29	31
7	7	7	20	15	16	33	22	24	46	30	32
8	7	8	21	15	17	34	23	25	47	30	32
9	8	9	22	16	17	35	23	25	48	31	33
10	9	10	23	16	18	36	24	26	49	31	34
11	9	10	24	17	19	37	24	27	50	32	34
12	10	11	25	18	19	38	25	27	60	37	40
13	10	12	26	18	20	39	26	28	70	43	46
14	11	12	27	19	20	40	26	28	80	48	51
15	12	13	28	19	21	41	27	29	90	54	57
16	12	14	29	20	22	42	27	29	100	59	63
17	13	14	30	20	22	43	28	30			

くり返し数（または，パネル数）がnのとき，正解数が表中の値以上ならば有意。

表1-4　2点嗜好法のための両側検定表

回答数	各有意水準における 5%	1%	回答数	各有意水準における 5%	1%	回答数	各有意水準における 5%	1%	回答数	各有意水準における 5%	1%
7	7	—	20	15	17	33	23	25	46	31	33
8	8	8	21	16	17	34	24	25	47	31	33
9	8	9	22	17	18	35	24	26	48	32	34
10	9	10	23	17	19	36	25	27	49	32	34
11	10	11	24	18	19	37	25	27	50	33	35
12	10	11	25	18	20	38	26	28	60	39	41
13	11	12	26	19	20	39	27	28	70	44	47
14	12	13	27	20	21	40	27	29	80	50	52
15	12	13	28	20	22	41	28	30	90	55	58
16	13	14	29	21	22	42	28	30	100	61	64
17	13	15	30	21	23	43	29	31			
18	14	15	31	22	24	44	29	31			
19	15	16	32	23	24	45	30	32			

くり返し数（または，パネル数）がnのとき，正解数が表中の値以上ならば有意。

② **3点識別法（triangle difference test）**　3点試験法のうち，2種類の試料A，Bの差を識別できるか否かを判断するためにどちらか一方の試料の数を2個用意し，3個の中から1個の異なる試料を選び出す方法である。試料の組み合わせはAAB，ABA，BAA，BBA，BAB，ABBの6通りを提示する。また，方向性がないように3角形状に試料を配置する。有意差の検定には，表1-6を用いる。パネル数18名の場合，有意水準$\alpha = 0.05$（5％）で10個以上，$\alpha = 0.01$（1％）で12個以上の正答数が必要となる。演習3を参照。

＊演習3　3点識別法

① 方　　法
　2種類のオレンジジュースABを用意し，（AAB）（ABA）（BAA）（BBA）（BAB）（ABB）の6種の組み合わせをつくる。試料はPQRなどの記号をつけて，3角形になるようにトレーに配置する。パネルは6の倍数となるようにする。今回は18名とする。

⑪ 質　問　票

オレンジジュースの識別テスト
　PQRのオレンジジュースのうち，異なる試料を選んでください。次の試料にうつる時は，水で口を2回すすいでください。違うもの　（　　）

⑫ 検　　定

表1-5　3点識別法テスト結果

	パネル数	正解数	
Aが2つでBが1つの組み合わせ	9人	Bを選んだ数	8
Aが1つでBが2つの組み合わせ	9人	Aを選んだ数	8
合計	18人	正答数	16

　表1-6のパネル数18名の時，有意水準$\alpha = 0.05$（5％）で10　$\alpha = 0.01$（1％）で12以上の正答数が必要である。この結果では16なので，このパネルは有意水準1％で識別できたといえる。

表1-6　3点識別法のための検定表

回答数	各有意水準における 5%	1%	回答数	各有意水準における 5%	1%	回答数	各有意水準における 5%	1%	回答数	各有意水準における 5%	1%
5	4	5	29	15	17	53	24	27	77	34	36
6	5	6	30	15	17	54	25	27	78	34	37
7	5	6	31	16	18	55	25	27	79	34	37
8	6	7	32	16	18	56	26	28	80	35	38
9	6	7	33	17	18	57	26	28	81	35	38
10	7	8	34	17	19	58	26	28	82	35	38
11	7	8	35	17	19	59	27	29	83	36	39
12	8	9	36	18	20	60	27	29	84	36	39
13	8	9	37	18	20	61	27	30	85	37	40
14	9	10	38	19	21	62	28	30	86	37	40
15	9	10	39	19	21	63	28	30	87	37	40
16	9	11	40	19	21	64	29	31	88	38	41
17	10	11	41	20	22	65	29	31	89	38	41
18	10	12	42	20	22	66	29	32	90	38	42
19	11	12	43	20	23	67	30	32	91	39	42
20	11	13	44	21	23	68	30	33	92	39	42
21	12	13	45	21	24	69	31	32	93	40	43
22	12	14	46	22	24	70	30	32	94	40	43
23	12	14	47	22	24	71	31	34	95	40	44
24	13	15	48	22	25	72	31	34	96	41	44
25	13	15	49	23	25	73	32	34	97	41	44
26	14	15	50	23	26	74	32	35	98	41	45
27	14	16	51	24	26	75	33	36	99	42	45
28	15	16	52	24	26	76	33	36	100	42	46

③　**1：2点試験法（duo-trio test）**　　対照試料Aを提示し，その後A，Bの2試料を提示し，どちらがAか判断させる方法である。この方法はどちらがAか予めわかっているため，片側検定（棄却域：判断のもととなる領域が分布の片側にある検定）の2項検定（2項分布：成功回数と失敗回数の確率をとる値を1と0で表す確率分布に基づく検定）を行う（表1-3を用いる）。

④　**配偶法（matching）**　　異なるt種の試料をある順に並べた組とそれとは異なる順に並べた組の2つを用意し，この2つの組から同じ試料の組み合わせ（対）を選び出す方法である。繰り返し行う場合とそうでない場合では検定表が異なる。いずれも表1-7の正答数の数値よりも大きい正答数の場合，識別能力があるとみなす。

2）順　位　法

試料の刺激の大小，好みの大小に関して順位をつける方法である。物理的属性のもつ順位とパネルが評価した順位の相関を計算し一致度をみる方法①，順位の違いの位置の違いに着目し，その補正を行う方法②，といった2つの方法

表1-7　配偶法の検定表

繰り返しのない場合の正答数 / 繰り返しのある場合の正答数の平均値

t（試料数）	5％	1％	繰り返し数	平均値	繰り返し数	平均値
4	3	—	1	4.00	11	1.64
5	4	—	2	3.00	12	1.58
6	4	—	3	2.33	13	1.54
7	4	5	4	2.25	14	1.50
8	4	5	5	1.80	15	1.53
9以上	4	5	6	1.83		
			7	1.86	20	1.45
			8	1.75	25	1.36
			9	1.67	30	1.33
			10	1.60		

は2変量の関係（個々のパネリストに識別の能力があるかなど）で判断するのに対し，複数の変量間の順位の一致度（パネル全体の評価の一致度など）を判断する方法③がある。2変量の関係は，相関係数①ケンドールの順位相関係数，②スピアマンの順位相関係数を算出し，複数の変量間は③ケンドールの一致性の係数を算出する。検定は④フリードマンの順位検定を行う。カテゴリーデータの場合は，ウィルコクソンの順位和検定（対応のない2群間の場合），ウィルコクソンの符号付き順位検定（対応のある2群間の場合）が使われる。いずれの場合も同順位に評価することを認めない場合として解説する。

①　ケンドールの順位相関係数（kendoll rank correlation coefficient）

物理的属性値の順序とパネルの評価結果の順位との間の相関を計算する。物理的属性値の順位よりパネルの順位が上昇している対（P）と下降している対（Q）の差（S）：$S = \Sigma P - \Sigma Q$ から $r = \dfrac{2S}{t(t-1)}$ を求める（tは試料数。表1-8：具体例は演習4参照）rは順位がすべて一致（＋1）からすべて不一致（－1）の相関係数である。片側検定（表1-9）を行う。パネル全体としての能力をみる場合に適している。

ⓘ　方　　法

　濃度の異なる7個の試料を用意し，濃い順に並べることができるかどうかを判断する。

ⓘ　解　　析

　評価の順位を整理する。試料の濃い順の順位とパネリストの順位を表にする（表1-8）。属性の順位は上昇系列であるが，パネリストは1位を3位とした（数値は上昇：P）。試料1に対し3よりも高い数値をつけた試料の数（上昇P）は4個，3よりも低い順位とした試料の数（下降：Q）は2個である。そのようにすべての試料について数える。Pの合計は14，Qの合計は7である。

　　P－Q＝14－7＝7

ⓘ　検　　定

　　ケンドールの順位相関係数 $r = \dfrac{2S}{t(t-1)}$

　　　　tは試料数なので $r = \dfrac{2 \times 7}{7 \times (7-1)} = 0.333$

　　　　（表1-9の試料数7の欄の値よりも小さい）

　表1-9の数値以上で有意なのでこのパネリストは順位を正しく評価できていないといえる。ちなみにパネリストの評価がすべて物理的属性の順位と一致しているときはS＝21となり，$r = \dfrac{2 \times 21}{7 \times (7-1)} = 1$ となる。

表1-8　順位法　ケンドールの順位相関係数

物理的属性の順位	1	2	3	4	5	6	7	
パネリストの評価	3	2	4	6	5	1	7	計
P：上昇	4	4	3	1	1	1		14
Q：下降	2	1	1	2	1	0		7

表1-9　ケンドールの順位相関係数のための検定表

片側（両側）	0.05 (0.10)		0.025 (0.05)		0.01 (0.02)		0.005 (0.01)	
t（試料数）	r	S	r	S	r	S	r	S
4	1.000	6						
5	0.800	8	1.000	10	1.000	10		
6	0.733	11	0.867	13	0.867	13	1.000	15
7	0.619	13	0.714	15	0.810	17	0.905	19
8	0.571	16	0.643	18	0.714	20	0.786	22
9	0.500	18	0.556	20	0.667	24	0.722	26

10	0.467	21	0.511	23	0.600	27	0.644	29
11	0.418	23	0.491	27	0.564	31	0.600	33
12	0.394	26	0.455	30	0.545	36	0.576	38
13	0.359	28	0.436	34	0.513	40	0.564	44
14	0.363	33	0.407	37	0.473	43	0.516	47
15	0.333	35	0.390	41	0.467	49	0.505	53
16	0.317	38	0.383	46	0.433	52	0.483	58
17	0.309	42	0.368	50	0.426	58	0.471	64
18	0.294	45	0.346	53	0.412	63	0.451	69
19	0.287	49	0.333	57	0.392	67	0.439	75
20	0.274	52	0.326	62	0.379	72	0.421	80

r：相関係数　　S：PQ合計値の差

② スピアマンの順位相関係数（Spearman rank correlation coefficient）

生のスコアを順位に変換し，試料における各ペア（パネリストの順位との2変数）の差dの絶対値を求め，d^2の総計Σd^2を計算する。

スピアマンの順位相関係数 $r = 1 - \dfrac{6\Sigma d^2}{t^3 - t}$　　　tは試料

スピアマンの順位相関係数の検定表（表1-10）の数値よりも小さければ識別能力があるとする。客観的順序があるものは片側検定となる。パネリストの識別能力の判定などに使われる

③ ケンドールの一致性の係数（kendoll's coefficient of concordance）

好ましさなど客観的順位のないt個の試料をn人のパネルで評価した時に全員の評価の一致性を判定する場合に用いる。まず試料ごとにn人のパネルの順位合計Tiを計算する。順位合計の最小値はn，最大値はtnであり，平均値は$\overline{T} = \dfrac{n(t+1)}{2}$となる。これよりTi−$\overline{T}$の平方和Sとして$S = \sum_{i=1}^{t} (Ti - \overline{T})^2$を算出する。一致性の係数 $W = \dfrac{12S}{n^2(t^3 - t)}$として計算する（$0 \leqq W \leqq 1$）。

表1-10　スピアマンの順位相関係数の検定表

	有意水準			
	片側		両側	
t	5 %	1 %	5 %	1 %
5	2	—	—	—
6	6	2	4	—
7	16	6	12	4
8	30	14	22	10
9	48	26	38	20
10	72	42	58	34

t＝試料数
Σd^2が表の値以下であれば有意。

表1-11　ケンドールの一致性の係数WのSによる検定表

n＼t	α＝5%					α＝1%				
	3	4	5	6	7	3	4	5	6	7
3	17.5	35.4	64.4	103.9	157.3	—	—	75.6	122.8	185.6
4	25.4	49.5	88.4	143.3	217.0	32	61.4	109.3	176.2	265.0
5	30.8	62.6	112.3	182.4	276.2	42	80.5	142.8	229.4	343.8
6	38.3	75.7	136.1	221.4	335.2	54	99.5	176.1	282.4	422.6
8	48.1	101.7	183.7	299.0	453.1	66.8	137.4	242.7	388.3	579.9
10	60.0	127.8	231.2	376.7	571.0	85.1	175.3	309.1	494.0	737.0
15	89.8	192.9	349.8	570.5	864.9	131.0	269.8	475.2	758.2	1129.5
20	119.7	258.0	468.5	764.4	1158.7	177.0	364.2	641.2	1022.2	1521.9

t＝試料数，n＝パネル数。
Sが表の値以上のとき，有意。

n人の評価が完全に一致すると1となる。Sの値がケンドールの検定表1-11の値より大きければパネルの評価が一致していることになる。

3）一対比較法（method of paired comparisons）

一対比較法はt種の試料を比較するのにt個を2つずつ組み合わせてできるすべての組み合わせ $\left({}_tC_2 = \dfrac{t(t-1)}{2} \right)$ の対を作り比較判断させ，試料間の尺度の特性を明らかにする方法である。比較結果を順位で判断するブラッドレイの方法，サーストンの方法，評点で判断するシェッフェの方法がある。判定方法には，一意性の係数：パネリストの判断の一貫性を判定する方法と一致性の係数：パネリスト間の判断の一致性の度合いを判定する方法がある。

ここではよく用いられるシェッフェの一対比較法原法について解説する。

原法は，1つの評価者集団が1つの組み合わせのみを1回評価する。主効果，順序効果，組み合わせ効果を検定する。この手法は，対にした2試料間の強度を判断するだけでなく，その程度も評価する。評価試料対の数はすべての組み合わせ数 $\left({}_tC_2 = \dfrac{t(t-1)}{2} \right)$ 通り，評価尺度は5段階（7段階，9段階），2（AよりB），1（AよりややB），0（同じ），-1（BよりややA），-2（BよりA）によって評価を行う。主効果とは試料間の尺度値の違いの程度

を表し，分散分析[*3]により有意な差がある時は主効果ありとする。**組み合わせ効果**とは同じ試料なのに組み合わせによって評価が異なるかどうかをみる。**順序効果**とは提示順序により同じ試料でも異なる評価がされたかどうかを検定する。また，パネル個人と主効果の交互作用もみる。

> [*3]　分散（Variance）とは，データのばらつきの度合いを表わし，測定値と平均値の差の合計を 2 乗し標本数nで割った値である（自由度n − 1で割ったものを不偏分散という）。その平方根は標準偏差（Standard Deviation : SD）という。分散分析とは，データ間の平均値に差があるかどうかを，分散をもとに分析する手法のことである。

＊演習 5　シェッフェの一対比較法原法

① 方　　法

　試料 3 種（ABC）を 2 つずつ対にしてかたさの比較を右に示した質問項目で行う。ABCの試料の組み合わせは，AB，AC，BCであるが，順序を考えるとBA，CA，CBの 6 対で 1 組となる（表 1 –12参照）。

iがjに比較しかたい	2 点
iがjに比較しややかたい	1 点
iがjに比較し同じである	0 点
iがjに比較しやややわらかい	− 1 点
iがjに比較しやわらかい	− 2 点

　全評価者の人数を72名とすると， 1 組の試料に対して，12名が評定できる。すなわち， 1 組の試料に対して，パネルの繰り返し数が12回となる。試料ABCは， 6 通りの試料の組み合わせの中にそれぞれ 4 個含まれるので，48個（ 4 個×12回）ずつを用意する。表 1 –12の 6 通りの組み合わせを，それぞれ12回分用意し， 1 対（ij）として提示し，上に示す評価尺度で評価してもらう。

② 解　　析

　パネリストkの評価は $x_{ijk} = (\alpha_i - \alpha_j) + \gamma_{ij} + \delta_{ij} + \varepsilon_{ijk}$ の式で表すことができる。

　ここでα_i，α_jは試料の特性（平均的なかたさ），γ_{ij}は組み合わせ効果，δ_{ij}は順序効果，ε_{ijk}は誤差である。

　表 1 –12に 6 通りの組み合わせを12回繰り返した各評価の人数と合計点およびその 2 乗値を示す（パネルの繰り返し数n = 12）。

③ 結　　果

　①評点の度数

表1-12　評点の度数表

集計表	-2	-1	0	1	2	X_{ij}	X_{ij}^2
A→B	0	0	4	6	2	$(1 \times 6) + (2 \times 2) = 10$	100
B→A	0	5	4	3	0	$(-1 \times 5) + (1 \times 3) = -2$	4
A→C	10	2	0	0	0	$(-2 \times 10) + (-1 \times 2) = -22$	484
C→A	1	1	0	6	4	$(-2 \times 1) + (-1 \times 1) + (1 \times 6) + (2 \times 4) = 11$	121
B→C	5	3	1	1	2	$(-2 \times 5) + (-1 \times 3) + (1 \times 1) + (2 \times 2) = -8$	64
C→B	2	2	1	0	7	$(-2 \times 2) + (-1 \times 2) + (2 \times 7) = 8$	64
評点の総合計	$18N_{-2}$	$13N_{-1}$	$10N_0$	$16N_{+1}$	$15N_{+2}$	-3	837

②主効果の分散を求める

主効果の分散は，表1-13のように，各試料の順と逆順の合計値を逆順を減算して求める。

Aについては，X_{ij}はAB，ACの評価値の合計$(10-22=-12)$ X_{ji}はBA，CAの評価値の合計$(-2+11=9)$，$X_{ij}-X_{ji}$は$(-12-9=-21)$ $(X_{ij}-X_{ji})^2$は$(-21 \times -21 = \underline{441})$となる。

B，Cについても同様に計算する。

表1-13　主効果の分散表

j/i	A	B	C	X_{ij}	X_{ji}	$(X_{ij}-X_{ji})$	$(X_{ij}-X_{ji})^2$
A		10	-22	-12	9	-21	441
B	-2		-8	-10	18	-28	784
C	11	8		19	-30	49	2401
計	9	18	-30	-3	-3	0	3626

③各試料の平均的なかたさを求める

各試料のかたさαは以下のようになる（表1-14）。

$$\alpha = \frac{X_{ij} - X_{ji}}{2tn} \quad t：試料数 = 3 \quad n：パネルの繰り返し数 = 12$$

$$\alpha_A = \frac{-12-9}{2 \times 3 \times 12} = -0.292$$

$$\alpha_B = \frac{-28}{72} = -0.389$$

$$\alpha_C = \frac{49}{72} = 0.681$$

④主効果，組み合わせ効果，順序効果を計算する

表1-14　試料の平均α
試料の平均的なかたさ

試料	α
A	-0.292
B	-0.389
C	0.681

主効果：$S_\alpha = \dfrac{\varSigma\,(X_{ij}-X_{ji})^2}{2} \times$試料数 t（3）×パネルの繰り返し数 n（12）

$\qquad = 3626/72 = \underline{50.361}$

組み合わせ効果（表の対角線の位置にある数値を減算する：表1-15中間に示す値）の平方和を計算する：表1-15の右枠中に示す）

$$S_\gamma = \frac{\varSigma\varSigma\,(X_{ij}-X_{ji})^2}{2n} - S_\alpha = \frac{1489}{24} - 50.361 = \underline{11.681}$$

表1-15　組み合わせ効果

j/i	A	B	C	A	B	C	A	B	C	計
A		10	－ 22		12	－ 33		144	1089	1233
B	－ 2		－ 8			－ 16			256	256
C	11	8								
計	9	18	－ 30							1489

順序効果（表1-16の対角線の位置にある数値の和）：

$$S_\delta = \frac{\varSigma\varSigma\,(X_{ij}-X_{ji})^2}{2n} = \frac{185}{24} = \underline{7.708}$$

表1-16　順序効果

j/i	A	B	C	A	B	C	A	B	C	計
A		10	－ 22		8	－ 11		64	121	185
B	－ 2		－ 8			0			0	0
C	11	8								
計	9	18	－ 30							185

⑤分散分析を行う

　　誤差の平方和S_εと総平方和S_t：

$\qquad$誤差の平方和$S_\varepsilon = S_t - \dfrac{\varSigma\,(X_{ij})^2}{n} = 161 - \dfrac{837}{12} = \underline{91.250}$

$\qquad S_t = 4 \times N_{-2} + N_{-1} + N_{+1} + 4 \times N_{+2} = 4 \times 18 + 1 \times 13 + 1 \times 16 + 4 \times 15 = 161$

自由度：主効果$S_\alpha =$試料数 t － 1 ＝ 3 － 1 ＝ $\underline{2}$

$\qquad\qquad$組み合わせ効果$S_\gamma =$（試料数 t－1）（試料数 t－2）／2 ＝ 2 × 1／2 ＝ $\underline{1}$

$\qquad\qquad$順序効果$S_\delta =$試料数 t（試料数 t－1）／2 ＝ 3 × 2／2 ＝ $\underline{3}$

$\qquad\qquad$誤差$S_\varepsilon =$試料数 t（試料数 t－1）（パネルの繰り返し数 n－1）

$\qquad\qquad\qquad = 3 \times 2 \times 11 = \underline{66}$

$\qquad\qquad$全体$S_t =$試料数 t（試料数 t－1）×パネルの繰り返し数 n＝ 3 × 2 × 12

$\qquad\qquad\qquad = \underline{72}$

分散分析表にまとめると表1-17のようになる。

表1 −17 分散分析表

要因	平方和	自由度	不偏分散	F
主効果	50.361	2	25.181	18.208**
組み合わせ効果	11.681	1	11.681	8.446**
順序効果	7.708	3	2.569	1.858
誤差	91.25	66	1.383	
全体	161	72		

＊＊：$p < 0.01$

　不偏分散は各要因の平方和をその自由度で，分散比（F値）は各不偏分散を誤差の不偏分散で除して求める。有意確率 p はF表（表1 −18，誤差の自由度66の主効果自由度2：1％は4.98で18.208はそれ以上の値のため有意である）から得る。ここでは主効果と組み合わせ効果に有意差がみられた。つまり試料ABCの間には有意にかたさの差があり，試料を組み合わせたことによるパネリストの判断に影響が生じたといえる。

　さらに個々の試料間での有意差の有無の判定には多重比較を用いる。試料間の差の推定幅（ヤードスティック：Yard-stick）は，$Y_{\phi} = \dfrac{q_{\phi}\sqrt{\sigma^2}}{2nt}$ を計算したものである。その値より，各試料のかたさの値の差の絶対値が大きければ有意差があるとみなす（ϕ：有意確率，q_{ϕ}：スチューデント化された範囲[*4]（q_{ϕ}tf），σ^2：分散分析表の誤差の不偏分散は表1 −17より（1.383）である）。

　ヤードスティック $Y_{0.05} = \dfrac{q_{0.05}\sqrt{\sigma^2}}{2nt}$ は，q_{ϕ}：スチューデント化された範囲（q_{ϕ}tf），試料数 t は3，誤差の自由度 $\phi = 66$ に対する $q_{0.05} = 3.40$（表1 −19：qの表自由度f60の試料3の値）なので，

$Y_{0.05} = \dfrac{3.40\sqrt{1.383}\,(\sigma^2)}{2 \times 12 \times 3} = 0.471$ 　　n：12　　t：3

各試料のかたさの値の差の絶対値を計算する。

$aA - aB = |-0.292 + 0.389| = 0.097 < Y$：ヤードスティックの値より小さい
$aA - aC = |-0.292 - 0.681| = 0.973 > Y$：　　　　　　　　　　　大きい
$aB - aC = |-0.389 - 0.681| = 1.070 > Y$：　　　　　　　　　　　大きい

　試料ABにかたさの差はないが，AC間とBC間に5％の危険率で有意差がある。

＊4　**スチューデント化された範囲**：標本標準偏差により正規化された標本中の最大・最小データ間の差　qで示される。

表1-18 F表 (5%, 1%)

ϕ_2		∞	120	60	40	30	24	20	15	12	10	9	8	7	6	5	4	3	2	1
1	5%	254.00	253.00	252.00	251.00	250.00	249.00	248.00	246.00	244.00	242.00	241.00	239.00	237.00	234.00	230.00	225.00	216.00	200.00	161.00
1	1%	6366.00	6339.00	6313.00	6287.00	6261.00	6235.00	6209.00	6157.00	6106.00	6056.00	6022.00	5982.00	5928.00	5859.00	5764.00	5625.00	5403.00	5000.00	4052.00
2	5%	19.50	19.50	19.50	19.50	19.50	19.50	19.40	19.40	19.40	19.40	19.40	19.40	19.40	19.30	19.30	19.20	19.20	19.00	18.50
2	1%	99.50	99.50	99.50	99.50	99.50	99.50	99.40	99.40	99.40	99.40	99.40	99.40	99.40	99.30	99.30	99.20	99.20	99.00	98.50
3	5%	8.53	8.55	8.57	8.59	8.62	8.64	8.66	8.70	8.74	8.79	8.81	8.85	8.89	8.94	9.01	9.12	9.28	9.55	10.10
3	1%	26.10	26.20	26.30	26.40	26.50	26.60	26.70	26.90	27.10	27.20	27.30	27.50	27.70	27.90	28.20	28.70	29.50	30.80	34.10
4	5%	5.63	5.66	5.69	5.72	5.75	5.77	5.80	5.86	5.91	5.96	6.00	6.04	6.09	6.16	6.26	6.39	6.59	6.94	7.71
4	1%	13.50	13.60	13.70	13.70	13.80	13.90	14.00	14.20	14.40	14.50	14.70	14.80	15.00	15.20	15.50	16.00	16.70	18.00	21.20
5	5%	4.36	4.40	4.43	4.46	4.50	4.53	4.56	4.62	4.68	4.74	4.77	4.82	4.88	4.95	5.05	5.19	5.41	5.79	6.61
5	1%	9.02	9.11	9.20	9.29	9.38	9.47	9.55	9.72	9.89	10.10	10.20	10.30	10.50	10.70	11.00	11.40	12.10	13.30	16.30
6	5%	3.67	3.70	3.74	3.77	3.81	3.84	3.87	3.94	4.00	4.06	4.10	4.15	4.21	4.28	4.39	4.53	4.76	5.14	5.99
6	1%	6.88	6.97	7.06	7.14	7.23	7.31	7.40	7.56	7.72	7.87	7.98	8.10	8.26	8.47	8.75	9.15	9.78	10.90	13.70
7	5%	3.23	3.27	3.30	3.34	3.38	3.41	3.44	3.51	3.57	3.64	3.68	3.73	3.79	3.87	3.97	4.12	4.35	4.74	5.59
7	1%	5.65	5.74	5.82	5.91	5.99	6.07	6.16	6.31	6.47	6.62	6.72	6.84	6.99	7.19	7.46	7.85	8.45	9.55	12.20
8	5%	2.93	2.97	3.01	3.04	3.08	3.12	3.15	3.22	3.28	3.35	3.39	3.44	3.50	3.58	3.69	3.84	4.07	4.46	5.32
8	1%	4.86	4.95	5.03	5.12	5.20	5.28	5.36	5.52	5.67	5.81	5.91	6.03	6.18	6.37	6.63	7.01	7.59	8.65	11.30
9	5%	2.71	2.75	2.79	2.83	2.86	2.90	2.94	3.01	3.07	3.14	3.18	3.23	3.29	3.37	3.48	3.63	3.86	4.26	5.12
9	1%	4.31	4.40	4.48	4.57	4.65	4.73	4.81	4.96	5.11	5.26	5.35	5.47	5.61	5.80	6.06	6.42	6.99	8.02	10.60
10	5%	2.54	2.58	2.62	2.66	2.70	2.74	2.77	2.84	2.91	2.98	3.02	3.07	3.14	3.22	3.33	3.48	3.71	4.10	4.96
10	1%	3.91	4.00	4.08	4.17	4.25	4.33	4.41	4.56	4.71	4.85	4.94	5.06	5.20	5.39	5.64	5.99	6.55	7.56	10.00
11	5%	2.40	2.45	2.49	2.53	2.57	2.61	2.65	2.72	2.79	2.85	2.90	2.95	3.01	3.09	3.20	3.36	3.59	3.98	4.84
11	1%	3.60	3.69	3.78	3.86	3.94	4.02	4.10	4.25	4.40	4.54	4.63	4.74	4.89	5.07	5.32	5.67	6.22	7.21	9.65
12	5%	2.30	2.34	2.38	2.43	2.47	2.51	2.54	2.60	2.69	2.75	2.80	2.85	2.91	3.00	3.11	3.26	3.49	3.89	4.75
12	1%	3.36	3.45	3.54	3.62	3.70	3.78	3.86	4.01	4.16	4.30	4.39	4.50	4.64	4.82	5.06	5.41	5.95	6.93	9.33
13	5%	2.21	2.25	2.30	2.34	2.38	2.42	2.46	2.53	2.60	2.67	2.71	2.77	2.83	2.92	3.03	3.18	3.41	3.81	4.67
13	1%	3.17	3.25	3.34	3.43	3.51	3.59	3.66	3.82	3.96	4.10	4.19	4.30	4.44	4.62	4.86	5.21	5.74	6.70	9.07
14	5%	2.13	2.18	2.22	2.27	2.31	2.35	2.39	2.46	2.53	2.60	2.65	2.70	2.76	2.85	2.96	3.11	3.34	3.74	4.60
14	1%	3.00	3.09	3.18	3.27	3.35	3.43	3.51	3.66	3.80	3.94	4.03	4.14	4.28	4.46	4.70	5.04	5.56	6.51	8.86
15	5%	2.07	2.11	2.16	2.20	2.25	2.29	2.33	2.40	2.48	2.54	2.59	2.64	2.71	2.79	2.90	3.06	3.29	3.68	4.54
15	1%	2.87	2.96	3.05	3.13	3.21	3.29	3.37	3.52	3.67	3.80	3.89	4.00	4.14	4.32	4.56	4.89	5.42	6.36	8.68

自由度φ₁, φ₂より上側確率5％および1％に対するF値を求める表（細字は5％、太字は1％）

各セルは「上段：5％点 ／ 下段（太字）：1％点」を示す。

$\phi_2 \backslash \phi_1$	1	2	3	4	5	6	7	8	9	10	12	15	20	24	30	40	60	120	∞
16	4.49 / 8.53	3.63 / 6.23	3.24 / 5.29	3.01 / 4.77	2.85 / 4.44	2.74 / 4.20	2.66 / 4.03	2.59 / 3.89	2.54 / 3.78	2.49 / 3.69	2.42 / 3.55	2.35 / 3.41	2.28 / 3.26	2.24 / 3.18	2.19 / 3.10	2.15 / 3.02	2.11 / 2.93	2.06 / 2.84	2.01 / 2.75
17	4.45 / 8.40	3.59 / 6.11	3.20 / 5.18	2.96 / 4.67	2.81 / 4.34	2.70 / 4.10	2.61 / 3.93	2.55 / 3.79	2.49 / 3.68	2.45 / 3.59	2.38 / 3.46	2.31 / 3.31	2.23 / 3.16	2.19 / 3.08	2.15 / 3.00	2.10 / 2.92	2.06 / 2.83	2.01 / 2.75	1.96 / 2.65
18	4.41 / 8.29	3.55 / 6.01	3.16 / 5.09	2.93 / 4.58	2.77 / 4.25	2.66 / 4.01	2.58 / 3.84	2.51 / 3.71	2.46 / 3.60	2.41 / 3.51	2.34 / 3.37	2.27 / 3.23	2.19 / 3.08	2.15 / 3.00	2.11 / 2.92	2.06 / 2.84	2.02 / 2.75	1.97 / 2.66	1.92 / 2.57
19	4.38 / 8.18	3.52 / 5.93	3.13 / 5.01	2.90 / 4.50	2.74 / 4.17	2.63 / 3.94	2.54 / 3.77	2.48 / 3.63	2.42 / 3.52	2.38 / 3.43	2.31 / 3.30	2.23 / 3.15	2.16 / 3.00	2.11 / 2.92	2.07 / 2.84	2.03 / 2.76	1.98 / 2.67	1.93 / 2.58	1.88 / 2.49
20	4.35 / 8.10	3.49 / 5.85	3.10 / 4.94	2.87 / 4.43	2.71 / 4.10	2.60 / 3.87	2.51 / 3.70	2.45 / 3.56	2.39 / 3.46	2.35 / 3.37	2.28 / 3.23	2.20 / 3.09	2.12 / 2.94	2.08 / 2.86	2.04 / 2.78	1.99 / 2.69	1.95 / 2.61	1.90 / 2.52	1.84 / 2.42
21	4.32 / 8.02	3.47 / 5.78	3.07 / 4.87	2.84 / 4.37	2.68 / 4.04	2.57 / 3.81	2.49 / 3.64	2.42 / 3.51	2.37 / 3.40	2.32 / 3.31	2.25 / 3.17	2.18 / 3.03	2.10 / 2.88	2.05 / 2.80	2.01 / 2.72	1.96 / 2.64	1.92 / 2.55	1.87 / 2.46	1.81 / 2.36
22	4.30 / 7.95	3.44 / 5.72	3.05 / 4.82	2.82 / 4.31	2.66 / 3.99	2.55 / 3.76	2.46 / 3.59	2.40 / 3.45	2.34 / 3.35	2.30 / 3.26	2.23 / 3.12	2.15 / 2.98	2.07 / 2.83	2.03 / 2.75	1.98 / 2.67	1.94 / 2.58	1.89 / 2.50	1.84 / 2.40	1.78 / 2.31
23	4.28 / 7.88	3.42 / 5.66	3.03 / 4.76	2.80 / 4.26	2.64 / 3.94	2.53 / 3.71	2.44 / 3.54	2.37 / 3.41	2.32 / 3.30	2.27 / 3.21	2.20 / 3.07	2.13 / 2.93	2.05 / 2.78	2.00 / 2.70	1.96 / 2.62	1.91 / 2.54	1.86 / 2.45	1.81 / 2.35	1.76 / 2.26
24	4.26 / 7.82	3.40 / 5.61	3.01 / 4.72	2.78 / 4.22	2.62 / 3.90	2.51 / 3.67	2.42 / 3.50	2.36 / 3.36	2.30 / 3.26	2.25 / 3.17	2.18 / 3.03	2.11 / 2.89	2.03 / 2.74	1.98 / 2.66	1.94 / 2.58	1.89 / 2.49	1.84 / 2.40	1.79 / 2.31	1.73 / 2.21
25	4.24 / 7.77	3.39 / 5.57	2.99 / 4.68	2.76 / 4.18	2.60 / 3.86	2.49 / 3.63	2.40 / 3.46	2.34 / 3.32	2.28 / 3.22	2.24 / 3.13	2.16 / 2.99	2.09 / 2.85	2.01 / 2.70	1.96 / 2.62	1.92 / 2.54	1.87 / 2.45	1.82 / 2.36	1.77 / 2.27	1.71 / 2.17
26	4.23 / 7.72	3.37 / 5.53	2.98 / 4.64	2.74 / 4.14	2.59 / 3.82	2.47 / 3.59	2.39 / 3.42	2.32 / 3.29	2.27 / 3.18	2.22 / 3.09	2.15 / 2.96	2.07 / 2.81	1.99 / 2.66	1.95 / 2.58	1.90 / 2.50	1.85 / 2.42	1.80 / 2.33	1.75 / 2.23	1.69 / 2.13
27	4.21 / 7.68	3.35 / 5.49	2.96 / 4.60	2.73 / 4.11	2.57 / 3.78	2.46 / 3.56	2.37 / 3.39	2.31 / 3.26	2.25 / 3.15	2.20 / 3.06	2.13 / 2.93	2.06 / 2.78	1.97 / 2.63	1.93 / 2.55	1.88 / 2.47	1.84 / 2.38	1.79 / 2.29	1.73 / 2.20	1.67 / 2.10
28	4.20 / 7.64	3.34 / 5.45	2.95 / 4.57	2.71 / 4.07	2.56 / 3.75	2.45 / 3.53	2.36 / 3.36	2.29 / 3.23	2.24 / 3.12	2.19 / 3.03	2.12 / 2.90	2.04 / 2.75	1.96 / 2.60	1.91 / 2.52	1.87 / 2.44	1.82 / 2.35	1.77 / 2.26	1.71 / 2.17	1.65 / 2.06
29	4.18 / 7.60	3.33 / 5.42	2.93 / 4.54	2.70 / 4.04	2.55 / 3.73	2.43 / 3.50	2.35 / 3.33	2.28 / 3.20	2.22 / 3.09	2.18 / 3.00	2.10 / 2.87	2.03 / 2.73	1.94 / 2.57	1.90 / 2.49	1.85 / 2.41	1.81 / 2.33	1.75 / 2.23	1.70 / 2.14	1.64 / 2.03
30	4.17 / 7.56	3.32 / 5.39	2.92 / 4.51	2.69 / 4.02	2.53 / 3.70	2.42 / 3.47	2.33 / 3.30	2.27 / 3.17	2.21 / 3.07	2.16 / 2.98	2.09 / 2.84	2.01 / 2.70	1.93 / 2.55	1.89 / 2.47	1.84 / 2.39	1.79 / 2.30	1.74 / 2.21	1.68 / 2.11	1.62 / 2.01
40	4.08 / 7.31	3.23 / 5.18	2.84 / 4.31	2.61 / 3.83	2.45 / 3.51	2.34 / 3.29	2.25 / 3.12	2.18 / 2.99	2.12 / 2.89	2.08 / 2.80	2.00 / 2.66	1.92 / 2.52	1.84 / 2.37	1.79 / 2.29	1.74 / 2.20	1.69 / 2.11	1.64 / 2.02	1.58 / 1.92	1.51 / 1.80
60	4.00 / 7.08	3.15 / 4.98	2.76 / 4.13	2.53 / 3.65	2.37 / 3.34	2.25 / 3.12	2.17 / 2.95	2.10 / 2.82	2.04 / 2.72	1.99 / 2.63	1.92 / 2.50	1.84 / 2.35	1.75 / 2.20	1.70 / 2.12	1.65 / 2.03	1.59 / 1.94	1.53 / 1.84	1.47 / 1.73	1.39 / 1.60
120	3.92 / 6.85	3.07 / 4.79	2.68 / 3.95	2.45 / 3.48	2.29 / 3.17	2.18 / 2.96	2.09 / 2.79	2.02 / 2.66	1.96 / 2.56	1.91 / 2.47	1.83 / 2.34	1.75 / 2.19	1.66 / 2.03	1.61 / 1.95	1.55 / 1.86	1.50 / 1.76	1.43 / 1.66	1.35 / 1.53	1.25 / 1.38
∞	3.84 / 6.63	3.00 / 4.61	2.60 / 3.78	2.37 / 3.32	2.21 / 3.02	2.10 / 2.80	2.01 / 2.64	1.94 / 2.51	1.88 / 2.41	1.83 / 2.32	1.75 / 2.18	1.67 / 2.04	1.57 / 1.88	1.52 / 1.79	1.46 / 1.70	1.39 / 1.59	1.32 / 1.47	1.22 / 1.32	1.00 / 1.00

表 1-19 スチューデント化された範囲 q

スチューデント化された範囲 q の上側 5％の点

f ＼ k	2	3	4	5	6	7	8	9	10	12	15	20
1	18.0	27.0	32.8	37.1	40.4	43.1	45.4	47.4	49.1	52.0	55.4	59.6
2	6.09	8.3	9.8	10.9	11.7	12.4	13.0	13.5	14.0	14.7	15.7	16.8
3	4.50	5.91	6.82	7.50	8.04	8.48	8.85	9.18	9.46	9.95	10.52	11.24
4	3.93	5.04	5.76	6.29	6.71	7.05	7.35	7.60	7.83	8.21	8.66	9.23
5	3.64	4.60	5.22	5.67	6.03	6.33	6.58	6.80	6.99	7.32	7.72	8.21
6	3.46	4.34	4.90	5.31	5.63	5.89	6.12	6.32	6.49	6.79	7.14	7.59
7	3.34	4.16	4.68	5.06	5.36	5.61	5.82	6.00	6.16	6.43	6.76	7.17
8	3.26	4.04	4.53	4.89	5.17	5.40	5.60	5.77	5.92	6.18	6.48	6.87
9	3.20	3.95	4.42	4.76	5.02	5.24	5.43	5.60	5.74	5.98	6.28	6.64
10	3.15	3.88	4.33	4.65	4.91	5.12	5.30	5.46	5.60	5.83	6.11	6.47
11	3.11	3.82	4.26	4.57	4.82	5.03	5.20	5.35	5.49	5.71	5.99	6.33
12	3.08	3.77	4.20	4.51	4.75	4.95	5.12	5.27	5.40	5.62	5.88	6.21
13	3.06	3.73	4.15	4.45	4.69	4.88	5.05	5.19	5.32	5.53	5.79	6.11
14	3.03	3.70	4.11	4.41	4.64	4.83	4.99	5.13	5.25	5.46	5.72	6.03
15	3.01	3.67	4.08	4.37	4.60	4.78	4.94	5.08	5.20	5.40	5.65	5.96
16	3.00	3.65	4.05	4.33	4.56	4.74	4.90	5.03	5.15	5.35	5.59	5.90
17	2.98	3.63	4.02	4.30	4.52	4.71	4.86	4.99	5.11	5.31	5.55	5.84
18	2.97	3.61	4.00	4.28	4.49	4.67	4.82	4.96	5.07	5.27	5.50	5.79
19	2.96	3.59	3.98	4.25	4.47	4.65	4.79	4.92	5.04	5.23	5.46	5.75
20	2.95	3.58	3.96	4.23	4.45	4.62	4.77	4.90	5.01	5.20	5.43	5.71
24	2.92	3.53	3.90	4.17	4.37	4.54	4.68	4.81	4.92	5.10	5.32	5.59
30	2.89	3.49	3.84	4.10	4.30	4.46	4.60	4.72	4.83	5.00	5.21	5.48
40	2.86	3.44	3.79	4.04	4.23	4.39	4.52	4.63	4.74	4.91	5.11	5.36
60	2.83	3.40	3.74	3.98	4.16	4.31	4.44	4.55	4.65	4.81	5.00	5.24
120	2.80	3.36	3.69	3.92	4.10	4.24	4.36	4.48	4.56	4.72	4.90	5.13
∞	2.77	3.31	3.63	3.86	4.03	4.17	4.29	4.39	4.47	4.62	4.80	5.01

k：比較されるものの個数，f：自由度　範囲 q $(k, f, 0.05)$

スチューデント化された範囲 q の上側 1％の点

f ＼ k	2	3	4	5	6	7	8	9	10	12	15	20
1	90.0	135	164	186	202	216	227	237	246	260	277	298
2	14.0	19.0	22.3	24.7	26.6	28.2	29.5	30.7	31.7	33.4	35.4	37.9
3	8.26	10.6	12.2	13.3	14.2	15.0	15.6	16.2	16.7	17.5	18.5	19.8
4	6.51	8.12	9.17	9.96	10.6	11.1	11.5	11.9	12.3	12.8	13.5	14.4
5	5.70	6.97	7.80	8.42	8.91	9.32	9.67	9.97	10.24	10.70	11.24	11.93
6	5.24	6.33	7.03	7.56	7.97	8.32	8.61	8.87	9.10	9.49	9.95	10.54
7	4.95	5.92	6.54	7.01	7.37	7.68	7.94	8.17	8.37	8.71	9.12	9.65
8	4.74	5.63	6.20	6.63	6.96	7.24	7.47	7.68	7.87	8.18	8.55	9.03
9	4.60	5.43	5.96	6.35	6.66	6.91	7.13	7.32	7.49	7.78	8.13	8.57
10	4.48	5.27	5.77	6.14	6.43	6.67	6.87	7.05	7.21	7.48	7.81	8.22
11	4.39	5.14	5.62	5.97	6.25	6.48	6.67	6.84	6.99	7.25	7.56	7.95
12	4.32	5.04	5.50	5.84	6.10	6.32	6.51	6.67	6.81	7.06	7.36	7.73
13	4.26	4.96	5.40	5.73	5.98	6.19	6.37	6.53	6.67	6.90	7.19	7.55
14	4.21	4.89	5.32	5.63	5.88	6.08	6.26	6.41	6.54	6.77	7.05	7.39
15	4.17	4.83	5.25	5.56	5.80	5.99	6.16	6.31	6.44	6.66	6.93	7.26
16	4.13	4.78	5.19	5.49	5.72	5.92	6.08	6.22	6.35	6.56	6.82	7.15
17	4.10	4.74	5.14	5.43	5.66	5.85	6.01	6.15	6.27	6.48	6.73	7.05
18	4.07	4.70	5.09	5.38	5.60	5.79	5.94	6.08	6.20	6.41	6.65	6.96
19	4.05	4.67	5.05	5.33	5.55	5.73	5.89	6.02	6.14	6.34	6.58	6.89
20	4.02	4.64	5.02	5.29	5.51	5.69	5.84	5.97	6.09	6.29	6.52	6.82
24	3.96	4.54	4.91	5.17	5.37	5.54	5.69	5.81	5.92	6.11	6.33	6.61
30	3.89	4.45	4.80	5.05	5.24	5.40	5.54	5.65	5.76	5.93	6.14	6.41
40	3.82	4.37	4.70	4.93	5.11	5.27	5.39	5.50	5.60	5.77	5.96	6.21
60	3.76	4.28	4.60	4.82	4.99	5.13	5.25	5.36	5.45	5.60	5.79	6.02
120	3.70	4.20	4.50	4.71	4.87	5.01	5.12	5.21	5.30	5.44	5.61	5.83
∞	3.64	4.12	4.40	4.60	4.76	4.88	4.99	5.08	5.16	5.29	5.45	5.65

k：比較されるものの個数，f：自由度　範囲 q $(k, f, 0.01)$

4）採点法・記述分析法（記述的試験法）

① **採点法（scoring）**　１種以上の試料を評価者自身の経験を通して指示された評価尺度（１〜５，−３〜＋３）などの数値尺度によりその品質特性（味の強度，好みの程度など）を点数によって評価する方法である。絶対評価と相対評価がある。**絶対評価**は各個人の主観的尺度が判断基準となり，一人のパネリストにおいても時間や環境により尺度変化が生じる可能性がある。この場合，スケール合わせなどを入念に行った訓練したパネルに適した方法である。**相対評価**は，標準品を用意し，２試料間の距離により判定され，変動は絶対評価より少ない場合が多い。しかし，標準品が定めにくい場合や標準品によりかえって差が検出しにくい場合もあり，食品など標準品が定めにくい場合は，絶対評価法のほうが適している場合がある。一度に評価するサンプル数は１パネルが一通り評価できることが望ましいが，試料数が多い場合はつり合い不完備型計画（BIB）法で１つの試料を同数同条件で評価するように計画するとよい。解析法は試料数により異なるが，尺度のとり方により連続数として数値データとして扱えることが多いため，様々な多変量解析が可能な便利な方法である。代表的なものは，項目間について一元配置（繰り返しのない）または２元配置分散分析（繰り返しのある）を行い，有意差のあった項目について，下位検定等を行い個々の試料間の違いをみる。

② **QDA法（Quantitative Descriptive Analysis）**　定量的記述的試験法と訳される。あらかじめ記述的試験法により収集された用語集を用い，その感覚を強度として測定し数値化する。５名以上の訓練パネルまたは熟練者で行う。数値化できる尺度（線尺度など）を用いて主成分分析（多変数データの分散の大きさから似ている要因を集約し，２次元プロットなどで視覚的にみやすい図を作成できる）を行う。

③ **記述的試験法（Descriptive Analysis）**　試料の特性に関与する個々の特徴を簡潔で明確に記述できる方法として重宝され，現在の官能評価の主流ともいえる新商品の開発等でよく用いられている手法である。訓練パネルまたは熟練パネル，選抜パネル５名以上で行う。各項目やスケールの選抜のために用

語をパネリスト間で出し合う「言葉だし」を行う。また，官能評価に使用する言葉について定義づけを行い用語集とする。その用語集より適切な評価の軸となる項目を選定し，尺度を決める。尺度は数値化できるものとし，**多変量解析**（主成分分析，重回帰分析：複数の量的な説明変数から一つの目的変数を予測する方法），**PLS回帰分析**（Partial Least Squares Regression：多重共線性を回避できる線形回帰分析手法等）を行う。

④　**尺度法（Scale method）**　　数値ではない**カテゴリー尺度**と数値である**線尺度**により，解析方法が異なる。カテゴリー尺度は，甘さの程度などに数値を割り当て評価する。極めて甘いと非常に甘い，かなり甘いなどの心理学的距離が異なり，中央値付近に値が偏りがち（中央集中傾向誤差）である。有効に行うため，指標（anchor）を用いて尺度合わせを行う必要がある。線尺度で最も多く用いられるのは，各端から1.5cmずつ目印と中心点を持つ長さ15cmの直線である。各目印には通常強さの程度を示す語句をつける。評価する個々の官能的属性については別々の線を用いる。パネリストはその特性を最もよく反映する直線上の位置を垂直な直線でチェックする。評価終了後左端からパネリストがつけた位置までの距離を測り評点とする。線尺度はカテゴリー間での距離の問題を取り除けるため，数値データとして取り扱うことが可能である。

⑤　**SD法（Semantic differential method）**　　意味微分法と訳される。言語の情緒的意味の測定法である。あらかじめ用意された30前後の形容詞対（意味尺度）ごとに対象（コンセプト）を5段階，7段階で評価する。形容詞対は「かろやか―重々しい」「明るい―暗い」などの情緒的意味を示し，そのまとまりを細分化する作業を微分とよぶ。製品の印象の測定に用いられ，因子分析などにより，そのまとまりを評価性，力量性，活動性の3次元空間構造として対象の意味をまとめる方法である。解析はプロフィール分析（特徴を横棒の折れ線グラフでデータを示す）や因子分析（観測できる変数から因子を探る手法）が行われる。

5）動的官能評価法

官能評価の方法で，従来の「その瞬間」を評価する方法を静的官能評価と呼

ぶことに対し，試料を口に入れた瞬間から飲み込んだ後の評価までの経時的評価方法を動的官能評価と区別されるようになった。その方法には①TI法（Time-Intensity method），②TDS法（Temporal Dominance of Sensation method），③TCATA法（Temporal Check-All-That-Apply method）がある。

　①　**TI法**　　口に含んでから飲み込むまでの甘さの出現強度などを経時的に追って記録する。タイムキーパーがいる方法と機器測定による方法がある。T_{max}（強度が最大値に達するまでの最短時間），I_{max}（ピークにおける最大強度），AUC（TI曲線下の面積），D_{tot}（全持続時間）を得る。評価を正確に行うために尺度合わせが重要となる。口中の味も先立つ味，噛んでいる最中の味，飲み込んだ後味等，一つの試料の味も時間ごとに分けて比較することが可能となる。

　②　**TDS法**　　複数の感覚の時間経過に伴う変化を同時に測定できる手法である。TI法に比較し，それほど熟練を要しない。パネリストは複数の感覚属性の中から一番注意をひいた感覚属性に対応するボタンを押し，以後，一番注意をひいた感覚属性が変化するごとに新たな感覚属性のボタンに押し変える。測定終了後，感覚属性ごとに全パネリストの繰り返しデータを統合し，時間単位ごとに各属性のボタンが押された度数を数え，各属性が他よりも注意を引いた割合（優位比率）を求める。その優位比率が時間の経過とともに変化した曲線（TDS曲線）で表示する。優位比率が統計的にチャンスレベル（各属性が等確率で選択される場合の比率）より有意に高くなる時間がその属性を他より感じているということである。また，各感覚属性について2つの試料間の母比率に差があるかどうかを時間ごとに検定する。

　③　**TCATA法**　　上記のTDS法がその時間に感じた属性を1つしか選べないのに対し，この方法では複数の属性を同時に評価することができ，時間が重なっても測定が可能である。属性が有意であるかどうかはコクランQ検定を行う。TCATAデータの処理では再現性と一致性の検証を行う。ある試料のセッション0または1の1つの属性で，Time slice時間軸が「1－1または0－0」は一致した，「0－1または1－0」は一致しないとして統計処理を行う方法である。

　記述的試験法は，試料の特性に関与する個々の特徴を簡潔かつ明確に記述できる方法である。現在の官能評価実践の主流ともいえるのが新商品開発等の場であるが，そこでよく用いられるこの手法について，本演習を通して学びを深めてほしい。

① 方　　法

　牛肉3種（黒毛和種，褐毛和種，日本短角種）を訓練パネル10名で評価し，テクスチャーに関する3項目（噛んだ瞬間のやわらかさ：前，噛んでいる間のやわらかさ：後，線維感について評価を行う。評価項目の選定はあらかじめ言葉だしなどを行い，試料の特性を最も表す項目とする。また，パネルは5味の識別テストの合格者で尺度あわせを行った訓練パネルで行う）。手法は8段階尺度で数値の間も評価できる尺度を用いる。評価値は表1-20のようになった。

② 解　　析

　表1-20より各平均値に差があるかどうかを手計算の分散分析を演習5（p.18〜21）のように計算することもできるが，現在は統計ソフトで行うことが通常である。総計ソフトには，SPSS Statistics（IBM），JUSE-StatWorks（日本科学技術連盟），XLSTAT Sensory（Microsoft）などを使用することが多い。分散分析（表1-22）を行い，項目間の有意差があることを確かめた上，多重比較（チューキーのHSD検定等）を行う。

　①SPSSを用いて行う場合

表1-20　8段階尺度による3種の牛肉の官能評価

試料名	パネルNO.	やわらかさ（前）	やわらかさ（前）	線維感
1	1	6.5	6.5	6.5
1	2	6	6	6
1	3	5.9	5.8	6
1	4	6	5.8	5.8
1	5	6	6.2	5.3
1	6	6	5.8	5.6
1	7	5.8	6.7	6.5
1	8	5.2	5.5	5
1	9	6	6.2	5.5
1	10	6.6	6.5	5.8
平均値		6.0	6.1	5.8
SD		0.38	0.39	0.48
SE		0.11	0.11	0.14

試料名	パネルNO.	やわらかさ（前）	やわらかさ（後）	線維感
2	1	3.6	4	5
2	2	4.6	5	5
2	3	4.3	4.3	4.5
2	4	4.7	5	3.7
2	5	4.5	4.7	3.7
2	6	5.5	5	4.5
2	7	3.8	4.2	3
2	8	5	5	4.6
2	9	5	3.8	5
2	10	5.5	5.5	5.3
平均値		4.7	4.7	4.4
SD		0.64	0.55	0.74
SE		0.18	0.16	0.21

試料名	パネルNO.	やわらかさ（前）	やわらかさ（後）	線維感
3	1	5.8	6	6
3	2	5.3	5.3	5.5
3	3	5.5	5.5	5.1
3	4	5.2	5	4
3	5	5	5.1	4.6
3	6	5.2	4.8	5
3	7	6.3	6	6.3
3	8	5	4.8	4.5
3	9	5.5	5	6
3	10	4.2	4.2	5
平均値		5.3	5.2	5.2
SD		0.55	0.56	0.74
SE		0.16	0.16	0.21

黒毛和種：1　褐毛和種：2　日本短角種：3
SD：標準偏差　SE：標準誤差

表1-20の試料1～3を縦につないだ表1-21を作成する。分析→平均値の比較→一元配置分散分析→従属変数リストは各項目名を選び，因子に試料を選ぶ。その後の検定→Tukey（T）を選ぶと表1-22が出てくる。ここでV3はやわらかさ（前），V4はやわらかさ（後），V5は繊維感である。グループ間は試料ごとの比較，グループ内は個々のパネリスト間での比較である。分散分析では，官能評価の3つの項目間で有意差があるかを確かめる。ここでは3つの項目すべてが有意確率0.000であり$p<0.01$での有意差があることがわかる。

続いて個々の試料間での有意差は，下記に示した多重比較（Tukey-t）の結果をみる。やわらかさ前V3における各試料（1：黒毛和種，2：褐毛和種，3：日本短角種）の違い（1-2，1-3，2-3の値をみると有意確率は$p<0.05$であり，すべてに差があることがわかる）は認められるが，やわらかさ後V4における2：褐色和種と3：日本短角種間（$p=0.071$, $p>0.05$），繊維感V5におけるの1：黒毛和種と3：日本短角種間（$p=0.127$, $p>0.05$）での有意差はないことがわかる。

表1-21　SPSSを用いた有意差検定用表

試料	やわらかさ（前）	やわらかさ（後）	繊維感
1	6.5	6.5	6.5
1	6	6	6
1	5.9	5.8	6
1	6	5.8	5.8
1	6	6.2	5.3
1	6	5.8	5.6
1	5.8	6.7	6.5
1	5.2	5.5	5
1	6	6.2	5.5
1	6.6	6.5	5.8
2	3.6	4	5
2	4.6	5	5
2	4.3	4.3	4.5
2	4.7	5	3.7
2	4.5	4.7	3.7
2	5.5	5	4.5
2	3.8	4.2	3
2	5	5	4.6
2	5	3.8	5
2	5.5	5.3	5.5
3	5.8	6	6
3	5.3	5.3	5.5
3	5.5	5.5	5.1
3	5.2	5	4
3	5	5.1	4.6
3	5.2	4.8	5
3	6.3	6	6.3
3	5	4.8	4.5
3	5.5	5	6
3	4.2	4.2	5

表1-22　分散分析

		平方和	自由度	平均平方	F値	有意確率
V3	グループ間	9.117	2	4.558	15.973	0.000
	グループ内	7.705	27	0.285		
	合計	16.822	29			
V4	グループ間	10.793	2	5.396	21.408	0.000
	グループ内	6.806	27	0.252		
	合計	17.599	29			
V5	グループ間	9.433	2	4.716	10.682	0.000
	グループ内	11.921	27	0.442		
	合計	21.354	29			

表1-23　多重比較

従属変数			平均値の差 (I-J)	標準誤差	有意確率	95%信頼区間 下限	95%信頼区間 上限
V3	1	2	1.3500*	0.2389	0.000	0.758	1.942
		3	.7000*	0.2389	0.018	0.108	1.292
	2	1	−1.3500*	0.2389	0.000	−1.942	−0.758
		3	−.6500*	0.2389	0.029	−1.242	−0.058
	3	1	−.7000*	0.2389	0.018	−1.292	−0.108
		2	.6500*	0.2389	0.029	0.058	1.242
V4	1	2	1.4500*	0.2245	0.000	0.893	2.007
		3	.9300*	0.2245	0.001	0.373	1.487
	2	1	−1.4500*	0.2245	0.000	−2.007	−0.893
		3	−0.5200	0.2245	0.071	−1.077	0.037
	3	1	−.9300*	0.2245	0.001	−1.487	−0.373
		2	0.5200	0.2245	0.071	−0.037	1.077
V5	1	2	1.3700*	0.2972	0.000	0.633	2.107
		3	0.6000	0.2972	0.127	−0.137	1.337
	2	1	−1.3700*	0.2972	0.000	−2.107	−0.633
		3	−.7700*	0.2972	0.039	−1.507	−0.033
	3	1	−0.6000	0.2972	0.127	−1.337	0.137
		2	.7700*	0.2972	0.039	0.033	1.507

＊平均値の差は0.05水準で有意です。

②Excelを用いて行う場合

ファイルのオプション→アドイン→分析ツールをONにするとデータタブに分析ツールが表示される。Excelでは，各項目ごと（やわらかさなど）に表を作り検定を行う必要があるが，分析ツール→一元配置分散分析→alpha水準の選択（0.05または001を入れる）で下記の表が出る。各ソフト間で多少の違いはあるが，使用可能なソフトで工夫するとよい。

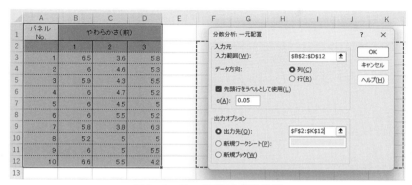

図1-1　Excelで行う分散分析

上記の点線内に表示を指定すると下記の表が表示される。$p = 0.0000264$（表1-21では小数点以下3桁）でF値が観測された分散比と表示されるが同じ表である。

表1-24　分散分析：一元配置

概要

グループ	データの個数	合計	平均	分散
1	10	60	6	0.144444
2	10	46.5	4.65	0.407222
3	10	53	5.3	0.304444

分散分析表

変動要因	変動	自由度	分散	観測された分散比	P-値	F境界値
グループ間	9.116666667	2	4.558333	15.97339	2.64E-05	3.354131
グループ内	7.705	27	0.28537			
合計	16.82166667	29				

注）「E-05」の表記は，$\times 10^{-5}$の意。

2 化学的評価法

★ 概要とねらい

食品の成分はすべて化学物質であり，品質はそれらの化学的性質に最も強く影響を受けている。この章ではまず食品成分と品質のかかわりを学び，それを基に化学的方法を用いた品質検査法について学習する。

食品の品質はさまざまな要素より成立しているが，ここでは水と保存の関係および食品の外観と食品色素の関係を中心に考察している。これは食品中の水の状態が，その保存性や品質低下と密接に関係しているからである。また，食品の品質を鑑別するとき，食品の外観，なかんずく色の変化は非常に多くの情報をもたらすからである。

化学的品質評価の項では実験的にも平易な糖度と酸度，魚の鮮度指標のK値など代表的な品質評価法について学習する。

1．食品成分と品質

（1）水分と保存

　しけたせんべいはパリッとした歯ごたえを失い商品価値もなくなってしまう。乾燥してしなびた野菜も鮮度が落ちたものとなる。このように食品の品質と水は密接な関係がある。また，乾燥食品は長持ちするが，一見関係のないように思える塩辛などの塩蔵品が長持ちするのも食品中の水の状態によるのであり，原理は同じなのである。

1）食品中の水

　水は分子中の正電荷の中心と負の電荷の中心が一致しない極性物質であり，このため水に溶解しているイオンや他の極性物質と静電引力によって引きつけられ結合する。また，炭水化物などがもつヒドロキシ基やタンパク質に存在するアミノ基やイミノ基などと水素結合と呼ばれる結合を生ずる。このように他の成分に結合し，自由な運動性を束縛された水は**結合水**と呼ばれる。これに対し，束縛を受けていない水を**自由水**という。

　食品中には食塩のようなイオン性の物質や炭水化物，タンパク質などが存在しているので，水は多かれ少なかれこれらの物質の束縛を受けており，完全に自由な水は存在しない。完全に自由な水は純水だけである。結合水と自由水の明確な区別はなされていないが，物質に直接結合している水である単分子層吸着水や冷却しても凍らない不凍水を結合水とし，その他を自由水とすることが多い。強く束縛を受けている水は，低温に冷却しても氷の結晶構造をつくるための移動が起こらず凍結しないのである。食品中の水はいろいろな程度に束縛を受けている水の集合体である。

2）結合水と食品の保存性

　強く束縛を受けている水は，腐敗を起こす細菌やカビなどが利用できず増殖できなくなる。また，自己消化や褐変などの成分変化を引き起こす酵素活性なども抑制される。結合水が多いと食品の保存性が増すといえる。しかし，自由

水が少なくなりすぎると油脂などの酸化は促進される。

3）水の束縛の程度を表す水分活性（Aw）

　完全に自由な水である純水をある温度で密閉した容器に入れておくと，容器中の湿度（相対湿度，関係湿度ともいう）は100%になる。しかし，同じ温度で食品を密閉容器に入れて置いても湿度は100%にはならない。これは結合水のような束縛された水は蒸発しにくい，いい換えれば水蒸気圧が低いからである。ある一定温度の密閉容器に食品を入れておき，その中の湿度を測れば食品中の水の束縛の程度がわかるといえる。食品の水分活性（Aw）とは密閉容器中の食品が示す湿度と純水の示す湿度（100%）との比，すなわちその食品の水蒸気圧と飽和水蒸気圧の比と定義されている。

$$\text{Aw} = \frac{\text{食品を入れた密閉容器中の湿度}}{\text{純水を入れた密閉容器中の湿度}} = \frac{\text{食品の水蒸気圧}}{\text{純水の水蒸気圧}}$$

　無水分食品の水分活性は0であり，純水の水分活性は1である。すべての食品の水分活性は$0 \leqq \text{Aw} \leqq 1$の範囲にある。

4）水分活性と食品の保存性

　水分活性が低いということは食品中の水の結合水の割合が高く，自由水の割合が低いことを示しており，微生物の繁殖や酵素による変質を抑えて保存性を向上させる。一般の細菌ではAw 0.90以上，酵母では0.88以上，カビでは0.80以上でないと発育しない。

　乾燥食品の保存性がよいのは，自由水が蒸発して結合水の割合が増加し，水分活性が低下しているからである。塩辛や荒巻鮭のような塩蔵品は，食塩のイオンに水が結合し結合水の割合を増加させており，羊羹やジャムでは砂糖に水が水素結合して結合水の割合が増加し，水分活性を低下させている。食塩は砂糖よりも，単位重量あたりの結

表2-1　微生物の発育とAwの関係

微　生　物	発育の最低Aw
普　通　細　菌	0.90
普　通　酵　母	0.88
普　通　カ　ビ	0.80
好　塩　細　菌	≦0.75
耐　乾　性　カ　ビ	0.65
耐浸透圧性酵母	0.61

（日本水産学会　食品の水　恒星社厚生閣　1973）

表2-2　各種の食品および塩化ナトリウム，ショ糖溶液の Aw の概略値

Aw	NaCl（％）	ショ糖(％)	食　　品
1.00〜0.95	0〜8	0〜44	新鮮肉，果実，野菜，シロップ漬けの缶詰果実，塩漬けの缶詰野菜，フランクフルトソーセージ，レバーソーセージ，マーガリン，バター，低食塩ベーコン
0.95〜0.90	8〜14	44〜59	プロセスチーズ，パン類，高水分の干しプラム，生ハム，ドライソーセージ，高食塩ベーコン，濃縮オレンジジュース
0.90〜0.80	14〜19	59〜飽　和（Aw 0.86）	熟成チェダーチーズ，加糖練乳，ハンガリアサラミ，ジャム，砂糖漬けの果実の皮，マーガリン
0.80〜0.70	19〜飽　和（Aw 0.75）		糖蜜，生干しのいちじく，高濃度の塩蔵魚
0.70〜0.60			パルメザンチーズ，乾燥果実，コーンシロップ
0.60〜0.50			チョコレート，菓子，蜂蜜，ヌードル
0.4			乾燥卵，ココア
0.3			乾燥ポテトフレーク，ポテトチップス，クラッカー，ケーキミックス
0.2			粉乳，乾燥野菜，くるみの実

（J. A. Troller, J. H. B. Christian　食品と水分活性　学会出版センター）

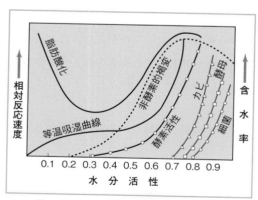

図2-1　水分活性と保蔵安定性の関係

合水量が計算上10倍以上あり，多くの保存食品に用いられている。また，冷凍食品では低温による微生物や酵素活性の抑制が保存性を向上させているが，自由水の凍結により結合水の割合が増加し水分活性が低下していることも寄与している。

　これに対し，**脂質の酸化は**Aw 0.3程度までは水分活性の低下に伴って抑制されるが，それ以下になると逆に促進される。この理由には単分子層の水が酸素に対して障壁となっているのではないかなどの説があるが，はっきりとはわかっていない。乾燥食品や冷凍食品の脂質が酸化されやすく，異臭や変色が起こる原因である。

5）食品の保存と水分の制御

① 乾燥の防止　　生鮮野菜，キノコ，果物などの保存に最も大切なのは温度の管理であり，収穫後できるだけ速く最適な温度にすることが鮮度を保持するのに効果的である。また，葉もの野菜やキノコなどでは蒸散によるしおれも鮮度低下の大きな原因となる。生鮮野菜の重量が5％低下するとしおれが目立ちだすといわれ，鮮度の指標にもなっている。これらの食品の水分活性は0.95以上であり，95％以上の相対湿度下でないと乾燥することになる。

食品の乾燥には温度も大きく影響する。空気の温度が高いと飽和水蒸気圧が高い，すなわち空気中に最大限収容できる水分の量が多いのである。乾燥はそのときの大気中の水蒸気圧と，この飽和水蒸気圧の差が大きいほどしやすい。したがって，同じ湿度ではもちろんのこと，ある程度湿度が高くても温度が高い方が乾燥しやすくなる。湿度が高くても夏の洗濯物が，湿度の低い冬よりも速く乾燥する理由である。生鮮食品の乾燥を抑えるには低温高湿度がよいことになる。

蒸散を抑えて野菜の鮮度を保つためには，包装も大きな効果がある。ハクサイを新聞紙で包んで貯蔵するのは昔から行われていたことであるが，現在ではポリエチレンなどのプラスチックフィルムや容器で包装される。これは販売のしやすさや物理的衝撃から保護することにもなるが，鮮度保持効果も大きいからである。

② 湿気の防止　　せんべいやクッキー，焼きノリなどのパリパリした触感が重視される食品やインスタントコーヒーなどは湿気の防止が品質を保つために重要である。これらの食品は水分活性が0.4以下のものが多いため，40％以上の湿度ではしけてしまう。そのため乾燥した保管場所が必要となるが，通常密閉できる容器ないし包装と乾燥剤の併用が行われる。乾燥剤にはシリカゲルが一般的である。また，酸化による風味の低下や脂質の変敗の防止に脱酸素剤の使用もなされる。

③ 冷　凍　　食品を冷凍するとき，最大氷結晶生成帯（-1～-5℃）の通過が長いほど，生成する氷結晶による細胞組織の物理的な損傷，凍結濃縮に

よる化学反応の促進などにより，解凍したときの品質の低下が甚だしくなる。これらの影響を少なくするには，最大氷結晶生成帯に留まる時間を短くする必要があり，最大氷結晶生成帯を30分以下で通過する「急速凍結（急速冷凍）」が重要とされている。近年，良質な冷凍食品が多く市販されているのは，急速凍結の技術が発展したためである。また，凍結する際に，冷凍装置内に磁場を発生させて水分子を細かく振動させながら冷やし，食品中の水分を「過冷却」の状態にして，一気に凍らせる「CAS（Cells Alive System）冷凍」などが注目されている。

（2）食品の外観と成分

　食品の品質や鮮度などの鑑別は化学分析や物理的性状の測定でなされることもあるが，市場での取引や消費者の購入段階では外観に頼った選別が行われる。形や大小，虫害や病斑，腐敗や異物の混入などの判別以外にも外観は鮮度や品質についての多くの情報をもたらすものである。

1）食品の色素成分と変色

　食品の色素成分の主要なものにはクロロフィル，ヘム，カロテノイド，フラボノイドなどがある。これらは品種や成熟度により種々の含量や組成となりその食品の固有の色調を表すだけでなく，貯蔵や加工により変色し，鮮度や精製度などの指標となる。

　① **クロロフィル色素**　　クロロフィルは葉緑素とも呼ばれ，植物の葉，茎，果実や藻類，一部の微生物などに含まれる，光合成作用に重要な役割をもつ緑色の色素である。クロロフィルはポルフィリンと呼ばれる環状構造の中にマグネシウムを有し，二つあるカルボキシル基にメタノールと高級アルコールであるフィトールがエステル結合をしている。植物にあるクロロフィルには構造の一部が異なる青緑色のaと黄緑色のbが2～3：1の比で存在している。また，藻類にはcが存在する。

　クロロフィルよりマグネシウムが離脱したものをフェオフィチンという。

　フェオフィチンは灰褐色をしており，酸によって生成する。

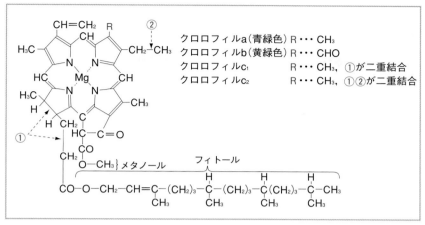

図2-2　クロロフィルの構造式

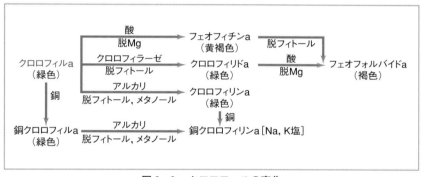

図2-3　クロロフィルの変化

　クロロフィルのフィトールが加水分解により離脱したものをクロロフィリ
ド、フィトールとメタノールの両方がとれたものをクロロフィリンといい、ど
ちらも緑色は失われていないが水溶性である。クロロフィリドは植物体中のク
ロロフィラーゼにより生成する。クロロフィリドのマグネシウムが失われたも
のをフェオフォルバイドといい、褐色で光増感作用を有する。クロロフィリン
はアルカリによる加水分解により生成する。クロロフィルやその誘導体のマグ
ネシウムが銅や鉄と置き換わったものは安定な緑色を呈するので、加工時の緑

色の保持や着色料として用いられる。グリーンピース缶詰製造時に硫酸銅を加えると緑色が保たれるのは銅クロロフィルとなるためであるが，現在は行われていない。また，銅クロロフィリン，鉄クロロフィリンは水溶性の着色料として用いられる。

② **ヘム色素**　血液や肉の色素がヘムである。ヘムはポルフィリン環に2価の鉄イオンを含有した構造をしており，血液中の**ヘモグロビン**は α 鎖，β 鎖といわれるヘムを含むサブユニットタンパク質がそれぞれ2つずつ4個が結合した構造をしている。また，筋肉の色素タンパク質である**ミオグロビン**はヘモグロビンのサブユニットタンパク質によく似た単量体である。このためヘモグロビンもミオグロビンも類似した変色挙動を示す。

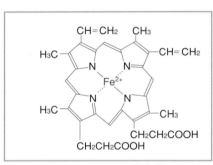

図2-4　ヘムの構造式

ヘモグロビンやミオグロビンが空気にさらされるとヘムに分子状の酸素が結合した（酸素化）**オキシヘモグロビン**，**オキシミオグロビン**となる。これらは鮮赤色であり，動脈血や精肉店の牛肉の切り身，鮮魚店のマグロの切り身などの真っ赤な色がこれである。

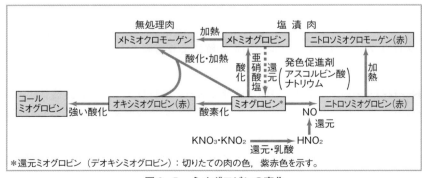

図2-5　ミオグロビンの変化

これに対し，鮮度の落ちたマグロなどが褐色となるのはヘムの鉄イオンが酸化されて3価となった**メトミオグロビン**となるからである（メト化）。肉などを加熱すると灰色となるのはミオグロビンのメト化とタンパク質の変性が起こったためである（メトミオクロモーゲン）。

また，古くなった塩漬け肉などが緑がかった色となるのは，ポルフィリン環自体が酸化された緑色のコールミオグロビンとなるからである。

ハムやソーセージの製造に**亜硝酸塩**を用いるのは，これより発生する一酸化窒素がヘムに結合し，赤色を呈する**ニトロソミオグロビン**となり，さらにこれが加熱されると，安定な赤色の**ニトロソミオクロモーゲン**となるからである。

③ **カロテノイド色素**　植物，動物どちらにも存在する黄色から赤色系の色素で，大部分は水に溶けない脂溶性物質である。イソプレン（炭素数5個）の重合により生合成されるイソプレノイドであり，炭素数40でトランス形の共役二重結合を多数もつ化学構造のものが多い。カロテノイド色素は，炭化水素である**カロテン類**とその酸化物である**キサントフィル類**に大別される。大きな性質の差はないが，キサントフィル類のほうが極性が高く，カロテン類はエタノールに溶解しないが，キサントフィル類は溶解する。

カロテノイド色素のうちβ-ヨノン環を有するものはプロビタミンAである。そのうち，β-カロテンは両端にβ-ヨノン環をもつ最も有効なプロビタミンAである。また，カロテノイド色素には強い活性酸素消去能を有するものがあり，癌に対する予防効果などが注目されている。

ニンジンやカボチャなどの植物性食品は通常多種類のカロテノイド色素を含有しており，その組成や含量，分布などにより色調が形成される。また，動物はカロテノイドを合成できないので，動物性食品のカロテノイド色素は食餌由来のものである。

カロテノイドは二重結合が多く，異性化や酸化により退色しやすい。

④ **フラボノイド色素**　フラボノイドはタンニンなどと同じく，ポリフェノールと総称されるベンゼン環にヒドロキシ基をもつ構造を有する化合物群に包含されるものである。フラボノイドはC_6（A環）-C_3-C_6（B環）の基本骨格を

もち，C₃部分の構造の違いによりフラボンやカテキン，カルコン，アントシアニンなど多くの化合物群が存在する。このうち，カルコンやアントシアニンは黄色や赤，紫などの鮮やかな色彩を有するが，その他は無色ないし淡黄色のものが多い。しかしこれらは酵素的な反応や金属イオンなどで多彩な変色を起こし，多くの食品の色を決定づけている。また，渋味や苦味をもつものがあり，

表2-3　アントシアニンとフラボノイド

種　類		色	含　有　食　品
フラボン類	アピゲニン	無色に近い黄色	コウリャン
	アピイン	無　　　色	パセリ
	ノビレチン	淡　黄　色	ミカン
	トリチン	淡　黄　色	アスパラガス
フラバノン類	ヘスペリジン	無　　　色	ミカン
	ヘスペレチン	無　　　色	ミカン
	ナリンギン	無　　　色	ミカン
フラボノール類	ケルセチン	黄　　　色	タマネギ
	ルチン	無　　　色	トマト
イソフラボン類	ダイジン	無　　　色	大豆
ペラルゴニジン系	カリステフィン	赤	イチゴ，アズキ
	フラガリン	赤	イチゴ
シアニジン系	クリサンテミン	赤　　　紫	黒豆，アズキ，イチゴ，ブルーベリー，モモ
	シアニン	赤　　　紫	カブ
	シソニン	赤　　　紫	シソ
	イデイン	赤　　　紫	リンゴ
	ケラシアニン	赤　　　紫	サクランボ
デルフィニジン系	ナスニン	紫	ナス
	ヒアシン	紫	ナス
	エニン	紫	ブドウ

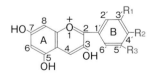

① ペラルゴニジン pelargonidin 系　R₁＝H，R₂＝OH，R₃＝H
② シアニジン cyanidin 系　R₁＝OH，R₂＝OH，R₃＝H
③ デルフィニジン delphinidin 系　R₁＝OH，R₂＝OH，R₃＝OH

図2-6　アントシアニジン基本核

味にも大きな影響がある。

　アントシアニンはアントシアニジン基本骨格およびその水酸基誘導体をアグリコンとする配糖体であるものが多い。B環のヒドロキシ基数により1個のペラルゴニジン，2個のシアニジン，3個のデルフィニジン系に分類され，ヒドロキシ基数が増加すると順に暗色化し明るい赤色から紫色となる。アントシアニンはオキソニウム構造をもつため不安定であり，酸性でオキソニウムカチオンとなり赤色を呈する。赤カブの漬け物，梅干しにシソを加えたときの赤色などはこれが原因である。

　ポリフェノール類は3価の鉄イオンとキレート結合し紺色に呈色する。また，アントシアニンは種々の金属イオンとメタロアントシアニンとなり安定な青色となる。ナスの漬け物にミョウバンや錆くぎを入れると安定な紺色になるのは利用例であるが，モモの缶詰が紫色に変わるなどの品質低下の原因ともなる。

　カルコン類にはベニバナの色素のサフロールイエローやカルミン酸などが含まれる。また，ミカン缶詰製造時のアルカリによる剥皮で濃黄色を呈するのは，ミカン中のヘスペリジンがヘスペリジンカルコンとなるからである。

　⑤　**酵素的褐変**　　リンゴやジャガイモを剥皮して放置したり，ナスを塩漬けにすると褐色や黒色に変色する。この現象はこれらに含まれるタンニン，フ

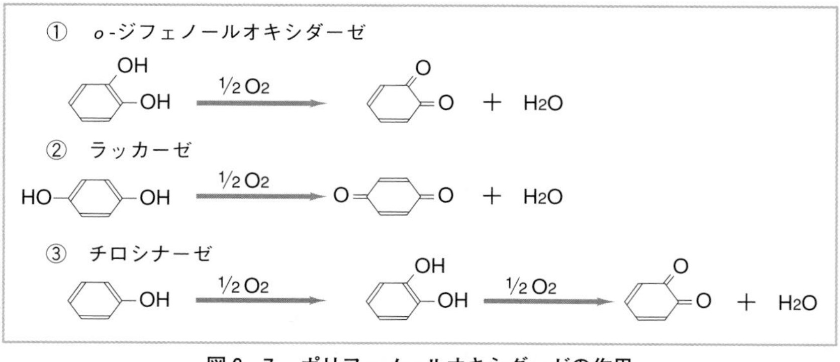

図2-7　ポリフェノールオキシダーゼの作用

（中村敏郎　食品の変色の化学　光琳　1995を一部改変）

ラボノイド，フェノールアミンなどのポリフェノール化合物がポリフェノールオキシダーゼと総称される酸化酵素により酸化されるためである。ポリフェノールオキシダーゼはo-ジフェノールを酸化してo-キノンにするo-ジフェノールオキシダーゼ，p-ジフェノールを酸化してp-キノンにするラッカーゼ，チロシンなどのモノフェノールをジフェノールにしてからキノンに酸化するチロシナーゼがある。これらによって生成したキノン類は非酵素的に重合して褐色や黒色の色素となる。

　生鮮野菜や果実などでは剥皮などの物理的な損傷で細胞膜が破壊され，酸素に暴露された場合に褐変が進行する。酵素的褐変を積極的に活用したものが紅茶やウーロン茶である。また，ココアやチョコレート製造にも関与している。

　食品加工においては褐変の防止が必要とされる場合が多い。酵素的褐変の防止は，酵素の阻害，酸素の遮断，還元剤などでなされている。酵素活性の抑制にはレモン汁や酢水を用いてpHを低下させる，食塩のような酵素阻害剤を利用する方法がある。還元剤ではアスコルビン酸やその異性体のエリソルビン酸，二酸化硫黄などが用いられている。

＜実　験＞　リンゴとジャガイモの酵素的褐変とその防止について実験する。

[器具]　50mLビーカー，駒込ピペット，おろし金，ガラス棒

[試薬]　２％酢酸，２％炭酸水素ナトリウム，２％塩化ナトリウム，２％アスコルビン酸，２％亜硫酸ナトリウム

[操作]リンゴをおろし金ですり下ろし，ただちに９個の50mLビーカーに約10g（薬さじで１杯ぐらい）を分け入れる。各々について以下の操作をする。

　No.1：そのまま放置する。

　No.2：ただちに，バーナーの小炎を用いて石綿金網上で加熱する。

　No.3：ただちに，２％酢酸をひたひたになるくらい加え，ガラス棒で混ぜる。

　No.4：ただちに，２％炭酸水素ナトリウムをひたひたになるくらい加え，ガラス棒で混ぜる。

　No.5：ただちに，２％塩化ナトリウムをひたひたになるくらい加え，ガラス棒で混ぜる。

No.6：ただちに，2％アスコルビン酸をひたひたになるくらい加え，ガラス棒で混ぜる。

No.7：ただちに，2％亜硫酸ナトリウムをひたひたになるくらい加え，ガラス棒で混ぜる。

No.8：しばらくそのままに放置して褐変させ，ついで2％アスコルビン酸をひたひたになるくらい加え，ガラス棒で混ぜる。

No.9：しばらくそのままに放置して褐変させ，ついで2％亜硫酸ナトリウムをひたひたになるくらい加え，ガラス棒で混ぜる。

No.1のビーカー内のリンゴの色と他のビーカー内の色を比較し，考察する。また，同じことをジャガイモのすり下ろしについても行ってみる。

⑥　**非酵素的褐変**　　酵素作用によらずに起こる褐変現象をいい，a-ジカルボニル化合物のような不安定な物質が酸化や重合など複雑な反応をくり返して高分子の褐色色素を形成する現象である。このなかには，アミノ酸やタンパク質などのアミノ基をもつ化合物と単糖類などのカルボニル基をもつ化合物が反応してメラノイジンと呼ばれる色素を形成する**アミノ-カルボニル反応**やアスコルビン酸，ポリフェノールなどが酸化重合して褐変するなど多くの反応機構が存在する。

アミノ-カルボニル反応は発見者にちなんで**メイラード反応**またはマイヤール（Meillard）反応とも呼ばれ，味噌や醤油の褐色の原因反応として知られている。大部分の食品にはカルボニル化合物の糖類とアミノ化合物のアミノ酸などが含まれており，この反応は食品の貯蔵や加工の際に普遍的に起こる反応である。パンやクッキーの焼き色や長く貯蔵した日本酒の褐変などこの反応による着色は多くの食品の色を形成している。また，この反応に付随して**ストレッカー分解**が起こり，アルデヒド類やピラジン類などが発生する。これらは揮発性の香気成分であり，調理香の原因となる。アミノ-カルボニル反応の細部は未だに不明のところが多いが，単糖類のアルデヒド基にアミノ酸のアミノ基が結合したグリコシルアミノ酸が生成し，これが転移や酸化により多様なレダクトン類やオソン類，フルフラール類となり，ついで複雑な酸化や重合をくり返

して褐色色素メラノイジンを形成すると理解されている。

　アスコルビン酸（ビタミンC）は強い還元作用があり，リンゴ果汁などの褐変防止に用いられるものであるが，柑橘類の果汁のように大量に含有される場合には褐変の原因物質となる。アスコルビン酸はそのものがレダクトンであり，アミノ基の存在ではもちろんのこと，酸化的あるいは非酸化的な条件の下でも分解や重合により褐色色素を生成する。

　緑茶を湿った状態で放置すると褐変が起こる。この反応は非酵素的であり，ポリフェノール類が非酵素的に酸化されて α －ジカルボニルのキノンを生成し，重合により褐変するからである。コーヒー豆やカカオ豆の焙煎による褐変もこれが原因である。

　魚油は高度不飽和脂肪酸を多く含み酸化していわゆる油やけを起こす。脂質が酸化すると種々のカルボニル化合物が生じ，これらが魚肉のアミン類やタンパク質と反応して褐変すると考えられている。

　糖類を単独で加熱したときに起こる褐変反応をカラメル化と呼ぶ。カラメルはグルコースから4分子脱水した $C_6H_4O_2$ の組成を示す種々の分解物や重合物の混合物であるが，化学構造は明らかでない。食品の着色に用いられるカラメルは糖だけを加熱してもつくられるが，通常アンモニウム塩などの触媒を用い使用する食品に適したものが製造される。苦味を伴う味や甘い香りも賞味される。

＜実　験＞　アミノ酸と糖とのアミノ－カルボニル反応を行い，pH，アミノ酸の種類，糖の種類の影響を観察する。

［器具］試験管

［試薬］アミノ酸2種（L－グルタミン酸，L－アラニン），糖類3種（D－キシロース，D－グルコース，ショ糖），pH 4.0リン酸緩衝液，pH 7.0リン酸緩衝液，pH 9.0リン酸緩衝液

［操作］

① 　アミノ酸および糖類のそれぞれを0.2MになるようにpH 4.0リン酸緩衝液に溶解し，5種の溶液をつくる。アミノ酸液を2 mLずつ，それぞれ3本の試験管にとり，各々に種類の異なる糖液を2 mLずつ加えた6種の組み合わ

せを作る。また，別の5本の試験管に各アミノ酸と糖液のみをそれぞれ2mL
ずつとり，それに水2mLを加えたものを対照として用意する。
② ①と同様の組み合わせをpH 7.0とpH 9.0のリン酸緩衝液に溶解したアミ
ノ酸と糖液についても作成する。
③ ①と②でできた合計33種の組み合わせの反応液の入った試験管をアルミホ
イルでふたをし，沸騰湯浴中で加熱する。一定時間経過後，氷水中で冷却し
440nmで吸光度を測定する。

アミノ酸の種類，糖の種類による褐変の起きやすさ，pHの影響を考察す
る。アルカリ性で褐変しやすい，ショ糖などの非還元糖は褐変が起こりにく
く，還元糖では鎖状構造になりやすいキシロースで褐変が激しい。

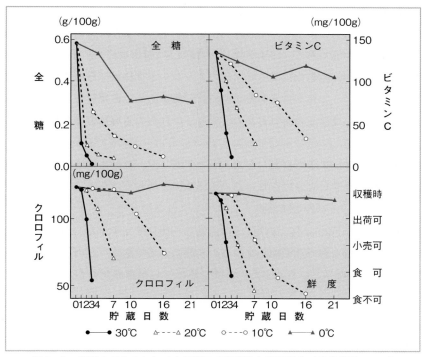

図2-8 **貯蔵中のホウレンソウ外葉の成分変化と外観変化**（千葉農試，1990）

2）色と鮮度

① 生鮮植物性食品　野菜や果物の鮮度低下には，蒸散によるしおれや萎び，緑色野菜での外葉の黄化，収穫や流通時での外傷部の褐変などがある。

ホウレンソウやネギ，ハクサイなどが鮮度低下したとき外葉が黄化するのは，クロロフィルが分解し緑色に隠れていたカロテノイドの黄色が現れるためである。葉茎菜類の最外葉は展開してからの時間が最も長い，老化している部分であり，黄化しやすい。鮮度低下により黄変は内部の葉にも進行する。

鮮度低下により酵素的褐変反応が目立つ食品には，バナナ，ソラマメなどの黒変，シイタケのひだ部の褐変，マッシュルームや野菜の収穫時の切断部などがあげられる。ヒラタケでは黒っぽい傘色が白っぽくうすれてくる。

② 生鮮動物性食品　赤身魚や畜肉の色は血液の色素タンパク質であるヘモグロビンと筋肉の色素タンパク質のミオグロビンによるが，筋肉部ではほとんどミオグロビンによるものである。マグロや牛肉のようにミオグロビンが多いものは赤色が濃くなる。ミオグロビン（還元型ミオグロビンともいう）の色は紫赤色であるが，酸素化による鮮赤色のオキシミオグロビンと，酸化により生成する褐色のメトミオグロビンの2つの誘導体がある。赤身魚や畜肉の見た目の色調を表すのは，ミオグロビンの含量と，これらの誘導体の存在割合によっている。

生筋ではオキシミオグロビンがほとんどであるが，死後筋肉は嫌気的条件となり還元型ミオグロビンになる。このため筋肉を切り分けた直後の色は暗赤色を示す。しかし，その切断面が空気にさらされるとオキシミオグロビンとなり，鮮やかな赤色となる。この反応は通常15〜30分で完了する。店頭や飲食店で見られる新鮮な肉や魚の切り身はこの状態のものである。この変化をブルーミング（blooming）という。また，新鮮な魚のえらが鮮赤色であるのもこのためである。

鮮度が低下してくると徐々に褐色や，黒っぽく変色してくる。この変化はヘムのFe^{2+}が酸化されFe^{3+}となった，メトミオグロビンとなるからである。マグロ肉の場合メト化率（メトミオグロビン／全ミオグロビン×100）が50％を超える

と肉は褐色に見える。未凍結魚の場合0℃付近ではメト化の進行は遅いが，温度が高くなると非常に速くなる。また，冷凍魚の場合−7℃付近では速いが，−35℃以下ではほとんど停止する。食肉の場合にはメト化率が60％を超えると褐変が明らかに認められるといわれる。

　還元型ミオグロビンとオキシミオグロビンでは還元型のほうがメト化されやすい。また，酸素濃度が高いとメト化されにくく，希薄な酸素濃度では進行する。このため食肉では酸素透過性のよいフィルムでパッケージしたり，酸素濃度を高めて貯蔵することが行われるが，魚では酸素濃度を高めた場合脂質の酸化による油やけがあるため行われていない。

　③　**油脂，その他**　　油脂やその他の多くの食品では長期間貯蔵した場合，非酵素的褐変反応が進行し，着色が濃くなってくる。酸化した油脂ではアルデヒドやケトンなどが多く生成するため，非常に褐変しやすくなる。とくに，水産食品の場合，酸化されやすい高度不飽和脂肪酸を多く含むため，この変化が激しく油やけを起こす。

　チョコレートの保存状態の悪いもの，とくに温まって溶けかけたものでは黒褐色の色調が灰褐色になる。これはファットブルームと呼ばれ，チョコレートの主成分であるカカオ脂の結晶構造が変態を起こしてできるものである。ファットブルーム現象を起こしたチョコレートは口どけが悪くなり，品質が低下する。

　日本酒のように糖質やアミノ酸を含むものでは，アミノ−カルボニル反応により黄色から褐色に変化する。古酒が褐色を呈したり，味噌の表面の色が濃くなって黒っぽくなったり，古くなった醤油の色が悪くなるのもこれが原因である。

3）色と精製度

①　**穀　　物**

精　白　米：玄米のぬか層，胚芽，胚乳の重量比は，約5：3：92であるので，玄米を搗精して精米する場合，搗精歩留まりが92％以上であるとぬかや胚乳が残り，純白な米にならない。一般には91％程度の搗精度である。

小　麦　粉：小麦粉は強力粉，準強力粉，中力粉，薄力粉といった種類と1等

粉，2等粉，3等粉，末粉などの等級により分類されている。小麦の挽砕はたくさんのロールで粉砕され，ふるいなどにより外皮（ふすま）と分けられ，精製される。1等粉は胚乳の中心部に近い部分が集められたものである。以下，2等粉，3等粉，末粉は順次胚乳の周辺部に近いところの粉から構成される。等級の高い粉は灰分が少なく色もきれいであるが，下位の粉は灰分が多く，色はくすみが増す。

　小麦粉の色を調べる簡単な方法には，透明なガラス板に，比較する小麦粉と並べ，これを金属製のへらで押しつけて観察する方法がある。これをペッカーテストという。ペッカーテストでは色の白さ，色調，ふすま片の混入の有無などが見られる他，水に漬けて濡れた状態での経時的な変色の様子，鹹水（かんすい）に漬けたときの経時的変色の様子などが観察できる。

　そ ば 粉：そばも他の穀物と同じように胚乳の中心部ほどデンプンが多く，砕けやすい性質があり，色も白い。そのため，製粉の仕方，歩留まりにより色や成分に変化がある。一般的な製粉の方法では歩留まり80〜95%であり，かなり殻の混ざった色の黒いそばとなるが，風味も濃い。歩留まりを65〜70%としたものは淡く青みを帯びた白色のそば粉で淡白な味わいのものとなる。

　②　砂　　糖　　砂糖はサトウキビや甜菜（てんさい）より糖液をとり，それを精製濃縮してショ糖を結晶化したものであるが，精製の度合いにより色や風味が異なる。**黒砂糖**はサトウキビの糖液をそのまま濃縮して結晶化したものであり，分蜜を行っていない。ショ糖含量が低く（73〜86%）還元糖やアミノ酸などの不純物が多く，特有の風味がある。濃縮中にアミノ−カルボニル反応が起こり，黒褐色を呈する。

　精製糖は糖液を活性炭やイオン交換樹脂により，脱色や不純物を除いた後結晶化し，結晶を遠心分離などで集めたもので（分蜜），結晶の大きさにより車糖，グラニュー糖，双目（ざらめ）などがある。不純物の少ないものは純白を呈し（上白糖，上双目），等級の低いものは褐色を呈している。**和三盆糖**は香川県，徳島県で伝統的な方法で製造される分蜜糖で，活性炭などを用いないため上品な淡黄色をしており，風味もよく和菓子の材料などに用いられる（p.232参照）。

4）色と栄養成分

① **野菜，果物**　　緑黄色野菜が栄養価が高いとされる理由は，濃い緑色の野菜やニンジン，カボチャのような黄から赤みを帯びた野菜類がカロテン類を多く含むからである。レチノール（ビタミンA）と同じ β-ヨノン環を有するカロテノイド色素類は体内においてレチノールに変換されるためプロビタミンAと呼ばれる。プロビタミンAにはいくつかのカロテノイド色素が知られているが，両端に β-ヨノン環をもつ**β-カロテン**はその代表であり，他のものはその半分の効力しかないものと考えられている。野菜や果物に含有されるカロテノイド色素は多くの種類が混在したものであり，β-カロテンは橙黄色をしているが，他のカロテノイド色素も黄色から赤色の色調である。黄，オレンジ，赤などの色が濃いものは一般的にいってビタミンA効力が高いといえるが，含有されるカロテノイド色素の種類によって左右される。ミカンやトマト，スイカ，カキなどのビタミンA効力があまり高くないのは，これらが β-カロテンをあまり含んでいないからである。しかし，白色の野菜は全くカロテンを含んでいないので，それに比べると良好な給源といえる。また，トマトやスイカに含まれる赤色の色素である**リコペン**は β-カロテンよりも抗変異原性が高いと報告され，機能性の面から注目されている。

　緑色の濃い葉もの野菜は葉緑素の強い緑に隠れてカロテノイド色素の色が見えないが，高い効力をもつものが多い。緑黄色野菜とは β-カロテンを600μg以上含有するものを基準としている。

② **動物性食品**

卵　　　：動物はカロテノイド色素を体内で合成することができないので，黄身の色のカロテノイド色素は餌に由来するものである。黄身の色が赤みがかって濃いものは栄養価が高いといわれることがあるが，β-カロテンは橙黄色であり，必ずしも多く含まれてはいない。

肉および魚：畜肉，鳥肉，魚肉の赤い色素はヘム色素をもつ**ミオグロビン**の色であり，一般的に赤みが濃いものは鉄の含有量が多いといえる。豚肉よりも牛肉や馬肉が一般的に鉄の含有量が多いことや，鶏肉ではささみよりももも肉

のほうが多い。また，白身の魚よりも赤身の方が高い含量のものが多い。魚ではとくに血合い肉が高い含量を示すことになる。しかし，貝類では赤色ではないが高い鉄含量を示すものが多い。

牛肉の霜降りやマグロのトロのように脂身の多い肉では脂質含量が高いので相対的にタンパク質量は減少する。この場合，エネルギー値は高くなり，脂溶性ビタミンのレチノール，ビタミンE，ビタミンDも赤身肉よりも高くなる。

5）色と熟度（野菜，果物）

葉茎菜類，根菜類は熟度による色の変化はほとんど見られないが，葉菜類では新葉に比べ成長に従い緑色が濃くなってくる。また，ハクサイやキャベツのように結球するものでは内部に光が入らないので軟白化する。光を遮断して葉緑素の形成を抑え軟白化して食用としているものには，ウド，ホワイトアスパラガス，黄ニラ，モヤシなどがある。また，キノコのエノキタケも光を遮断して茶褐色の色素の形成を抑えている。天然のエノキタケはナメコと同じような傘の色をしており，柄の部分も茶から黒色の色がある。

果菜類と**果物類**は同じで，熟すことにより色の変化を伴うものが多い。ナスなどを除き，一般的に幼果は表面に光のあたるものではクロロフィルをもっていて緑色をしているものが多いが，成熟につれてクロロフィルは減少し，カロテノイド色素やアントシアニン色素が増加して，赤，黄，紫などの着色を起こす。また，光のあたらない部分や果皮に包まれた内部では一般に白色のものが多いが，これらも成熟に伴いカロテノイド色素やアントシアニン色素，褐色色素などを形成する。トマトやバナナは流通上の問題などから，緑色の完熟以前のものを採取し，**追熟**を行って販売消費している。

成熟するに従いカロテノイド色素が増加するものにはトマト，トウモロコシ，トウガラシ，バナナ，スイカ，柑橘類，カキなどがあり，アントシアニン色素が増加するものにはイチゴ，ブドウ，リンゴ，モモ，スモモなどがある。

2．化学的品質評価

（1）糖度と酸度

　果物や野菜の品質は鮮度や形，大きさだけでなく，産地，銘柄，品種，成熟度など多くの要因が評価の対象となるものである。このうち産地，銘柄，品種，成熟度などは，基本的にはその野菜や果物の，味や調理，加工に対する適性が反映したものである。果物の味には香りやテクスチャーも大きな要因であるが，甘味と酸味は最も重要なものである。また，野菜の味にも影響がある。甘味を表す指標には糖度，酸味については酸度が一般に用いられる。

1）糖度の測定

　糖度の簡便な測定法には，**屈折糖度計**または**糖用屈折計**がある。これは溶液の屈折率が濃度に関係して増加することに基づく測定法であり，使用法は簡単で，標準溶液による校正の後，対象溶液の糖度が直読できるものである。しかし，この示度は溶液中の可溶性固形分の総和を示すものであり，果物などのジュースを測定した場合，有機酸や遊離アミノ酸など糖以外の成分も含めた含量を示している。ジュースなどの屈折糖度計での示度を糖度としているのは，全可溶性固形分に対する糖の割合が高く，大部分を占めているという理由からである。**ブリックス度**（°Bx）はもともとブリックス浮きばかりの示度のことであるが，通常屈折糖度計の示度をいうことが多い。また，この場合の糖度とはショ糖ばかりでなくブドウ糖，果糖，麦芽糖などの還元糖，可溶性のデキストリン，糖アルコールなどすべてを含んだものである。甘味に関係する糖含量（ショ糖，還元糖量）と°Bxはほぼ相関しており，トマトでは°Bxより1.8，イチゴでは2，スイカでは0.5，リンゴでは1.5，日本ナシでは2.0を引くと推定糖含量が得られる。ミカンでは糖と有機酸の合計量と°Bxの相関が高く，糖含量は°Bxの約70%程度である。

　糖や糖アルコールの組成を分析する簡便な方法はなく，ガスクロマトグラフィーや高速液体クロマトグラフィーなどの機器を用いる必要がある。

2）酸度の分析

酸度とは滴定酸度のことを指している。すなわち，試料抽出液の一定量をフェノールフタレイン指示薬あるいはpHメーターを用いて，アルカリ，通常水酸化ナトリウムで中和滴定し測定する。酸量はその試料の代表的な酸，例えば柑橘類ではクエン酸に換算して表示することが多い。しかし，ほとんどの食品では酸と塩基が平衡状態で存在するものであるので，この値は，全酸量あるいは総有機酸量を示す値ではない。

有機酸の組成を分析するためにはガスクロマトグラフィー，高速液体クロマトグラフィー，イオンクロマトグラフィーなどの機器分析が必要である。

3）野菜，果物の熟度と糖度，酸度

果菜類や果物では一般的に成熟前は糖含量が低く，成熟に従い増加する。逆に酸濃度は低下する。トマトの場合完熟期に収穫するのが甘味が増し，酸も減少して美味であるが，やわらかく輸送に耐えないため，催色期に収穫して追熟を行っている。この場合酸は減少するが糖度は増えない。

バナナも緑色果を輸入し，エチレン処理により追熟して販売されている。しかし，この場合には緑色果で約20％あったデンプンが約1％まで減少し，1％以下であった可溶性糖類が約20％（ショ糖約65％，ブドウ糖20％，果糖15％）まで増加する。

4）野菜，果物の品種と糖度，酸度

野菜や果物の成分は気候や栽培方法，栽培時期，部位等種々の要因により変動するが，品種によっても糖度や酸度などが異なり，特に果菜類や果物では品種改良のキーポイントになっている。ほとんどの果物では糖が多く酸が少ない，甘味の強い品種の人気が高く，栽培量が多くなってきている。

5）実　　験

[試料] 果実をおろし金，あるいはミキサーを用いてすりつぶし，ガーゼで濾過して汁液を取る。

[試薬・器具] 力価既知 0.1M水酸化ナトリウム水溶液，屈折糖度計

[操作] 汁液の糖度を屈折糖度計で測定する。また，ホールピペットを用いて

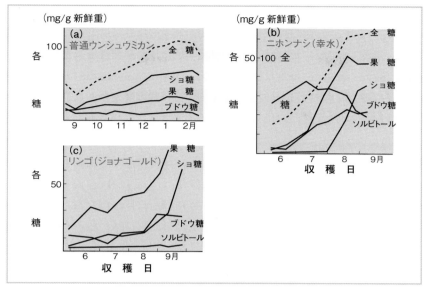

図2-9 果実の生長，成熟に伴う糖含量の変動

汁液5 mLを三角フラスコにとり，指示薬にフェノールフタレインを用い，0.1
M水酸化ナトリウムで滴定する。滴定値より，汁液100mLあたりの酸量（その
果実の代表的な酸，例えば柑橘類ではクエン酸，リンゴではリンゴ酸）を計算
する。

　品種の差や熟度の違いなど目的を定めて実験計画を立て，結果を考察する。

（2）魚の鮮度

　魚類は畜肉類などと比べ鮮度低下の速い食品であり，とくに日本では魚を生
食するため，その鮮度の判定は非常に重要である。従来，生鮮魚の鮮度判定は
えらが鮮血色であるかどうか，眼が澄んでいるかどうか，皮膚は光沢がありみ
ずみずしいかなど，官能的な評価によって行われてきた。

　鮮度を客観的に表すために細菌学的方法，化学的方法，物理的方法などの
種々の方法が提案されているが，鮮度の意味が腐敗しているかどうかの場合と

生鮮度（生きのよさ）では適用される方法も異なる。干物などでの鮮度判定は腐敗しているかどうかに重点が置かれるが，刺身の場合には生きのよさが問題になる。腐敗の判定には生菌数などの**細菌学的方法**や**揮発性塩基窒素**（VBN：volatile basic nitrogen）や**トリメチルアミン**（TMA：trimethylamine）**量**などの測定が行われる。揮発性塩基窒素による判定は，鮮度低下により発生するアンモニアやトリメチルアミン量を測定するものである。トリメチルアミンの測定は海産魚にのみ適用されるもので，海産魚肉中に存在するトリメチルアミンオキサイドが死後，以下のように反応してトリメチルアミンを生成することに基づくものである。

$$TMAO + 2H^+ + 2Fe^{2+} \longrightarrow TMA + 2Fe^{3+} + H_2O$$

生鮮度の判定では**K値**が最も信頼できるものである。哺乳動物や魚の筋肉中にはエネルギー源としてATPが存在している。ATP量は同一種の動物筋肉中ではほぼ一定量を示すが，動物の死後，図2-10のような反応経路で分解する。魚ではこの反応は速やかに起こるため，反応の経過を追跡すれば生鮮度の判定に利用できる。K値は分解経路中のヒポキサンチンまでの全ATP関連物質に対する，イノシンとヒポキサンチンの合計量の比と定義されている。

$$K値(\%) = \frac{イノシン + ヒポキサンチン}{ATP + ADP + アデニル酸 + イノシン酸 + イノシン + ヒポキサンチン} \times 100$$

すなわちK値が小さいほど鮮度がよく，大きくなれば鮮度が低下したものである。一般に即殺魚のK値は10%以下を示し，刺身用のもので20%程度かそれ以下，市販魚の平均は35%前後の結果が得られている。

腐ってもタイとか，サバの生き腐れという言葉があるが，これは魚種による鮮度低下の遅速を経験的に言い表したものである。K値が20%以下で生食に適し，20〜50%のものは加熱調理が必要であるとされている。

1）K値の測定法

血合い肉を含まない魚の筋肉（背肉が使われる）を冷過塩素酸で抽出し，ATP関連化合物を含む試料液を調製する。それについて陰イオン交換樹脂カラムまたはHPLCを用いてイノシン＋ヒポキサンチン画分とATP〜IMPのヌクレオチ

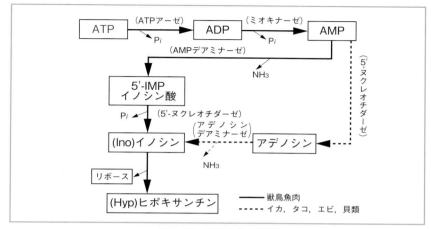

図2-10　ATPの分解過程

ド画分に分離し，その紫外吸光度を測定する方法が一般的である。また，これらの分離をせずにイノシンとヒポキサンチンをヌクレオシドホスホリラーゼとキサンチンオキシダーゼを用いて尿酸に変換し，尿酸量を測定してイノシン＋ヒポキサンチン量に換算する酵素法も考案されている。

　ATP分解経路のうち，ATPからイノシン酸までの反応はきわめて速やかに起こることが明らかになっている。そこで，全ATP関連化合物に代わり，イノシン酸＋イノシン＋ヒポキサンチンを分母とするK_1値が提案された。

$$K_1値(\%) = \frac{イノシン \ + \ ヒポキサンチン}{イノシン酸 \ + \ イノシン \ + \ ヒポキサンチン} \times 100$$

　K_1値もK値と同様に鮮度判定に用いられる。イノシン酸とイノシンをヌクレオチダーゼとヌクレオシドホスホリラーゼによりヒポキサンチンに変換し，キサンチンオキシダーゼで尿酸に酸化するときの酸素消費量を酸素電極で測定する方法で，鮮度試験器が実用化されている。

2）イオン交換樹脂カラムを用いたK値測定

　イオン交換樹脂カラムを用いてK値を測定することができる。以下に，その実験方法を示す。

〔試薬と器具〕陰イオン交換樹脂Dowex 1 × 4（200〜400メッシュ, Cl型）, 0.005 M HCl溶液（A液）, 0.6M塩化ナトリウム−0.01M塩酸溶液（B液）, 10%および5％過塩素酸溶液, 10M水酸化カリウム溶液, 0.5Mアンモニア水, ホモジナイザー, 冷却遠心分離機, 活栓付きガラスカラム（内径6 mm, 長さ15〜18 mm）, 分光光度計

〔操　　作〕

①　**試料溶液の調製**：魚の背肉5 gを冷却した10%過塩素酸溶液10 mLと冷却しながらホモジナイズし, 0 ℃, 3,000rpmで3分間遠心分離を行う。上澄を冷却した100mL容ビーカーに移したのち, 遠沈管の残渣に氷冷した5％過塩素酸溶液5 mLを加え, ガラス棒で均一になるまでかき混ぜ再度遠心分離を行う。上澄は先の抽出液に合わせ, 残渣についてはこの操作をもう一度くり返す。集まった全抽出液に冷却しながら10M水酸化カリウム溶液を駒込ピペットを用いて滴下し, pH 6.4に調整する（pHメーターまたはBTB試験紙を用いる）。過塩素酸カリウムの沈殿が生じるので, これを0 ℃, 3,000rpmで3分間遠心分離し, 上澄を50mL容メスフラスコに集める。残渣の沈殿は5 mLの氷冷水で2回洗浄し, 洗液もメスフラスコに加え, 最後に水で定容する。

②　**カラムの調製**：底部に活栓のついたガラスカラムの底に脱脂綿少量をあまりかたくならないように詰め, 水を流して脱脂綿中の空気を除き, 底部に水が数cm残った状態にする。ここに水に分散したCl型Dowex 1 × 4樹脂を駒込ピペットを使い流し込み, 沈降した樹脂の高さが5 cmになるように調整する。上部にも軽く脱脂綿を詰め, しばらく水を流し続けて平衡化する。

③　**測　　定**：試料溶液2 mLを試験管か20mL程度の小三角フラスコにとり, 0.5Mのアンモニア水でpH9.4に調整する（TB試験紙）。これをDowex 1 × 4のカラムに加える。容器の内面を水1 mLで2回洗浄し, 洗液もカラムに移す。樹脂ベッドの上端近くまで流下したところで, 水20mLをカラムに流し, 非吸着物質を洗浄, 流出する。次いで, A液45mLをカラムに流し, 溶出液を50mL容のメスフラスコにとる（A区分）。この区分にはイノシンとヒポキサンチンが溶出されている。次に, 別の50mL容メスフラスコにB液45mLを流した

溶出液を集める（B区分）。B区分にはATP，ADP，アデニル酸，イノシン酸が溶出されている。A，B両区分をそれぞれの液で定容し，分光光度計を用いて250nmの吸光度を測定する。K値は次式により計算する。

$$\text{K値 (\%)} = \frac{\text{A区分の吸光度}}{\text{A区分の吸光度 ＋ B区分の吸光度}} \times 100$$

（3）油　　　脂

食用油脂は非常に多くの原材料より，抽出，精製されて製造されているばかりでなく，多くの加工油脂があり，それぞれに固有の性質があるため，その品質は種々の観点から検討される。食用植物油脂のJAS規格では主として精製度，純正度などより色，比重，屈折率などの物理的指標と水分，酸価，ケン化価，ヨウ素価，不ケン化物含量などの化学的指標を検査項目としている。JAS規格には取り上げられていないが，他の脂溶性ビタミンの含量や脂肪酸組成も栄養学的に重要である。この他の品質判定の視点としては風味や鮮度に対するものは当然として，固形油脂などでは可塑性や製パン特性などの使用目的に対する機能性がある。また，特に油脂類は自動酸化や酵素反応，熱酸化などにより非常に変敗しやすいものであり，鮮度に対する検査は重要なものである。この判定には，酸価，過酸化物価，カルボニル価，TBA価などがある。また，可塑性については固体脂指数などがある。

1）酸　　　価

酸価は油脂試料1g中に含まれている遊離脂肪酸を中和するのに要する水酸化カリウムのミリグラム数と定義されている。原油中に含まれている遊離脂肪酸はかなりの量に上ることから，酸価は油脂精製度の目安となる。また，天ぷらやフライなどの調理による加熱操作により油脂トリグリセリドが加水分解を受け遊離脂肪酸が増加することから，鮮度あるいは劣化度の目安となる。

2）過酸化物価

油脂は自動酸化，光増感酸化，リポキシゲナーゼによる酵素的酸化など種々の機構で酸化され，変敗するが，そのいずれもが最初にヒドロペルオキシド

（過酸化物）を生成する。この過酸化物の量を測定したものが過酸化物価であり，「規定の方法に基づき試料にヨウ化カリウムを加えた場合に遊離されるヨウ素を試料 1 kgに対するミリ等量数で表したもの」と定義されている。油脂過酸化物は分解や重合を起こし変敗臭や褐変，粘度の増加など種々の悪変の原因となるので，過酸化物価は油脂の初期変敗のよい指標となる。

（4）新しい評価法

1）エライザ法（酵素結合抗体法：enzyme linked immunosorbent assay, ELISA）

免疫反応（抗原抗体反応）を利用してタンパク質などを検出したり，定量する方法の一つである。アレルギー成分の検出，牛海綿状脳症（BSE）の検出，異物タンパク質の検出などに広く用いられている。特定原材料中のアレルゲンのスクリーニング検査に用いられている。

2）ウエスタンブロット法

ウエスタンブロッティング（Western Blotting：WB）は，電気泳動の優れた分離能と抗原抗体性反応の高い特異性を組み合わせて，タンパク質混合物から特定のタンパク質を検出する手法である。電気泳動SDS-PAGEの後のゲルにメンブレンを密着させ，分離したタンパク質をゲルからメンブレンに移し，これに一次抗体（目的とするタンパク質に対する抗体）を反応させ，洗浄後，HRP（西洋ワサビペルオキシダーゼ）などの酵素で標識した二次抗体を反応させると，酵素活性を利用した化学発光法もしくは発色法により検出することができる。特定原材料の卵，牛乳のアレルゲンの確認検査に用いられている。

3）DNA鑑定

生物はすべて異なる遺伝情報をもっており，DNAを鑑定することにより，生物種を特定できる。食品の品質評価の分野では病原微生物（O–157など）の検出や遺伝子組換え食品の鑑定，米品種の鑑定，ハム・ソーセージの肉種の鑑定など応用は限りなく広がっている。これには，PCR法（ポリメラーゼチェイン反応：polymerase chain reaction）と呼ばれる，微量のDNAをDNAポリメラーゼを用いて大量に複製することができる技術が大きな貢献をしている。PCR法

は，特定原材料の小麦，落花生，そば，えび，かにの確認検査に用いられている。

4）多元素定量分析による産地判別

地域により土壌や水に含まれる無機質元素の組成には変動がある。その地域で栽培される作物の無機質元素組成はその影響を受け，他地域で栽培されたものと異なる場合がある。多種類の元素を同時に迅速に分析できる，**誘導結合プラズマ質量分析法**（ICP-MS法）を用いて，元素組成を比較することにより**産地の判別**を行うことができる。

5）安定同位体分析による産地判別

食品の成分を構成している水素，炭素，窒素，酸素などには質量数の異なる**安定同位体**（^2_1H，$^{13}_6C$，$^{15}_7N$，$^{18}_8O$など）が存在している．生物体のこれら元素の同位体比は，その生物が育った環境や食物の同位体比を反映してわずかな変動がある．安定同位体比質量分析計を用いて，これらを測定することで，その生物が生息した地域や環境あるいは栽培された地域を判別するための指標として用いることができる。

3 物理的評価法

　食べ物の特徴は，大きくは化学的性質と物理的性質で判別することで明らかにすることができる。前者は味や匂いなどの化学成分による判別であり，抽出や分析ができる性質なのに対して，後者はかたさや弾力性などの力学的・レオロジー的性質であり，形・大きさ・温度などの影響を受ける。物理的性質は食品全体から示される性質であり，化学的性質のように特定の成分を抽出する方法では，判定がむずかしい。

　そこで本章では，食品の基本的な特性を踏まえたうえで，食品自体がもつ力学的性質・レオロジーと，食べるときに食感として感知されるテクスチャー，色の評価方法について学習する。また，さらに近年著しく発展した非破壊検査法について学習する。

1. 食品の状態

（1）食品と分散系

　物質には3つの状態がある。**気体，液体，固体**で，それが外部環境によって随時変化している。たとえば，冷凍庫では液体の水が固体の氷となり，鍋の中では水が気体の蒸気に変化する。しかし，これは水という単一の物質の変化である。通常**食品**の場合は，水分はもちろんのこと，タンパク質や脂質，糖質などいくつかの成分からなる多成分系であり，しかも均一ではなく不均一な混合系である。つまり，食品は**不均質，多成分の分散系**の状態であるため，分散状態を理解することで食品の状態を知ることができる。

（2）分散系の分類

　分散系とはある物質Aが，ある物質Bに分散している状態のことで，Aを**分散相**，Bを**分散媒**（または，連続相）と呼ぶ。表3-1に分散系の分類を示した。そのなかで食品に多くみられる，分子分散系の「溶液」とコロイド分散系の「エマルション（乳濁液）」「サスペンション（懸濁液)」「ゾル，ゲル」について説明する。

1）溶　　液

　溶液とは，液体の分散媒に分子レベルの物質が均一に混合してできたものである。食品としては砂糖水や塩水などが溶液にあたり，ショ糖や食塩が水に溶けている状態である。

　ただし，溶けきれないほどの量を加えると過飽和となり，下に沈殿する。

表3-1　分散系の分類

分 子 分 散 系 （d< 1 nm）	溶液 固溶液
コロイド分散系 （1 nm≦d≦100nm）	エマルション サスペンション 泡 分子コロイド ミセルコロイド 固体コロイド エアロゾル

d：粒子サイズ

2）コロイド

コロイドとは,「肉眼的にも光学顕微鏡的にも均一に見えるが,実は不均一系であり,微粒子が媒質中に分散している系」[1]を示す。コロイド粒子の大きさは,分子より少し大きく,$10^{-7} \sim 10^{-9}$m（100nm～ 1 nm）であり,表 3 - 2 に示すように,気体・液体・個体の各分散媒に,コロイド粒子が分散相として分散している状態をコロイド分散系という。

表 3 - 2　食品コロイド分散系の分類と食品例

分散媒	分散相	分散系	食品の例
気　体	液　体	エアロゾル	香りづけのためのスモーク
	固　体	粉　　末	小麦粉,片栗粉,砂糖,スキムミルク,ココア
液　体	気　体	泡	ホイップドクリーム,ソフトクリーム,ビールの泡
	液　体	エマルション	牛乳,生クリーム,バター,卵黄,マヨネーズ
	固　体	サスペンション	味噌汁,ジュース
		ゾ　　ル	ポタージュ,ソース,デンプンペースト
		ゲ　　ル	ゼリー,水ようかん,カスタードプディング
固　体	気　体	固　体　泡	パン,スポンジケーキ,クッキー,卵ボーロ
	液　体	固体エマルション	吸水膨潤した凍り豆腐,果肉
	固　体	サスペンション	チョコレート

3）エマルション（乳濁液）

液体の分散媒に液体の分散相が分散した状態のものを**エマルション**という。液体である水と油が乳化剤の存在によって分離することなく混合し,**乳化**（混合液が乳濁する現象）したものである。乳化剤は水と親和性のある**親水基**と油と親和性のある**親油基**の両方をもつため,乳化剤の介入によって水と油が混ざる。エマルションは,分散媒が水で油が分散した（水に油が溶けた）**水中油滴型エマルション**（O/W型）と,分散媒が油の**油中水滴型エマルション**（W/O型）とがある（図 3 - 1）。前者にはマヨネーズ,生クリーム,牛乳などがあり,後者はバター,マーガリンなどがある。

水中油滴型のエマルションであるマヨネーズと,油中水滴型であるバターはそれぞれ脂質の含有率は75.3%と81.0%と大差ないが,バターのほうが脂っこ

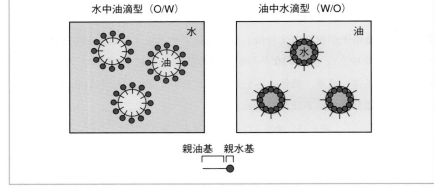

図3-1　エマルションの型

く感じる。これは，バターの分散媒が油脂であり，食味が分散媒の影響を受けやすいためである。なお，エマルションの型は完全に安定しているわけではなく，分散媒と分散相が逆転（転相）しエマルションの型が変わる場合がある。たとえば，O/W型の生クリームを過度に泡立てると，その物理的な刺激によってW/O型のエマルションであるバター状に変化する。

4）サスペンション（懸濁液）

　サスペンションは液体の分散媒に固体が分散した状態であり，代表的な食品として味噌汁のような各種のスープ類や抹茶などがあげられる。乳化剤が存在し，比較的状態が安定しているエマルションに比べるとサスペンションは不安定で，しばらく静置すると分散相である固体が移動し，分散媒である液体の比重より大きければ沈殿し，小さければ浮く。

5）ゾルとゲル

　ゾル，ゲルともサスペンション同様に液体中に固体が分散したものである。ゾルは液体のように**流動性のある状態**を示し，ゲルは**流動性を失った状態**である。調理用語としては，ゼリー液や卵液が冷やしたり，蒸したりすることにより「固まる」と表現するが，ゾルからゲルへの変化は，素材の全成分が単純に液体状態から固体状態へ変わっているわけではない。ゾル液の95％以上を占め

る水分は，ゾルの状態では自由に動くことができる。しかし，ゲルでは寒天のようなゲル化剤やタンパク質が3次元の網目状構造を形成することで水分が固定化され，一定の形で保持されるようになる。つまり流動性を失った状態がゲルである（図3-2）。代表的なゲル化食材は，デンプン（例：くず桜，ブラマンジェ），タンパク質（例：茶碗蒸し，豆腐，かまぼこ，ゼラチン），多糖類（例：寒天，カラギーナン，コンニャク）などである。これらは温度状態によってゾル—ゲルが双方向に変化する熱可逆性ゲルと，いったんゾルからゲルになったものがゾルには戻らなくなる不可逆性ゲルの2種に分けられる。寒天，ゼラチン，カラギーナンはいずれも一定温度でゲルが融解しゾルに戻る熱可逆性のゲルであるが，デンプン，タンパク質性のゲルの多くやコンニャクはゾルには戻らない不可逆性である（図3-2）。

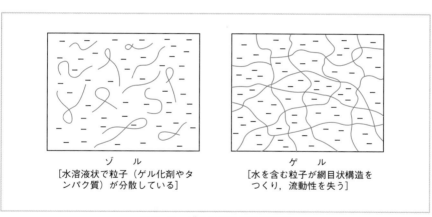

ゾル
［水溶液状で粒子（ゲル化剤やタンパク質）が分散している］

ゲル
［水を含む粒子が網目状構造をつくり，流動性を失う］

図3-2　ゾルとゲルの分散状態

6）固体ゲル

　前項のゲルとは異なり，**固体中に液体が分散**した系である。肉や果物などの生体組織がほとんどこの系に含まれる。たとえば，みずみずしい果物の代表であるスイカも，切ったとたん中から水が流れ出ることはなく，水分は多糖類からなる細胞膜によって固定されている。口の中で噛んではじめて，組織が破壊され細胞内の水分が流出し，みずみずしさが実感できる。

2. レオロジーとテクスチャー

　レオロジーもテクスチャーも食品の性質として重要であるにもかかわらず，日常生活ではあまり聞き慣れない言葉である。このように馴染みが薄いのは，ぴったりとした日本語訳がないのもひとつの原因となっている。それぞれを日本語で表すと，**レオロジー**は「物質の変形と流動の科学」となり，**テクスチャー**は「食感や口触りなどの口の中での食物感覚（食感)」ということができる。

（1）レオロジーと食品レオロジー

　レオロジーは17世紀に弾性を示すフックの法則，粘性を示すニュートンの法則が示されたのを発端にしている。これらの物質の法則が食品の物性評価にも応用できるのではないかと，1930年代に食品レオロジーの研究が始まった。その後，食品のレオロジー的性質と人間の物理的感覚とを実験心理学の観点から解析しようとする**サイコレオロジー**が始まり，食感を研究するテクスチャー研究に発展した。

　レオロジーのさまざまな法則は化学的に純粋な物質に対して適応されるものであるが，食品は単一の物質からなるものではなく，複合体であり，不均質であり，また概して状態が必ずしも安定した状態にない。そのため**食品のレオロジー的性質**には，純物質ではみられない特異的な現象が観察される。

1）粘　　　性

　粘性とは，流動に対する抵抗の大きさを示すものである。液状食品のなかには，ジュースのようにさらさらしたものから，ホワイトソースやマヨネーズのようになかなか流れないものまである。これらの粘度を図3-3に示した。食品には，ニュートンの法則があてはまるものもあるが，多くの食品は非ニュートン粘性を示す。

　①　**ニュートン粘性**　　　ずり応力σ（単位面積あたりの力：N/m²，ニュート

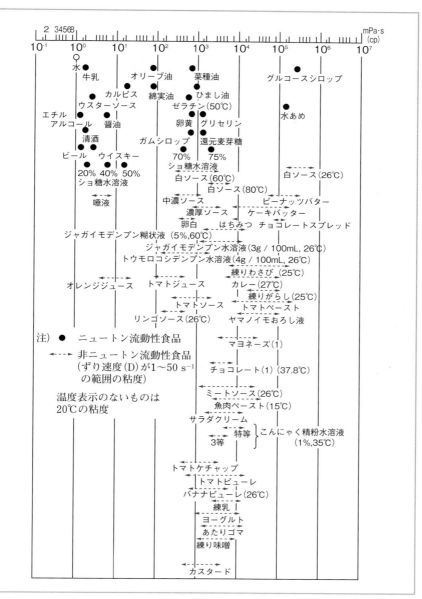

図 3 - 3　各食品の粘度

（川崎種一　*New Food Industry*　**23**（1）　84　1981 を一部改変）

ン・パー・平方メートル, 単位はPa：パスカル) がずり速度 $\dot{\gamma}$ (s^{-1}) に比例する場合, これを粘性におけるニュートンの法則という。

$$\sigma\,(\text{ずり応力}) = \eta\,(\text{粘度}) \times \dot{\gamma}\,(\text{ずり速度})\,(\text{Pa})$$

ずり応力とは横方向に動かそうとする力の大きさで, **ずり速度**とは液体が横方向に動くときの速度である。ずり応力とずり速度が比例関係にある場合をニュートン流体と呼び, 水やシロップ, 酒, 油などが含まれる。これらのニュートン流体が示す粘性をニュートン粘性という。水の20℃での粘度は1（mPa・s）である。

　② **非ニュートン粘性**　　流動性をもつ食品の多くはニュートン流体ではなく, ずり応力とずり速度が比例しない非ニュートン粘性を示す。デンプン糊液やマヨネーズ, ホワイトソースなどが非ニュートン粘性を示す。このなかで, 食品にしばしばみられる特異な粘性を以下に示す。

　ダイラタンシー：ゆっくり動かすと流動性を示すが, 急激な力を与えると流動性が低下し粘性が上がる現象をダイラタンシーと呼ぶ。たとえば, ひたひたの水を入れた状態の生のデンプン（水溶き片栗粉）は箸でゆっくりかき混ぜた場合は流動性を示すため, 傾けると流れ落ちる。しかし急激にかき混ぜようとすると, 一気にかたくなり箸が折れそうになる。ダイラタンシーは生デンプンのようなほぼ球状の粒子に, 液体がやっと満たされているような場合に生じやすい。

　チキソトロピー：混ぜているときは流動しやすいが, 静置することによって流動しにくくなる現象をチキソトロピーと呼ぶ。静置することで粒子が凝集し規則的な構造が形成されることによって粘度が増加すると考えられる。ホワイトソースやマヨネーズ, トマトケチャップがこれにあたる。たとえば, 容器にしばらく入れておいたケチャップは傾けても流れ出ないが, 一度振って傾けると流れ出す。

　曳糸性：曳糸性は糸ひき性を指す。すりおろしたヤマイモや納豆, 卵白などは, 粘性を示す液体であるが, よくかき混ぜた後に箸を外すと, もとに戻ろうとする弾性体の性質が見られる。これらの食品は, 箸を入れて引き上げる

と，下から上へ引き上げられるような糸ひき現象を生じる。

2）弾　　性

外力を加えると変形するが，その外力を取り除くと，もとに戻る性質を**弾性**という。たとえば，台所で使うスポンジたわしは，握るとへこむが洗い終わって置くとまたもとの形に戻る。

3）粘　弾　性

一般に液体は**粘性体**に属し，固体は**弾性体**に属するが，時間や温度条件に応じてこの両者を合わせもつ性質を**粘弾性**と呼ぶ。食品の多くは粘弾性をもつ。たとえば，生のパン生地は指で押さえると変形し，指を離すともとの形に戻ろうとする「弾性」を示す。しかし，丸めた生地を長く置いておくと，形は少し扁平になり，液体的な流れを生じ，「粘性」も示すのである。

4）破 断 特 性

食品に力を加えると食品が変形する。さらに，続けて力を加えると，食品に亀裂が入り**破断**する。これまで述べてきたレオロジーは食品の微小変形の領域での力学的性質であるが，破断特性，および次に述べるテクスチャーは大変形領域のレオロジー的性質である。

実際に食品を食べるときは，咀嚼（そしゃく）によって食品を破壊・破断させる。食感は口の中で，主に咀嚼中に感じる食品の物理的性質であるため，破断に至るまでの大変形領域での評価が必要となる。

（2）テクスチャー

テクスチャーは織りなすというラテン語を由来とした言葉であり，布地の風合いやクリームの肌なじみなど皮膚感覚全般に用いられる用語である。図3−4には日本におけるテクスチャー用語の時代変化を示した。1964年調査と2003年調査を比較したものである。食品のテクスチャーを示す用語は，食生活の変化，食品の変化によって変わることがわかる。図の左下の用語，つるつる，こりこり，パリパリは，以前も現在もよく使用されていることがわかる。図の右下の用語は，新しく用いられ始めたと考えられるテクスチャー用語である。

表 3-3　国際規格 (ISO 5492：1992) に収載されたテクスチャー属性の定義

Mechanical textural attributes（力学的テクスチャー属性）

hardness（硬性）	製品の変形または浸透を行うのに必要な力にかかわる力学的テクスチャー属性
cohesiveness（凝集性）	物質が破壊する以前に変形する程度にかかわる力学的テクスチャー属性
fracturability（破砕性）	粘着性および製品が破片になるために必要な力にかかわる力学的テクスチャー属性
chewiness（咀嚼性）	粘着性および固体製品が嚥下の状態になるまで咀嚼するのに必要な時間または咀嚼数にかかわる力学的テクスチャー属性
gumminess（糊状性）	柔らかい製品の粘着性にかかわる力学的テクスチャー属性，口の中では，嚥下の状態になるまで製品を細分するのに必要な努力に関係する
viscosity（粘稠性）	流れへの抵抗にかかわる力学的テクスチャー属性，液体をスプーンから舌の上に流すのに必要な力，または基質の上に液体を広げるのに必要な力に対応する
springiness（弾力性）	変形から回復する速度および変形力が除去されたのちに変形以前の条件に変形物がもどる程度にかかわる力学的テクスチャー属性
adhesiveness（付着性）	口または基質に接着する物体を除去するのに必要な力にかかわる力学的テクスチャー属性

Geometrical textural attributes（形状組成的テクスチャー属性）

granularity（粒状性）	製品中の粒子の大きさおよび形状の知覚にかかわる形状組成的テクスチャー属性
conformation（組織性）	製品中の粒子の形および配向の知覚にかかわる形状組成的テクスチャー属性

Surface textural attributes（表面テクスチャー属性）

moisture（湿潤性）	製品に吸収または放出される水分の知覚を記述する表面テクスチャー属性
fatness（油脂性）	製品中の脂肪の量および質の知覚にかかわる表面テクスチャー属性

（太田泰弘　調理とおいしさの科学（島田淳子・下村道子編）　p. 222　朝倉書店 1993）

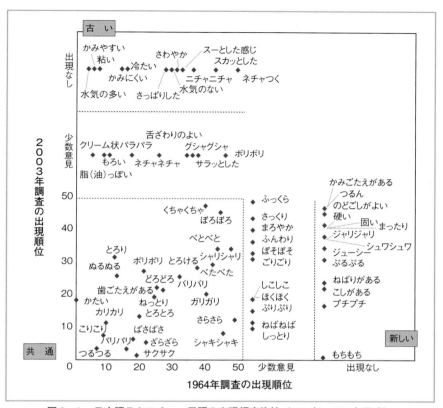

図3-4　日本語テクスチャー用語の出現頻度比較（1964年×2003年調査）
〔早川文代（山野善正監修）　テクスチャー表現の時代変化と性差・年齢差・地域差　進化する食品テクスチャー研究　p.242　NST　2012〕

３．物理的性質の評価方法

（1）レオロジーの評価方法

1）粘性の測定

　粘性は温度によって変化しやすいため，温度を一定（±0.5℃できれば±0.1℃以内の変動）に保った状態で測定する。

①　**毛細管粘度計**　　オストワルドの粘度計が最も一般的である。毛細管内を一定量の液体が流れるのに要する時間が，液体の粘度に比例するという原理に基づくもので，**ニュートン粘性を示す食品の測定**に適する。毛細管の太さが種々あるため，測定時間が2〜3分となるような太さのものを用いる。図3-5に示したように，標線A-B間を流下する時間を測定し，水やグリセリンなどの標準物質との比較によって粘性率を求める。

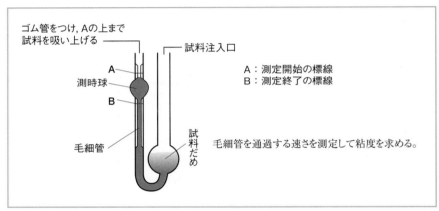

ゴム管をつけ，Aの上まで
試料を吸い上げる

試料注入口

A
測時球
B

A：測定開始の標線
B：測定終了の標線

毛細管

試料だめ

毛細管を通過する速さを測定して粘度を求める。

図3-5　オストワルド粘度計

②　**回転粘度計**　　一定速度で回転させたときの試料の抵抗を測定する。容器に試料を入れ，円筒形または円錐板を回転させ，回転によって生じる液体の抵抗（応力）を計測する。**B型回転粘度計**は扱いが簡単であり，回転軸（ローター）と回転数の選択によって広範囲の粘度に対応できる。**コーン・プレート型回転粘度計**は，試料が少量でも測定可能であり，ずり速度（液体が横に移動するときの速度：単位は1／sec）に対応する粘性率が得られる。たとえば，人が飲み込むずり速度に相当する50（1／sec）での粘性率は世界基準となっている。

2）粘弾性の測定

食品に一定の応力を与えたとき，試料内に生じるひずみ（変形）の変化現象を**クリープ**という。一方，食品に一定のひずみを与えた際に食品内に生じる応

力の緩和現象を応力緩和という。ひずみまたは応力を与える方向が一方向の場合を静的測定，正弦（sinカーブ）振動である場合を動的測定とする。

　試料に与える変形量は，試料の性質によって異なるが，破断（食品に圧縮，引っ張り，あるいはずり応力を加えた際に，食品に変形，裂け目が生じ，さらに2つ以上に分離すること）しない範囲で，ひずみ10％以内に設定することが望ましい。また，動的粘弾性の測定によって，静的粘弾性測定では得られなかった，液状食品の弾性や固体食品の粘性が決定できる。

（2）破断特性，テクスチャーの評価方法
1）破断特性
　食品が破壊に達するまで圧縮し続けた時の応力変化を解析することで破断特性を測定することができる。なお食品によっては，伸長破断（両端をはさみ，伸ばしていく方法）もある。

　ここでは最も一般的である定速圧縮破断について説明する。

　試料は一定の大きさに調整するか一定容量の容器に入れる場合が多いが，食品の形状をそのまま使用する場合もある。これを荷重センサーとつながったプランジャーで圧縮し，試料を破断する。プランジャーの形態は，図3-6に示すように円筒型，V字型（くさび型）等があるが，応力（単位面積あたりの力）を算出する場合は，プランジャーによる圧縮面積が明確である必要性から，円筒型が用いられることが多い。

　圧縮する速度は任意に設定可能であるが，速度によって得られる応力が異なるため，比較する場合は同じ速度で測定する。試料が圧縮されない距離（すき間）をクリアランスという。たとえば，高さ10mmの試料に対してクリアランスを2mmに設定した場合は，圧縮率は80％である。実際の咀嚼速度は最大速度が120mm/sec程度であるが，上下の歯が接触する間際の，噛み切る瞬間の速度は10〜30mm/sec程度である[2]ため，咀嚼時のテクスチャーと対応させる場合は，10mm/secの圧縮速度が用いられることが多い。圧縮率は，破断が認められる食品の場合は，破断点が観察できるような圧縮率に設定し，食パン

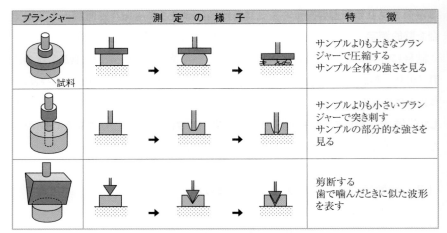

プランジャー	測　定　の　様　子	特　　　徴
試料		サンプルよりも大きなプランジャーで圧縮する サンプル全体の強さを見る
		サンプルよりも小さいプランジャーで突き刺す サンプルの部分的な強さを見る
		剪断する 歯で噛んだときに似た波形を表す

図3-6　プランジャーの種類と測定の特徴
（クリープメーターを使った物性試験　㈱山電）

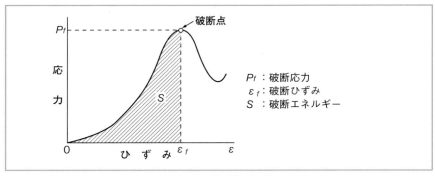

P_f：破断応力
ε_f：破断ひずみ
S：破断エネルギー

図3-7　破　断　曲　線

やもちのように，圧縮では破断点が生じない食品の場合は，試料の厚みに対して70〜95％程度の圧縮とすることが多い。

　破断測定によって得られる性質は，**破断応力，破断ひずみ，破断エネルギー**である（図3-7）。破断応力はかたさの官能値に相当し，破断ひずみは噛みきりにくさ（臼歯部での摩砕すなわちすり切りに要するエネルギー比）に相当す

る[3]。

　図3-8にクッキーにおけるかたさの官能評価と破断応力の関係を示した。配合をさまざまに変えたクッキーの破断応力の対数はかたさの官能評価値と相関が高いことが示される。さらに，テクスチャー特性が異なる24種の異種食品でかたさの官能評価との関係を比べた結果（図3-9）でも，破断応力の対数と官能値で相関が高く，ウェーバーの法則（感覚量は，物理量の対数と直線関係にある）があてはまる。

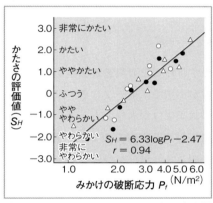

図3-8　クッキーにおけるかたさの官能評価と破断応力の関係
（注）　測定にはW型の歯形プランジャーを使用したため食品の接触面積が明確ではなく，みかけの破断応力とする。
（倉賀野妙子ら　家政誌 **35** 307 1984）

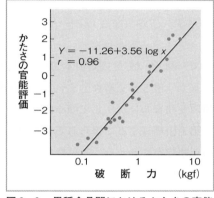

図3-9　異種食品間におけるかたさの官能評価と破断力の関係

2）テクスチャー特性

　試料を2回圧縮するときに得られるテクスチャー曲線から図3-10に示すように，かたさ，凝集性，付着性が計測できる。

① **か た さ**　　一定の力で圧縮し，食品を破断した際に得られる値で，第1圧縮での最大荷重hから読み取る。パンのように明確な破断が認められない場合は，一定量の変形をさせて求める。測定時のプランジャーによる圧縮面積によって値が影響されるため，かたさは応力で表示することが望ましい。

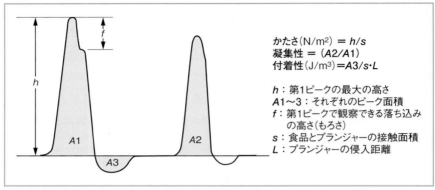

かたさ(N/m²) = h/s
凝集性 = （A2/A1）
付着性(J/m³)＝A3/s·L

h：第1ピークの最大の高さ
A1〜3：それぞれのピーク面積
f：第1ピークで観察できる落ち込み
　　の高さ(もろさ)
s：食品とプランジャーの接触面積
L：プランジャーの侵入距離

図3-10　テクスチャー曲線

② **凝　集　性**　　食品内の結合力に相当する性質を凝集性とする。クッキーのように歯もろく崩れやすいものは凝集性が小さく，ビーフステーキのように何回も噛まないと小さく噛み切れないものは凝集性が大きい。

第1圧縮によって得られるピーク面積A1と第2圧縮でのピーク面積A2との比率で求めるため，凝集性は0〜1の範囲となり単位をつけない。

③ **付　着　性**　　付着性とは，歯などの口腔内器官への食品のつきやすさを示すもの。第1圧縮後，プランジャーが食品から離れる際に生じるマイナス側のピーク面積A3より求める。餅などのデンプン性食品で大きい。付着性の大きさはプランジャーの接触面積に影響されるため，単位はJ/m³（ジュール・パー・立方メートル）で示す。

3）各種食品のテクスチャーと測定

食品のテクスチャーは評価や鑑別に重要な項目である。いくつかの食品測定例から，テクスチャーの客観的分析を示す。

① **リンゴとかまぼこの破断特性**　　テクスチャーとして，リンゴは食べたときにサクサクとした歯触りがあり，かまぼこは弾力や歯切れのよさを感じる。図3-11にリンゴとかまぼこのテクスチャー測定結果を示した。破断点までに達する応力，すなわちかたさとして感じる量は双方とも同レベルであるが，かまぼこは破断ひずみが大きく，またその後の応力の低下が急激で，歯切

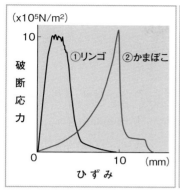

図 3 -11　リンゴとかまぼこの破断曲線

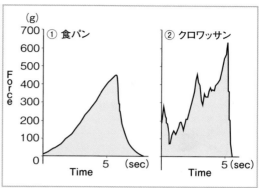

図 3 -12　食パンとクロワッサンの破断曲線
〔山田盛二（山野善正監修）　パン　進化する食品テク
　　スチャー研究　p.274　NST　2012〕

れのよい食感が示されている。かまぼこは均質であるため，破断点まではなめ
らかな曲線を示しているが，リンゴはシャキシャキとした触感が，最大破断点
付近に出現するいくつもの破断ピークから推測することができる。

　②　**食パンとクロワッサンのテクスチャー**　　食パンに求められるテクスチ
ャーは，やわらかさやもっちり感であるが，クロワッサンのようなデニッシュ
系のパンにはパリパリ，サクサクとした**歯もろさ**のある食感が求められる。図
3 -12にそれぞれの破断曲線を示した。食パンは，最大荷重が出現するまで，
なだらかな曲線が得られるが，クロワッサンは細かい破断が何回も観察され，
食べる時のテクスチャーの相違が示されている。

　③　**ゆでめんのテクスチャー**　　ゆで直後のめんとゆでて 6 時間後のめんの
破断曲線を図 3 -13に示した。ゆで直後のめんは，ひずみ率が小さい時点（す
なわち，噛み始め）は，応力が小さくやわらかいが，破断するには大きな応力
を必要とする。さらに，破断直後の急激な応力の低下がみられ「歯切れ」のよ
さが認められる。一方，ゆでて 6 時間経過した，いわゆるのびたうどんは，破
断応力がゆで直後のものより小さく，破断後の応力の低下も小さい。

　図 3 -14に，スパゲッティ，そば，うどんの破断応力の経時変化を示した。

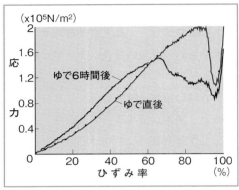

図3-13　ゆでうどんの破断曲線
〔三木英三（山野善正監修）　麺類　進化する食品テクスチャー研究　p.278　NST　2012〕

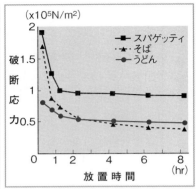

図3-14　麺類の破断応力の経時変化
〔三木英三（山野善正監修）　麺類　進化する食品テクスチャー研究　p.278　NST　2012〕

いずれも放置時間が長くなるに従って破断応力は低下するが，そばの変化が一番急激でかつ大きいことがわかる。

4）テクスチャーと味

テクスチャー，とくに粘性やかたさは**味の感じ方に影響する**。ゲル状の食品や固形のクッキーなどで，かたいものほど甘味が感じにくい。味は液体に溶けた状態で味蕾細胞に作用するため，やわらかいほど咀嚼により細分化しやすく，また唾液と混ざりやすいため，甘味を強く感じると推測されている。

（3）テクスチャーと咀嚼，えん下

1）テクスチャーと咀嚼

食品のテクスチャーは主として口腔内での食感として感じられるものなので，**咀嚼運動**と密接に関連している。口腔内でのテクスチャー認知は，口腔内の頬や歯ぐき，硬口蓋等の粘膜，舌，歯根膜（歯根と歯槽骨をつなげている組織），咀嚼筋中の筋紡錘にある触・圧感覚によるものである。唇や舌先は指先とほぼ同等の敏感な皮膚感覚をもち，体中の皮膚感覚のなかで最も感度が高く敏感な部分である。また，歯根膜も感度がよく，とくに前歯にいくほど感度が

表3-4　天然歯間および人工歯間における触覚の識別閾*

部　位	天然歯間（mm）	床義歯の人工歯間（mm）
中 切 歯	0.015	0.09
側 切 歯	0.017	0.10
犬 　 歯	0.022	0.11
第一小臼歯	0.037	0.13
第二小臼歯	0.031	0.18
第一大臼歯	0.052	0.22
第二大臼歯	0.058	0.22
（平均値）	0.033	0.15

＊太さが異なる（0.01〜0.9mm）白金イリジウム線をかませる。
（覚道幸男ほか　図説歯学生理学　学建書院　1987）

高くなる。口の中に細い髪の毛が1本入っても異物として感じられる。髪の太さは約0.05〜0.08mmであるが，前歯での識別域は0.015mmで，髪はそれより太い。したがって，口腔内の触覚は，飯のわずかなかたさや粘りの差も敏感に感じることができる。

歯根膜は歯を失うのと同時に欠落するので，義歯の場合は天然歯に比べて感度が落ちる。表3-4に示したように，総義歯では約1/5程度の感度になり，義歯者の方がテクスチャー感覚が鈍る。

咀嚼時の咀嚼筋活動量とテクスチャー特性値との関連をみると，図3-15に示すように，きわめて高い相関性を示す。咀嚼筋活動量に対応するテクスチャー特性値をかたさ，凝集性，弾力性から求め，「噛みごたえ」と称し，食品144種のテクスチャー測定値から算出した咀嚼筋活動量による食品分類表（噛みごたえ早見表）がある[4]。

2）テクスチャーとえん下

2009（平成21）年に厚生労働省がえん下困難者用食品の許可基準を示した。飲み込みやすい状態とは，適度に「やわらかく」「まとまりやすく」，かつ「べたつかない」状態であることから，それらを客観的に示すテクスチャーとして，表3-5に示すように，かたさ，付着性，凝集性の値が用いられている。

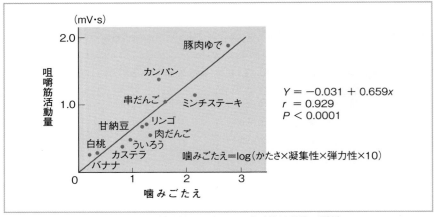

図3-15　食品の噛かみごたえと咀嚼筋活動量の関係

　えん下困難者用食品に先立ち，1994年に示された高齢者用食品の物性規格で
は，そしゃく・えん下困難者用食品として，かたさと粘度が示された。これ
は，ユニバーサルデザインフードの4つの区分の基準（容易にかめる，歯ぐき
でつぶせる，舌でつぶせる，かまなくてよい）として現在も用いられている。ユ
ニバーサルデザインフードとは，日本介護食品協議会が定めるもので，食べや
すさに配慮した食品で，飲み込みや噛む能力が低下した人が安心して食べられ
るように，目安となる表示が設定されている。

表3-5　えん下困難者用食品表示の許可基準

	許可基準Ⅰ	許可基準Ⅱ	許可基準Ⅲ
かたさ（N/m²）	$2.5 \times 10^3 \sim 1 \times 10^4$	$1 \times 10^3 \sim 1.5 \times 10^4$	$3 \times 10^2 \sim 2 \times 10^4$
付着性（J/m³）	4×10^2以下	1×10^3以下	1.5×10^3以下
凝　集　性	0.2～0.6	0.2～0.9	—
参　　考	均質なもの	均質なもの　許可基準Ⅰを満たすものを除く	不均質なものも含む　許可基準ⅠまたはⅡを満たすものを除く

重度◀━━━━━━━━━━━━━━━━━━━━━━━━━━▶軽度

4．色の評価方法

　色の評価方法は大きく２種ある。基本となる標準色と比較して記号で表す方法と光学的に測定し，数値で示す方法である。色は**色相，明度，彩度**の３属性で表すことができる。

　代表的な標準色は，アメリカの画家マンセルが考案したマンセル・カラー・システムで，色相はR（赤），Y（黄），G（緑），B（青），P（紫）の５つの主要色とその中間のYR，GY，BG，PB，RPの合計10色を用い，さらにその間を10分割している。明度は黒を0，白を10とする。彩度は色みの無い無彩色を０とし，色の鮮やかさが増すに従って数字が大きくなるが，彩度の上限は色相により異なる。JISはマンセル色票を修正したものを標準色票として用いている。このような標準色票を用いる方法は，色票と実際の食品を見比べながら最も近い色票を探すことができるため，色の評価には便利である。

　光学的に測定する測色・色差計は色を数量化するため，色の変化や違いを評価するのに有効である。色を表す表色法には，XYZ表色系とL*a*b*表色系，さらにハンターLab表色系等がある。L*a*b*表色系は1976年に国際照明委員会（CIE）で規格化され，日本でもJISで採用され多くの分野で用いられている。L*（エルスター）値は明度を示し０～100となる。a*（エースター）は＋が赤方向，－が緑方向，b*（ビースター）は＋が黄方向，－が青方向である（図３－16）。これらの値を用い，色の差を色差：$\Delta E^{*}ab$（デルタ・イースター・エー・ビー）として示す。たとえば２つのりんごの色の差や，生とゆでた後のホウレンソウの色の差を数値で示すことができる。色差は次の式で求める。

$$\Delta E^{*}ab = \sqrt{(\Delta L^{*})^{2}+(\Delta a^{*})^{2}+(\Delta b^{*})^{2}} \quad （\Delta は差を表す記号）$$

　色差の値は，「誤差の範囲で人が差を識別できない程度」から，「明らかに別の色名のイメージとなる程度」まで各範囲に区分されている。

　機器を使用する際には，次のようにして行う。

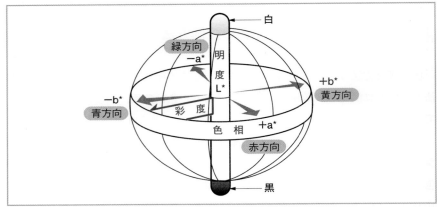

図3-16 L*a*b*表色系の色空間
（カラーストーリー　日本電色工業㈱）

① 白色校正板を使って，白色校正を行う。
② 色差基準色を設定し，測定ヘッドを試料に垂直にあて，測定キー（または測定ボタン）を押す。

5. 非破壊検査法

　食品は，市場に流通する前に，種々の検査により異物が取り除かれ，さらに規格に従って選別されている。一例として青果物などでは，種々の機械的選別機が用いられ，直径，重量，長さなどによりL，M，Sのように選別されている（階級選別）。しかし青果物の色，形，つや，傷，熟度などでの選別（等級選別）には，従来熟練した選別人による五感（視覚，聴覚，嗅覚，味覚，触覚）を利用した鑑別が必要であった。近年人間の五感の代替の働きをする各種機器が開発され，食品の選別に利用されるようになった。青果物に可視光線を照射し，透過する光や反射する光をCCDカメラやMOS型カメラで撮影し，画像処理技術で解析すると，青果物の傷や病害の有無を判定できる。またスイカなど

では，ハンマーでたたいた音を解析することで，空洞の有無，過熟，未熟を判断できる。さらに青果物に近赤外線を照射し，近赤外線の反射光のスペクトルを解析することにより，青果物の糖度や酸度，デンプン含量などを予測できるようになった。すなわち青果物を破壊せずに味の善し悪しを判別できるようになった。このように食品を破壊せずに，中の成分を測定したり，異物を検出したり，微生物汚染率などを測定する方法を**非破壊検査法**という。

① **紫 外 線** 紫外線（1～400nmの波長の光）を食品に照射すると，食品に付着している微生物が蛍光を発する場合がある。この蛍光を蛍光光度計で測定することで，食品の微生物汚染の状況を即座に判定できる。この方法は鶏卵卵殻のカビの検出や，ナッツ類のアフラトキシンの検出，柑橘類の表皮損傷の判定（果皮の油胞がつぶれると蛍光物質が溶出する）などに用いられている。米の蛍光強度は，米の鮮度指標であるグアヤコール呈色度（新しい米は赤染する）と負の高い相関があり，**糊化特性値のブレークダウン**（米粉の水懸濁液を撹拌しながら温度を上げた際，最高粘度を示した後に，膨潤粒子が崩壊して生じる粘度の低下値）と正の高い相関を示す。すなわち米の蛍光強度は鮮度の劣化に伴って増大する。

② **可視光線** 可視光線（400～800nmの光）を食品に照射し，その吸収や放射を機器で測定する方法である。米の組成分析，青果物の色彩，傷の有無，リンゴの蜜入りの有無，カキの熟度の判定，ジャガイモの空洞の有無，血卵の判定などに用いられている。米の組成分析計では，玄米が1粒ずつ試料孔に入り組成分析判定部でフォトダイオードを用いて透過光と反射光が測定される。さらに胴割判定測定部ではイメージセンサーで光の透過度が測定される。透過光と反射光の値を基に，玄米の組成（整粒，未熟粒，死米，被害米）を判定し選別している。

③ **近赤外線** 近赤外線（800～2,500nmの波長の光）を食品に照射し，その透過光や反射光を検出器で測定すると，**各食品で独特の近赤外線吸収スペクトルが得られる**。食品の構成成分のうち，水，タンパク質，脂質，炭水化物などには独特の原子団（官能基）が含まれており，近赤外線吸収スペクトルにはこ

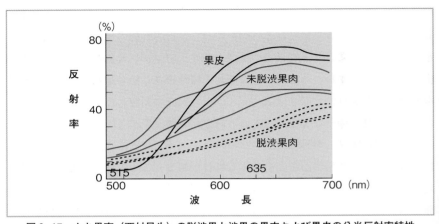

図3-17　カキ果実（西村早生）の脱渋果と渋果の果肉および果皮の分光反射率特性
（河野澄夫　食品の非破壊計測ハンドブック　サイエンスフォーラム　2003）

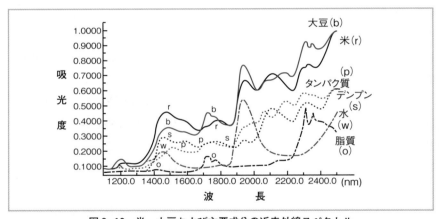

図3-18　米，大豆および主要成分の近赤外線スペクトル

れらのバンドに基づく独特の吸収バンドがみられる。図3-18は，米，大豆，
および主要成分の近赤外線吸収スペクトルで，吸光度は吸収される光の程度が
大きいほど高い値を示す。米および大豆のいずれのスペクトルでも観察される
1,935nmの吸収バンドは，主に水によるものである。米のスペクトルの2,100nm
にみられる吸収バンドは，主にデンプンによるものであるが，大豆では，タン

パク質による2,180nmの吸収バンドと，脂質による2,305nmおよび2,345nmの吸収バンドをはっきり見ることができる。そこで，各吸収バンドの吸光値を測定し，各成分との関係を数学的に解析することで，食品を構成する各成分の濃度を算出することができる。この方法は固体，粉体，液体のどの状態の試料でも測定可能で，一度に多成分を同時に分析できる。ミネラルウォーターの鑑別，穀類，豆類の水分，タンパク質，デンプン含量の測定，牛乳のタンパク質，脂質，乳糖，固形分量の測定，果実の糖度，酸度の測定，醤油の塩分，全窒素含量の測定などに用いられている。米の食味計は近赤外線分光分析法に基づいて開発された機器である。米のタンパク質含量（低いほうがおいしい），水分含量（14.5〜15%が最適），アミロース含量（低いほうがおいしい），脂肪酸度（低いほうが新鮮でおいしい）を算出し，食味を判断している。

④　**赤 外 線**　　赤外線（800nmから1,000μmの光）を食品に照射し，赤外線の吸収や放射を機器で測定する方法である。農作物の残留農薬の検出，から付きピーナッツの選別などに用いられている。

⑤　**X　　線**　　X線（波長100万分の1〜100nmの電磁波）を食品に照射すると，食品の内部での透過率の違いにより，食品内部の空洞，欠陥などを検出することができる。X線は，むき身あさりの残殻の検出や，食品中の異物（金属，石，ガラス，プラスチック，ゴムなど）の検出にも用いられている。またX線CT技術を用いると，食品内部の断層写真を撮ることも可能である。果実のX線CT検査では，割れや芯腐れといった外観では判断できない障害を判別できる。

⑥　**電磁波分析**　　電磁波分析には磁気的性質による分析法〔核磁気共鳴（NMR），電子スピン共鳴（ESR）〕と電気的性質による分析法（インピーダンス法，誘電率法，電気伝導度測定法など）がある。NMRを用いた方法はスイカの糖度および空洞の有無の測定に用いられ，インピーダンス法は，キウイフルーツやモモの熟度測定，魚の脂肪率・冷凍履歴の判定に用いられる。

⑦　**超 音 波**　　超音波（周波数約20kHz以上の音波）を食品に発振し，反射した超音波を，増幅，検波後，画像化する方法である。食品から反射してきた

超音波シグナルの強弱で食品内部の組織が色分けされ，各色の部分と既知の栄養成分の相関を見ることで食品内部の組織の状況が判別できる。主に肉用牛の皮下脂肪厚や筋肉の面積の測定，肉質の推定に用いられている。

⑧　**画像解析**　　食品を多方向からカラーテレビカメラで撮影し，得られた画像情報を，画像処理解析装置に取り込むと，食品の大きさ，形，色，傷の有無などを計測することができる。この結果を規準のサンプルと比較して自動的に食品を等級分けすることができる。ミカン，リンゴ，モモ，スイカ，メロンのような果実が画像処理で，大きさ（階級），外観（等級）により選別されている。近年，画像とAI（人工知能）技術の組み合わせが構築され，判別率が大幅に向上してきている。AI技術の中では，ディープラーニング（深層学習）が活用されている。

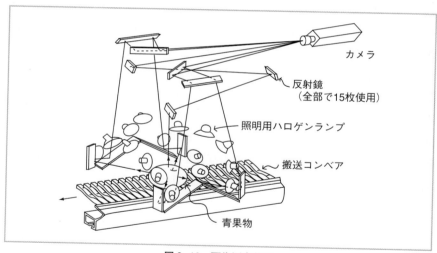

図 3-19　画像測定装置

⑨　**打 音 法**　　従来スイカの選別は，人がスイカを手でたたき，その音や感触から中身の熟度や，空洞の有無を判断していた。これと同様に，スイカをハンマーでたたいた際の打音を，センサーで検知し，波形データを解析することにより，空洞果や過熟果を判別することができるようになった。

⑩　**各種センサー**　　センサーとは，人間の五感を感じる器官（目，耳，鼻，舌，皮膚）に相当する働きを，機械化した装置である。この例として，味覚センサー，においセンサーなどがある。

　味覚センサーは，種々の脂質／高分子ブレンド膜を味物質の受容体として用いている。味覚センサーに食品を加えた際に，各受容体の電位出力応答パターンは食品の種類により異なる。そこで複数の食品の味を識別することが可能である。

　においセンサーは，金属酸化物半導体や複数の脂質膜（水晶振動子に貼り付けてある）をにおいの受容体としている。食品中の香気成分を計測した際の各センサーの応答パターンから，食品の品種の違いや，製造工程の香気成分の変化などを検討することができる。

　バイオセンサーは，生体関連物質を応用して各種化学物質を検出できるようにしたものである。酵素センサー，微生物センサー，免疫センサー，オルガネラセンサー，組織センサーなどがある。

　食品の選別施設では，上述した機器を複数組み合わせて設置し選別の精度を上げている。果実選別を例にあげると，コンテナから選果システムに放出された果実は，搬送コンベアで移動し，まず近赤外線が照射され，糖度，酸度が計測される。次にX線画像が撮影され，内部異常の有無が検査される。さらにカラーテレビカメラで撮影され，寸法，色，形状，傷の有無，病虫害の有無などにより選別される。

文　献

1 ）　小林三智子・神山かおる　食品物性とテクスチャー　p.4　建帛社　2022
2 ）　食品総合研究所編集　老化抑制と食品―抗酸化・脳・咀嚼―　p.350　アイピーシー　2002
3 ）　森　友彦・川端晶子編　食品のテクスチャー評価の標準化　p.141　光琳　1997
4 ）　山野善正監修　進化する食品テクスチャー研究　p.167　NST　2012

4 個別食品の鑑別

★ 概要とねらい

　「食品の鑑別」という言葉には多くの意味が含まれているが，まずその食品が"何者なのか"を明らかにすることが第一義となる。そのうえで，生鮮食品ならば，品種であるとか，鮮度や品質を見極めるということになる。さらには，産地なども鑑別項目のひとつとなる。また，加工食品についても，同じように種々の項目が鑑別の対象となっている。

　フードスペシャリストは「食」に関する総合的・体系的な知識・技術を身につけ，豊かで安全かつバランスのとれた「食」を消費者に提案できる力をもつ「食の専門職」である。それゆえ，食品を鑑別できる能力を有することはフードスペシャリストの最も基本となるものであり，必要不可欠である。

　本章では無数にある食品をできるだけ簡潔に分類し，いくつかの観点からそれらを鑑別するための要点を記載した。できる限り多くの食品について正確な鑑別の知識を習得することが本章のねらいである。

1. 米

　2021（令和3）年の我が国の米の総生産量は，756.4万㌧であり，その大部分を水稲が占める。なお，食料需給表による日本人の米の消費量は，1962（昭和37）年度の1人1年あたり117.2kgをピークに減少を続け，2021年には，49.8kgとなった。少子化・超高齢化，世代交代，食の多様化などの影響により，米の消費は今後も減少傾向をたどるものと予想される。

（1）精　　米

　米は籾で収穫され，さらに，籾すり（一般的にはカントリー・エレベーターを使用）をして玄米として出荷される。玄米は，精米機によって**精米**され，**ぬか層**と**胚芽**を除いた精白米として利用される。精米加工法の概要は，以下のとおりである。米は内部の胚乳部がかたく外側はやわらかいので，外から外皮を削り取る操作で，胚乳部を残す圧力式摩擦方式が主に用いられている。精白米の加工**歩留り**は90～91%である。

　最近では，研ぎ汁を排出しない，水を節約できる環境保全に配慮した**無洗米**の利用が伸びてきている。この米は通常の精白米では取り除けない肌ぬかと呼ばれる粘着性のぬかを取り除き，洗米せずに米に水を加えて炊飯することができる利点がある。無洗米加工には，精白米をステンレス製の筒内で高速撹拌し，粘着性の肌ぬか筒の内壁に付着させて除去するぬか式（BG：Bran Grind），米表面を湿らせ肌ぬかをやわらかくし，そのぬかを加熱した粒状のタピオカでんぷんに付着させて取り除くNTWP（Neo Tasty White Process）加工法，肌ぬかを水で洗い落して乾燥させる水洗い式などがある。

1）代表的な品種と特徴

　2021（令和3）年度における水稲うるち米の収穫量は表4-1に示すとおりである。コシヒカリは全国的に栽培され，米飯の光沢，食味ともに最良である。ひとめぼれは，冷害に強く，味と香りがよく，粘りが強い米で，東北地方

表 4 - 1　2021（令和 3 ）年度水稲の品種別作付割合

順位	品種名	作付面積（％）	主要産地
1	コシヒカリ	33.4	新潟，茨城，栃木
2	ひとめぼれ	8.7	宮城，岩手，福島
3	ヒノヒカリ	8.4	熊本，大分，鹿児島
4	あきたこまち	6.8	秋田，岩手，茨城
5	ななつぼし	3.3	北海道
6	はえぬき	2.8	山形
7	まっしぐら	2.5	青森
8	キヌヒカリ	1.9	滋賀，兵庫，京都
9	きぬむすめ	1.7	島根，岡山，鳥取
10	ゆめぴりか	1.7	北海道

（資料：米穀安定供給確保支援機構　令和 3 年度水稲の品種別作付動向について　令和 4 年12月）

を中心に作付けされている。ヒノヒカリは西日本，とくに九州で生産され，粒がやや丸く，米飯はつやがあり，粘りや香り，うま味のバランスがよいとされる。あきたこまちは，米飯の光沢もよく，食味もよい。このほか，ななつぼし，はえぬき，まっしぐら，キヌヒカリなどがある。また，さがびより，森のくまさん，雪若丸，青天の霹靂など新品種が全国各地で誕生している。近年の温暖化による品質低下の抑制のため，きぬむすめ，にこまる，つや姫，新之助といった高温耐性に優れる品種の作付けもみられるようになっている。さらに，高アミロース米としてホシユタカがある。この米は長粒種でピラフやチャーハンなどエスニック料理用米に適している。このほか，ミルキークイーン（中間もち種）のような低アミロース米も栽培され，冷凍米飯や調理用米の素材として適しているといわれている。

2 ）米の表示と銘柄

　玄米は通常，農産物検査法に基づく検査を受け，表 4 - 2 に示す規格に即して**等級付**を行ったうえで出荷される。取引では搗精歩留り，食味，貯蔵性なども重視される。玄米・精白米の包装には，JAS法に基づく**玄米及び精米品質表示基準**により，名称，原料玄米（産地，品種，年産），内容量，精米時期を表示することが義務づけられている（図 4 - 1 ）。

表4-2 水稲うるち玄米の品位規格

項目\n等級	最低限度		最　高　限　度							
				被害米，死米，着色粒，異種穀粒及び異物						
	整粒\n(%)	形　質	水　分\n(%)	計\n(%)	死米\n(%)	着色粒\n(%)	異　種　穀　粒			異物\n(%)
							もみ\n(%)	麦\n(%)	もみ及び麦を除いたもの(%)	
1 等	70	1 等標準品	15.0	15	7	0.1	0.3	0.1	0.3	0.2
2 等	60	2 等標準品	15.0	20	10	0.3	0.5	0.3	0.5	0.4
3 等	45	3 等標準品	15.0	30	20	0.7	1.0	0.7	1.0	0.6

(注) 規格外：1等から3等までのそれぞれの品位に適合しない玄米であって，異種穀粒及び異物を50%以上混入していないもの。
(資料：農産物検査法，農産物規格規定より)

単一原料米	
名　　　　称	精　　米
原　料　玄　米	産　地 ／ 品　種 ／ 産　年\n単一原料米\n　○○県　　△△ヒカリ　　令和4年産\n農産物検査証明による
内　容　量	○○kg
精　米　時　期	令和4年○月○日または令和4年○月○旬
販　　売　　者	○○米穀株式会社\n○○県○○市○○町○-○-○\nTEL○○○（△△△）□□□

図4-1　玄米・精米の表示
(消費者庁食品表示課　生鮮食品品質表示基準　令和3年7月)

3）米の貯蔵と品質

　米は新米のときには品質が劣化しにくいが，貯蔵期間が長くなるにつれて，とくに梅雨を越すと品質が極端に劣化する。その程度は，品種の貯蔵条件（温度，湿度，気象条件），貯蔵形態（籾，玄米，精白米）などにより異なり，籾貯蔵に比して精米貯蔵は品質保持貯蔵性が劣る。米の貯蔵条件は，**水分含量**と**貯蔵**

温度が重要で，常温貯蔵よりも低温貯蔵（温度10～15℃，相対湿度70～80%）のほうが品質の低下が少ない。近年，貯蔵技術が進歩し，小売店に流通する米は新米に近い状態である。精白米には微量の肌ぬかが付着しているので，玄米より脂質の酸化が進みやすく，品質低下が早い。精白米の賞味期間は，秋から翌年3月までは約45日，4～5月は約30日，それ以降秋までは品質の低下が早くなる。しかし，低温貯蔵した場合は夏季でも約60日品質保持が可能である。このほか，不活性ガス充填，脱酸素剤の封入，脱気包装，氷温（－1～－5℃），冷凍（－40～－60℃）なども有効であるが，コスト高になる。

4）米の食味テスト

　米の食味ランキングは，炊飯した白米を実際に試食して評価する**食味官能試験**に基づき毎年全国規模の産地品種について実施されている。通常は20名前後のパネルによって外観，味，粘り，かたさ，香り，総合評価の6項目について複数産地コシヒカリのブレンド米を基準とし，相対評価を行い，これと試験対象産地品種を比較しておおむね同等のものを「A′」，基準よりも特に良好なものを「特A」，良好なものを「A」，やや劣るものを「B」，劣るものを「B′」として評価を行い，この結果を，日本穀物検定協会が毎年食味ランキングとして取りまとめ，発表している。

　米のおいしさについては，**食味計**を用いて判定する手法もあり，玄米や白米を粒のままで評価する装置や炊飯した米飯を評価する装置が開発されている。米に含まれている化学成分（水分，アミロース，タンパク質，脂質など）が，飯のおいしさを決定する要因となっており，とくにアミロースやタンパク質含量が多いとかたく，粘りが少ない飯になる傾向があるため日本人にはあまり好まれない。そこで，玄米や白米を粒のままで評価する装置は，近赤外線領域の光を対象に照射し，おいしさに関わる成分を**非破壊法**によって測定するというものである（p.80，「5.非破壊検査法」参照）。一方で，炊飯した米飯を評価する装置は，対象に光を当てて透過する光と反射する光を検知することで外観，かたさ，粘りなどを評価するものである。食味計で測定された食味値は絶対的ではないが，飯のおいしさの目安としては有効な評価方法であると考えられる。

（2）米の加工品

　米と小麦を比較した場合，小麦は粒の状態ではおいしく食べられなかったので小麦に含まれるタンパク質の特異な粘弾性を生かすため，粉として多様な加工法が工夫され，パン，めん，菓子類などとして利用されてきた。

　一方，米は粒で食べておいしいため，生産量の多くは飯として主食に用いられているが，近年は，加工用米の割合が増加傾向にある。

1）加工米飯

　①　**アルファ化米（α化米）**　　精白米を水に浸漬後，炊飯または蒸煮によってデンプンをα化させ，熱風（80〜120℃）で水分を5〜8％まで乾燥した米である。α化米は短時間の加熱や熱湯を注ぐだけで，米飯として食することができる。インスタント飯類や災害備蓄用として用いられている。

　②　**強化米**　　精米によって失われたビタミンB_1やB_2などの栄養成分を補った米。

　③　**レトルト米飯および米飯缶詰**　　レトルト米飯は積層プラスチックフィルムに米と水，または米飯を入れて，中心温度121℃で4分間，高温殺菌した米飯で，長期間の常温保存が可能である。**米飯缶詰**は精白米を水切り後，副原料の調味野菜や肉類などを調味液とともに金属缶に入れ，約100℃で20分間脱気を行い，直ちに密封して約113℃で80分間加熱殺菌したもので，赤飯，五目飯，鶏飯，牛飯などがある。

　④　**冷凍米飯**　　調理加工した米飯類（ピラフ，チャーハン，焼きおにぎり）を−40℃以下の温度で**急速冷凍**し，−20℃以下で保存したもの。

　⑤　**無菌化包装米飯**　　精白米を無菌室内で炊飯し**無菌充填包装**した製品で，簡便性と良食味性を実現したものであり，近年，加工米飯の中で生産量が最も多くなっている。

　⑥　**チルド米飯**　　調理加工した米飯類を包装後冷蔵状態（0℃前後）で保存した米飯で，老化防止が課題となっている。

2）米粉加工品

　①　**米粉の種類**　　精白米を原料にして製粉したものの総称で，米菓，和菓

子原料として用いられている。うるち米を原料としたものには上新粉，もち米を原料としたものには白玉粉，みじん粉，道明寺粉などがある。

上新粉はうるち米を水洗いし乾燥後，粉砕して篩別したものである。団子，せんべい，ういろうなどの原料に用いられる。白玉粉はもち米を水に浸漬して吸収させて水挽きを行い，篩別した乳液を乾燥したもので，白玉団子や求肥の原料になる。みじん粉はもち米またはうるち米を蒸煮後に餅をつくり，乾燥し，焙煎して製粉したもので寒梅粉とも呼ばれる。和菓子，豆菓子の原料になる。うるち米より製造されたものは区別して並早粉と呼ばれる。道明寺粉はもち米を浸水し，水切りしてから蒸し，乾燥させてあら挽きし，篩別したもので，桜もち，椿もちの原料になる。上述以外にうるち米からつくったせんべいと，もち米からつくったあられ・おかきがある。

② **米粉めん**　ビーフンは高アミロース米のインディカ米を水挽きして，蒸煮したものを押し出し機でめん状にし，さらに加熱してから天日乾燥したものである。焼きビーフン，汁ビーフンなどに調理される。フォーは精白した高アミロースのインディカ米を水浸漬し，水挽きして米粉乳をつくり，蒸し器の上に布をピンと張り，その上に生地を薄く延ばして蒸気で蒸し，糊化したものを冷ましめん状に切断して製造する。ベトナムを代表するライスめんである。

③ **ライスペーパー**　米粉からつくるベトナムの春巻きの皮で，つくり方は米を水に浸けながら粉にし，乳白状の液体とし，沸騰した大鍋の中に布巾(ふきん)をはってその液体を流して膜をつくり，これを棒ですくい上げ，台の上に置いて干してつくる。乾燥したライスペーパーは，食べるときに水に戻してから，レタスや肉，エビなどを包んで食べる。

④ **米粉パン**　米粉パンは米利用の新たな可能性の追求のなかで商品化されたパンである。すなわち，小麦粉食品の原料の一部を米粉で置換することによって，輸入小麦を減らし，国内で生産される米の消費量を増やすことなどを目的として開発されたものである。

米粉パンの種類は表4-3に示した。

表4-3 米粉パンの種類

種　類	特　徴
小麦粉 ＋ 米　粉	米粉割合20％程度まで可 通常の製パン法に適用可能
米　粉 ＋ グルテン	グルテンの割合は15〜20％程度 米粉パン用製パン条件
小麦粉 ＋ 米粉 ＋ グルテン	グルテンの割合は，米粉＋グルテンの 合計の15〜20％程度 大型製パン工場など
米　粉 ＋ 増粘多糖類	グアーガム等を1〜2％配合 小麦粉やグルテン不使用
米　粉 ＋ 糊化米粉	米粉割合100％ 特別な製パン法 例：プラスチック発泡成形パン

（食品工業編集部編纂　米粉食品：食品工業における技術開発とその活用法　p.12　光琳　2012）

2．麦　　　類

（1）小麦粉と小麦粉製品

　2020（令和2）年の小麦粉の生産量は448.2万㌧である。小麦粉は，パン，めん，菓子などの加工業者が使用する業務用の25kg紙袋詰めの形と，家庭で消費される500g，1kg詰めの小袋の形で流通している。家庭で消費される小麦粉の量は，全体の約3％である。製パン，製めん，製菓業者などの業務用には，紙袋詰めの流通以外に，タンク車でのバラ輸送もある。学校給食用の小麦粉は，各県の学校給食会が製粉工場から直接小麦粉を買い入れて，独自の規格を定めて供給している。

1）小麦の品種および産地

　世界で生産されている小麦の約90％が**普通小麦**（パン小麦）であり，約5％が**デュラム小麦**（マカロニ小麦），約3％が普通系の**クラブ小麦**である。

また，小麦は栽培時期により**冬小麦**（秋に種をまいて翌年初夏に収穫する）と**春小麦**（春に種をまいてその年の夏に収穫する）に分類され，種実の皮色により**レッド**（褐色がかったもの），**ホワイト**（黄白色），**アンバー**（こはく色），**ダーク**（濃い褐色）に分類される。さらに，小麦粒の切断面により，切断面が半透明に見える**ガラス質小麦**と，切断面が白っぽく不透明に見える**粉状質小麦**に分類され，粒のかたさにより**硬質小麦**（ハード），**準硬質小麦**（セミハード），**中間質小麦**（メロー），**軟質小麦**（ソフト）に分類される。

　小麦は，原産地と各特質を組み合わせてアメリカン・ハード・レッド・ウインター（アメリカ産硬質赤冬小麦）のような名称がつけられている。日本の小麦供給量は約641.2万㌧で，このうち国内生産量は約109.7万㌧（自給率17.1%）にすぎない。国内産小麦は秋まき小麦が主で，大部分が北海道で，その他，北関東，九州でも栽培されている。

　国内産小麦は外皮が厚く製粉歩留まりが悪く，小麦粉の色も悪いが，グルテンの質が柔らかいので，主としてめん用粉として用いられる。近年品種改良が進み，**ゆめちから**などのパン・中華めん用小麦の生産量が増加している。外国産小麦は，主としてアメリカ，カナダ，オーストラリアから輸入されている。アメリカからは硬質赤春小麦がパン用原料として，白色小麦が薄力粉の原料として，デュラム小麦がマカロニ，スパゲッティ用原料として輸入されている。カナダ産小麦はパン用の加工特性がすぐれているので，No1,カナダ・ウエスタン・レッド・スプリング・ホイート（略称1CW）が輸入されている。オーストラリアからは，ソフト系小麦のオーストラリアン・スタンダード・ホワイト（ASW）がめん用として，硬質小麦のプライムハードが準強力粉用，強力粉配合用として輸入されている。

2）小麦粉の種類

　タンパク質含量により**強力粉**（タンパク質含量11〜13%，パン用），**準強力粉**（同 10〜12%，パン用），**中力粉**（同 8〜9.5%，めん用），**薄力粉**（同 6.5〜8.8%，菓子，てんぷら用）に分類される。小麦粉のタンパク質は主成分がグリアジンとグルテニンで，小麦粉に水を加えてこねると**グルテン**が形成される。

グルテンは独特の弾力と伸展性を示し，製パンや製めんの際に役立っている。

3）小麦粉の品質と取り扱い方

新鮮な小麦粉は香りがよく，わずかに甘みがある。小麦粉の品質は，色，粒質，吸水率などの物理的性状と成分の化学的特性値，物理化学的特性値（ミキソグラフ，ファリノグラフ，エキステンソグラフ，アルベオグラフなど）で判断することができる。

小麦粉は中に含まれる灰分量により，特等粉，1等粉，2等粉，3等粉，末粉に分類される。灰分は小麦の皮の部分に多いので，灰分の多い小麦粉は皮の部分が多く混入していることを示し色も悪い。一方，上級の小麦粉は胚乳部のみを粉砕しているので，色は白や淡黄色で灰分も少ない。

小麦粉の色はその灰分含量により変動するので，比較しようとする2種類の小麦粉をそれぞれガラス板の上に置き，ヘラでおして表面を平らにしその色の差等を肉眼で観察する。これをペッカーテストという。また，強力粉の粉質は硬質小麦を原料にしているので粒子が粗く，薄力粉は軟質小麦を原料にしているので粒子が細かい。中力粉はこの中間である。吸水率は，小麦粉と水を用いて一定のかたさの生地をつくる際に，小麦粉に対して加える水の量で表す。強力粉が吸水率が最も大きく，ついで中力粉，薄力粉の順になる。吸水率には小麦粉中のタンパク質，デンプン，ペントサンなどが影響を与えている。

化学的特性値では，小麦粉に含まれる水分が多いと（15％を大きく超えると）小麦粉は変質しやすくなる。また小麦粉のタンパク質は，長期保存により溶解性や消化性が低下する。脂質はリパーゼの作用を受けて分解され，脂肪酸が生成されていく。そこで小麦粉を保存する際には低温，低湿度で貯蔵する。倉庫などでは小麦粉の袋をすのこの上にのせておき，ときどき袋の上下の位置をかえる。開封した小麦粉は，吸湿を防ぎ，虫や異物の混入を防ぐために，使用後開封部をしっかり閉めておく。またこの紙袋を金属缶やビンなどに移しかえるとさらによい条件で保存できる。

4）め　　　ん

① **種類，分類**　　めんは小麦粉などの穀粉に，水または食塩水を加えてこ

ねた生地を細い線状または管状に成形したものである。製法により**手打ちめん**と**機械製めん**があり，成形のしかたにより，ⓐ平板状に圧延しためん帯を線状に切ったもの（手打ちうどん，機械製めん），ⓑ生地をひも状に引き延ばしたもの（手延べそうめん，中華めん），ⓒ生地を穴から押し出したもの（マカロニ，スパゲッティ）などがある。

　また処理法により，生めん，ゆでめん，乾めん，蒸しめん，冷凍めん，即席めんなどに分類される。2020年のめん類生産量は151.6万トンである。近年冷凍めんや長期保存がきく生タイプめんの需要がのびている。

　②　**生　め　ん**　　うどん，中華めんなどがある。生めんは加熱や乾燥をしていないので食べる前にゆでる必要がある。うどんは小麦粉（中力粉）に食塩水を加えてこねた生地を線状に成形したものであるが，**中華めんは小麦粉（準強力粉）にカン水（アルカリ性溶液），食塩水を加えてこねた生地を線状に成形**している。このため中華めんはうどんよりも保存性がある。生めんは 0 から10℃の低温流通でメーカーから直接小売店，スーパーに卸されているものが大部分である。賞味期間は夏期は製造後 4 日，冬季は 6 日である。うどんなどでは保存性をよくするためエタノールを加えてあるものもある。

　③　**ゆ で め ん**　　生めんを沸騰水中でゆでたもので，デンプンが膨潤，糊化して適当なやわらかさになっている。食べる前には熱湯であたためるか煮込む。ゆでめんは水分含量が多く保存性が悪いので，生めんと同様の流通経路で低温流通している。賞味期間も生めんと同様である。ゆでめんにはpH調整剤に浸してpHを5.0〜5.5まで下げたのち，殺菌し 1 たまずつ完全密封した製品があり，常温で 3 〜 6 か月保存可能である。

　④　**乾　め　ん**　　生めんを乾燥したもので，うどん，平めん，ひやむぎ，そうめんなどがある。乾めんは貯蔵中，めんがかたく，もろく，粘りがなくなるのでうどん，平めんなどは食感が悪くなる。しかし手延べそうめんでは熟成（厄）により風味や食味がよくなる。賞味期間は，うどん，平めんは約 1 年，ひやむぎは 1 年半，そうめんは 2 年である。乾めんの約60％は，メーカーから一次卸へ販売され二次卸を経て小売店などで販売されている。また，メーカー

から直接小売店，スーパー，飲食店，学校給食へ卸されている場合もある。

⑤　**冷凍めん**　　生めん，またはゆでめんを急速冷凍したものである。冷凍ゆでめんはめんをゆでた直後ののびを凍結により防止するので，ゆでた直後の食感が保たれている。冷凍めんとしては，うどん，スパゲッティ，中華めんなどが製造されている。冷凍めんは冷凍庫（－18℃以下）内で保存するため，添加物なしで長期間（半年～1年間）保存することができる。冷凍めんはメーカーから冷凍食品問屋を経由して，小売店，スーパーに卸されている場合が多い。

⑥　**即席めん**　　即席和風めんと即席中華めんがあり，製法により油あげめん，非油あげめん（α化乾燥めん），生タイプ即席めんなどがある。油あげめんは保存中の油脂の変質（酸価および過酸化物価の変化）について注意しなければならないので，直射日光をさけ，常温で保存する。賞味期間はカップめんで製造後6か月，袋めんで製造後8か月である。即席めんは生産量の約80％が卸，商社に販売されており，スーパー，小売店への直接販売は少ない。近年，プライベートブランド製品も生産されている。

⑦　**銘柄と特産地**　　手打ちうどんとして有名なものに，稲庭（いなにわ）うどん（手延べ，秋田県湯沢市），水沢うどん（切り麺，群馬県水沢地方），さぬきうどん（切り麺，香川県）などがある。それぞれ製法に特徴があり，独特の“こし”のあるめんになっている。**きしめん**[*1]は名古屋のめんで，ひもかわ，または平めんともいう。**そうめん**[*1]は，三輪そうめん（奈良県），播州そうめん（兵庫県），小豆島そうめん（香川県）などが有名である。

> [*1] うどん，きしめん，ひやむぎ，そうめん：日本農林規格ではうどんは「乾めんのうち，長径，1.7mm以上，3.8mm未満，短径1mm以上，3.8mm未満に成形したもの」，きしめんは「乾めんのうち，幅4.5mm以上，厚さ2mm未満の帯状に成形したもの」，ひやむぎは「乾めんのうち直径1.3mm以上1.7mm未満，短径1mm以上1.7mm未満に成形したもの」，そうめんは「乾めんのうち長径および短径を1.3mm未満に成形したもの」をいう。

　手延べ干しめんの日本農林規格（特定JAS）は，小麦粉に対する食塩水の配合割合が45％以上で，小引き工程（よりをかけ，交差させつつ，めん線を平行稈

にかけた「かけば工程という」ものを引き延ばしてめんとする）から門干し工程（乾燥用ハタを用いてめん線を引き延ばし，めんとして乾燥する）まですべてを手作業で行い，混合工程とかけば工程の間の熟成は6時間（長径を1.7mm以上に成形するものは，3時間），かけば工程と小引き工程の間に熟成は1時間，小引き工程と門干し工程との間の工程，および門干し工程における熟成については合計12時間と規定されている。

⑧　**品質と取り扱い方**　　めんの品質では，めんの外観，形状，色調，光沢と，めんを食べたときの柔らかさ，粘弾性，弾力性，ゆでたあとののびなどが重要な項目となる。めんの色は測色計，色差計で測定し，めんの物性はテンシプレッサーやテクスチュロメーターで測定する。

めんを食べたときは，めんの表面がなめらかで，適度な弾力があるものがよい。生めん類は，微生物により腐敗しやすいので，購入後は冷蔵して，賞味期間内に食べることが必要である。また，乾めん類は密封包装してあるとカビや虫の害もなく長期間保存することができる。

5）パ　ス　タ

①　**パスタの分類**　　パスタ[*2]はデュラム小麦のセモリナ（荒挽きした粉）またはデュラム粉に強力粉のファリナを配合した粉に水を加えてこねた生地を，高圧でダイスから押し出し成形後乾燥しためんである。

パスタ類は生産量の68％がメーカーから一次卸，二次卸を経て小売店，スーパーで販売されている。この他メーカーから商社を経て販売されているものやメーカーからスーパーへ直接販売されているものもある。パスタ類の供給量の52.3％を輸入パスタが占めている。

　　*2　パスタ：日本農林規格では，マカロニ（2.5mm以上の太さの管状のもの。または，その他の形に成形したもの），スパゲッティ（1.2mm以上の太さの棒または　2.5mm未満の太さの管状に成形したもの），バーミセリー（1.2mm未満の棒状のもの），ヌードル（帯状に成形したもの）などがある。

②　**パスタの市販品**　　日本のパスタの約88％をスパゲッティが占めている。スパゲッティは，デュラム小麦を用いるので淡黄色をしているが，イタリ

ア産にはホウレンソウ（緑色），赤トウガラシ（赤色），イカスミ（黒色）をねりこんだものもある。パスタは一般に300gの袋入りでプラスチックで包装されているものが多いが，紙箱に包装したものもある。このほか，500g，1kg入りの量の多めのものや，50g，150g，200gと量の少なめのものもある。

③　**品質と取り扱い方**　　パスタ類の品質は，色彩や形が良好，組織が堅固で，折った断面がガラス状の光沢を有するものがよい。また調理後の香味が良好で異味・異臭のないものがよい。パスタは，プラスチックの袋，ビン，金属缶などに入れて密封し，湿気のない所に保存する。賞味期間は3年である。

6）パ　　　ン

①　**パンの種類**　　パンは，パン用の穀物の粉に食塩，水，膨化剤（イーストなど）を加えてこねた生地を焙焼したものである。原料穀物の種類により小麦パン，ライ麦パン，両者混合パン，雑穀（大麦，エンバク，トウモロコシなど）パンなどがある。このほか，膨化剤の有無により発酵パンと無発酵パン（ナン，チャパティー＜インド，中近東＞）に分かれる。また，生地への材料（糖類，油脂，乳製品など）の添加の状況により，シンプル（無添加），リーン（少ない），リッチ（多い），ベリーリッチ（特に多い）の4種類に分けることができる。リーンなパンの代表にフランスパン，リッチなパンの代表に食パン，菓子パンなどがある。リッチなパンは時間がたってもかたくなりにくい。2020（令和2）年のパンの生産量は，126.5万㌧である。近年食パン，フランスパンの消費量は微増している。

②　**品質と取り扱い方**　　食パンの品質評価を例にすると，外観を30点満点（このうち体積10点，表皮色10点，形均整5点，皮質5点）とし，内層を70点（このうち内層色10点，すだち10点，感触15点，香り10点，味25点）として審査をし，両者の合計点で評価する。品質のよいパンは形に均整があり外皮も薄くやわらかく，焼けが均一で黄金褐色に焼成しているものがよい。内層はすだちが細かく均一で，内部の色は淡いクリーム色でつやがあり，パン独特の香りがしてかすかに甘味のあるものがよい。パンは保存中にデンプンが老化して内層が固くなり，ボロボロと砕けやすくなり，香気成分も失われていく。そこでフランス

パンのような老化しやすいパンは早めに食べる必要がある。また保存する場合には、袋に入れて密封し、デンプンの老化を防ぐために急速冷凍する。0℃付近の冷蔵はデンプンの老化を促進するので好ましくない。

7）麩

麩は小麦粉から取り出したグルテンを主成分としている。小麦粉に1％食塩水を70〜80％加えて混捏し、グルテンを形成後、デンプンや水溶性タンパク質、糖質を洗い流す。残ったグルテンに小麦粉を加え混捏、成形後、ゆでたり蒸したりしたものが**生麩**である。生麩に合わせ粉（小麦粉、もち米粉、膨張剤を合わせたもの）を加え混合、焼き、膨らませたものが**焼麩**である。庄内麩（板状の麩、山形県）、車麩（ちくわ型の層状に焼き上げた麩、新潟県）、丁子麩（四角形の麩、滋賀県）、花麩（梅、桜など、花の形に成形した麩）が有名である。

（2）その他の麦類

1）大　　麦

大麦は形により、**二条**（粒列が2列）、**四条**（粒列が4列）、**六条**（穂の各節に3粒ずつ、交互に並び計6つの粒列）の別がある。六条大麦には、穎が種実に密着している皮麦と穎が容易に分離する裸麦がある。大麦粉はグルテンを形成しないので、パン、めんの原料とはならない。大麦の原麦をそのまま炒ったものが**麦茶**の原料、炒って粉にしたものが**麦焦がし**である。大麦を精白し、蒸気で加熱後、圧扁したものが**押し麦**である。二条種の大麦を発芽後、乾燥させた**麦芽**（芽の短い短麦芽と芽を少し長く伸ばした長麦芽がある）は、水あめ（短麦芽）、ビール、ウイスキーの原料（長麦芽）として用いられる。大麦はこのほかに、麦味噌、麦焼酎の原料となる。

2）ラ　イ　麦

製粉して黒パンとする。ライ麦粉は、グルテンを形成しないので、発酵の際、乳酸菌を利用して生地に乳酸を生成させ、タンパク質の膨化力を改善して製パンしている。そこで、ライ麦パンには黒パン独特の酸味がある。また、ライ麦は、**ウオッカ**などの原料としても用いられる。

3）エンバク，ハト麦，その他

　エンバクを精白，焙焼，ひき割りしたものが，**オートミール**である。朝食用のシリアルとして用いられる。約4倍量の水を加えて粥状に煮たものに牛乳，砂糖などを加えて食べる。また，エンバクは**ウイスキー**原料としても用いられる。

　ハト麦は製粉して，粥，パン，菓子に用いる。穀粒を殻つきのまま炒ったものが**ハト麦茶**の原料となる。ハト麦茶は薬理作用があるといわれている。

＊演習1　湿グルテン（ウエットグルテン）量の測定法

①　各種小麦粉25gを適当な器に計量する。
②　約60％の水を加え，ヘラでよくこね，弾力のある生地を作る。
③　だんご状にまるめた生地を水に浸漬し，数分間放置する。
④　生地をふきんで包み，水中でもみ洗いしデンプンを洗い出す。
⑤　デンプンが流失しなくなったら（白濁液がでなくなる），チューインガム状の塊を取り出して水を切り重さを測る。この重量を元の小麦粉の重量で割り100倍して湿グルテン量（％）とする。

　◉　湿グルテン量は，強力粉…40％前後，準強力粉…35％前後，中力粉…25％前後，薄力粉…20％前後である。湿グルテン量は，デンプンの除去程度や水の除去程度により多少値が変動する。

3．トウモロコシ

　トウモロコシは，種をそのまま食用に用いるほかに，種実をそのまま，または粉として食品製造原料に用いる。

　トウモロコシの種類には，**デント**（dent，馬歯）**種**，**フリント**（flint，硬粒）**種**，**ソフト**（soft，軟粒）**種**，**スイート**（sweet，甘味）**種**，**ワキシー**（waxy，もち）**種**，**ポップ**（pop，爆裂）**種**などがあり，胚乳部のデンプン組織の構成と

質が異なる。

　デント種はコーンスターチの原料として，**フリント種**は食用や加工原料として広く用いられている。**ソフト種**は菓子に用いる。**スイート種**は糖含量が高く，熟度が最適なものを，缶詰，冷凍，料理用に用いる。焼きトウモロコシやゆでトウモロコシに用いられるのは主としてスイート種で，甘味黄色種には，サニーショコラ（糖度15度以上），味来（みらい，糖度平均12度）など糖度の高いものがある。ベビーコーン（ヤングコーン）は，スイートコーンの幼穂である。**ワキシー種**は加工用またはもちの原料，ゆでて食用に用いる。**ポップ種**は150〜230℃に加熱すると，胚乳部の水分の膨張により，胚乳の内部が反転露出し，元の体積の15〜35倍となる。ポップ種の種に，バター，塩を加え，加熱，爆裂させ，菓子（ポップコーン）としている。

　ジャイアントコーンは，粒が大きい品種で粒の大きさは2cmほどになる。油で揚げたおつまみやポン菓子の原料として使用される。

　その他のトウモロコシの加工品として，以下のようなものがある。

　①　**コーングリッツ，コーンフラワー，コーンミール**　　トウモロコシの胚乳部を挽き割りにしたものがコーングリッツで，同じ工程で生じる微細な粉がコーンフラワーである。胚乳部を挽いた粉でコーンフラワーより粒度の粗い粉がコーンミールである。

　コーングリッツは，製菓やスナック菓子，ビールの原料に，コーンフラワーは，製菓やスナック菓子，水産練り製品の原料に用いる。コーンミールは，製パン，製菓に用いる。

　②　**コーンフレーク**　　コーングリッツに調味液（ショ糖，麦芽糖，食塩，水）を加え，加熱加圧後，薄片状に押しつぶし，乾燥，焙焼してつくられる。

　③　**コーンスターチ**　　トウモロコシからつくったデンプンであり，トウモロコシを亜硫酸水に漬け，胚芽を壊さないように粗挽きし，ついで胚芽を除き，デンプンを分離後，脱水，乾燥し製品とする。デンプンのなかでも純度が高く，白度も高い。ブドウ糖，水あめ，異性化糖の原料となる。このほか，水産練り製品などにも利用される。

④ **トウモロコシ油**　トウモロコシ胚芽から搾油された油。

⑤ **バーボンウイスキー**　アメリカの代表的蒸留酒で，トウモロコシを原料として51％以上用いている。

4．雑　穀　類

（1）そ　　　ば

1）そばの種類

　そばは，そば粉につなぎの小麦粉などと水を加えてこねた生地を線状に切ったもので，生めん類の表示に関する公正競争規約では，そば粉を30％以上，小麦粉を70％以下の割合で配合したものをいう。**つなぎ**としては小麦粉以外に，ヤマノイモ，卵白，フノリ，オヤマボクチ（キク科の多年草，オヤマボクチの葉脈から繊維を取り出したもの）なども用いられる。乾めんのそばは，そば粉の配合割合が30％未満の場合，配合割合の表示が必要である。なお，日本農林規格ではそば粉40％以上がJAS標準に，そば粉50％以上がJAS上級となる。また，即席めんの公正競争規約では，そば粉を30％以上使用しなければならないとされている。そばには**手打ち**（工程がすべて手作業による。ただし混練工程のみ機械で行うこともできる）と**機械打ち**があり，使用する粉の種類によって，更科そば（一番粉，ほとんど胚乳部のみの色の白い粉，低灰分），やぶそば（そば殻を取った抜き身を引いた粉，色が濃い），田舎そば（全層粉，そば殻の破片が入っている色の黒い粉）などがある。

　① **生めん**　日本そばの10.2％を占め，0～10℃の低温流通でメーカーから，直接スーパー，小売店に販売されるものが多い。そば粉はもともと生菌数が多いので，生めんは保存性が悪い。0℃から10℃の冷蔵保存で，賞味期間は夏季では製造後4日，冬季では6日である。そばは貯蔵中に褐変しやすい。

　② **ゆでめん**　日本そばの42.3％を占める。水分の含有量が多いので保存性が悪く，デンプンの老化により食味が低下していく。ゆでめんも生めんと同

様の流通状態であり，賞味期間も同様である。

③　**乾　め　ん**　　日本そばの21.7％を占める。密封保存したものは長期保存できるが，貯蔵中にめんがもろくなる。乾めんは，メーカーから一次卸，二次卸をへて，スーパー，小売店で販売されている。乾めんの賞味期限は1年以内である。

④　**冷凍めん**　　冷凍めんは日本そばの22.6％を占める。メーカーから冷凍食品問屋を経由して，スーパー，小売店で販売されているものが多い。賞味期限は−18℃の冷凍で半年から1年である。

⑤　**そばがき**　　そば粉を熱湯でこねて，もち状にしたものである。つゆ，醤油などをつけて食べる。

2）銘柄と特産地

①　**戸隠そば**　　信州戸隠地方で生産されているそばである。霧が発生する山地で栽培されたそばは良質で，現地の水を用いて質のよいそばをつくることができる。

②　**オヤマボクチそば**　　北信州でオヤマボクチをつなぎとして生産されているそば。独特の歯ごたえとのど越しがある。

③　**津軽そば**　　そば粉と熱湯を混ぜた生地に，5％の大豆粉をねり込み，めん線に加工したそばである。

④　**出雲そば**　　種皮まで引き込んだ粉を用いてつくったそばで，色が黒みを帯び，香りが強く，こしがある（そば粉の使用量，水分を除く全重量の50％以上）。出雲地方の名物である「わりごそば」は木製の丸い漆器（割子）にそばを盛り，客の求めに応じて何段も重ねて出すのが特徴である。

⑤　**裁ちそば**　　福島県南会津地方のそばである。つなぎを使わない生地のためもろく，折りたたむのがむずかしい。そこで薄く伸ばした生地を十数枚重ねて裁つように切るのでこう呼ばれた。

⑥　**へぎそば**　　海藻のフノリをつなぎに使った越後地方のそば。ゆでたそばをへぎという杉の器に盛ったのでこう呼ばれている。

（2）その他の雑穀類とその加工品

1）キ　ビ

中央アジア原産の穀物。タンパク質を約11%含み，ビタミンB₁，B₂なども豊富に含んでいる。キビは精白して，米と混炊する。もちキビは製粉して，もち，団子，菓子に用いられる。

2）ア　ワ

東インド原産の穀物。タンパク質を10%程度含み，ビタミンB₁，B₂なども豊富に含んでいる。うるちアワは，精白して米と混炊する。また加熱して膨化させ，粟おこしなどに用いられる。もちアワは製粉して，もち，団子，菓子に用いられる。

3）ヒ　エ

インド原産の穀物。タンパク質を10%程度含み，ナイアシンやパントテン酸も豊富に含む。精白して米と混炊する。製粉してもち，団子に用いる。味噌，醤油等の原料にも用いられる。

4）モロコシ

アフリカ原産の穀物。タンパク質を10%程度含むが，リシンの含量が少ない。精白して米と混炊する。製粉してもち，団子，アルコール原料（こうりゃん酒）に用いる。

5）アマランサス

南アメリカ，アンデス原産の穀物。タンパク質を14%程度含み，ビタミンB群，カリウム，マグネシウムなどのミネラルも豊富に含む。製粉してパンに利用したり，実を加熱し，膨化させたものを菓子製造に利用する。

6）キ　ノ　ア

南アメリカ原産の穀物。タンパク質を14%程度含み，必須アミノ酸のバランスもよい。ビタミンB群，カリウム，マグネシウムなどのミネラルも豊富に含む。白米に混ぜて炊いたり，スープに利用する。味噌や醤油の原料に利用するメーカーもある。

5．イ　モ　類

　植物の地下茎や根の一部が肥大化して塊茎（かいけい）（サトイモ，ジャガイモ，コンニャ
クイモ）あるいは塊根（かいこん）（サツマイモ，ヤマノイモ）となり，多量の多糖類が蓄え
られたものをイモ類という。多糖類の主体は**デンプン**である。イモは70〜80％
程度と多くの水分を含むため，穀類に比べて貯蔵性や輸送性に欠ける。

　しかし，糖質を20％程度含むので，**エネルギー源**としては重要であり，米，
その他雑穀類の代わりにもなる。微量成分としてはカルシウムやカリウムなど
のミネラルを多く含むのが特徴である。

（1）イモの種類

1）サツマイモ

　サツマイモの食用種はベニハルカ，ベニアズマ，高系14号，鳴門金時，安納
いもなどがある。原産地は中南米で，名前の由来は17世紀に薩摩（鹿児島）に
伝えられたことによる。わが国での主産地は比較的温暖な鹿児島県や茨城県，
千葉県などである。主な成分は炭水化物で，その90％は消化率の高いデンプン
である。可食部の黄色はカロテノイド系の色で，皮や可食部の紫色はアントシ
アン系の色である。サツマイモを切断すると，断面から白い乳液が出るが，こ
の成分は樹脂配糖体のヤラピンで下剤作用があり，未熟のときに多い。また，
サツマイモはβ-アミラーゼ（糖化型）活性が強く，加熱中に甘味（マルトー
ス）が増加する。

2）ジャガイモ

　ジャガイモの食用種は**男爵イモ**，メークイン，キタアカリ，ニシユタカなど
が主なものである。ほかにもアントシアニンやβ-カロテンを含む品種もあ
る。南米アンデスが原産地で，わが国では北海道，長崎が主産地である。主な
成分は水分80％，炭水化物17％であり，ビタミンCはイモ類中最も多く40mg/
100g程度含まれ，加熱後も約80％残存するのでビタミンCのよい給源となる。

貯蔵の条件としては5℃前後，相対湿度85%前後で貯蔵するのがよい。特殊成分として有毒のアルカロイド（ソラニン，チャコニン）を含み，中心部に少ないが，芽や緑色化した部分に多いので，調理の際はその部分を切除して用いることが必要である。

3）サトイモ

サトイモは熱帯地方ではタロと呼ばれ，広く栽培されているのに対し，日本では家のまわりで栽培されるので「里芋」と呼ばれるようになった。

サトイモは利用上から親イモと子イモに大別される。**親イモ用**に筍イモ，**子イモ用**には石川早生，土垂，**親子兼用**としてヤツガシラ，エビイモなどがある。原産地はインドやインドシナ半島といわれ，わが国では耐寒性のものが全国的に栽培されている。主成分はジャガイモ同様水分が80%と多く，炭水化物は13%と少ない。生のサトイモのぬめりに触れるとかゆく感じるのはシュウ酸カルシウムの針状結晶が皮膚を刺激するためである。

4）ヤマノイモ

ヤマノイモは自然種で日本原産の**自然薯**と，中国原産のナガイモ，熱帯アジア原産のダイジョがある。**栽培種**であるナガイモはその形態により，ナガイモ（粘性弱い），イチョウイモ（粘性強い），ツクネイモ（粘性非常に強い）に分類される。

主成分は水分70〜80%，炭水化物13〜25%と幅があるがタンパク質は3%と少ない。特有の粘質物は糖タンパク質で，グロブリン様タンパク質にマンナンが結合したものである。ヤマノイモがすり下ろしたときに褐変するのは褐変酵素であるポリフェノールオキシダーゼの酸化作用によるものである。また，生で食することができる理由は，細胞壁の厚みが薄く，セルロース含量も少なく，α−アミラーゼによる消化を受けやすいためであると考えられている。

5）コンニャクイモ

コンニャクイモはサトイモ科の多年生で，インドシナ半島地域が原産地といわれ，わが国には平安時代に仏教の伝来とともに中国から伝わったといわれている。コンニャクイモの主要な多糖類は，グルコースとマンノースからなるグ

ルコマンナンである。グルコマンナンに水を加え加熱すると膨張して粘度の高いコロイド状態を呈する。これにアルカリ（水酸化カルシウム）を加え加熱すると凝固する性質をもつ。コンニャク製造はこの性質を利用したものである。

（2）代表的なイモとその加工品

1）サツマイモ

サツマイモは，ジャガイモに比べ糖分が多いので，加工するよりは，そのままの形で加熱して食べることが多い。加工用には農林1号，高系14号，**アルコール用**にはコガネセンガン，**デンプン原料用**にはシロユタカなどが利用されている。加工品には**焼きイモ，干しイモ，かりん糖**，マッシュスイートポテト，砂糖漬，デンプン，焼酎などがある。

2）ジャガイモ

ジャガイモは水分が多く，糖分が少ない。**デンプン原料用**としてコナフブキ，**フレンチフライ用**にホッカイコガネ，**スナック菓子原料用**にトヨシロ，**サラダ用**にさやか，**コロッケ用**にはデンプン価の高いベニアカリなどが適している。

3）サトイモ（タロイモ）

サトイモは缶詰，冷凍以外加工用は少なく，煮しめ，含め煮，煮ころがしなど煮物かおでん，汁物などに使用される。葉柄はずいきといわれ，乾燥したものを芋がらといい，はすいもは茎を食べるずいき専用の品種である。煮物，和え物，酢の物などに用いられている。

4）ヤマノイモ

ヤマノイモは他のイモ類と比較して，**強い粘性**をもつため，加工用としての用途は広い。すなわち，和菓子（かるかん，まんじゅう），お好み焼き，練り製品（はんぺん，かまぼこ），アイスクリームなどに利用されている。

5）コンニャクイモ

主な加工品としては**板コンニャク，玉コンニャク，シラタキ**などがあるが，最近はゲルの**弾性や高保水性**が着目され，ゼリー，コンニャクうどん，水産練り製品，ハム・ソーセージ，その他増粘剤として幅広く利用されている。

6）キャッサバ

キャッサバは，ブラジル原産の植物で，熱帯地方では，重要なデンプン作物である。有毒の青酸配糖体（リナマリン）を含み，リナマラーゼにより青酸を生じ，食中毒を発生させることがある。その量により，甘味種と苦味種がある。**甘味種**は乾燥し，粉砕してキャッサバ粉とし，パン，菓子などに用いられる。**苦味種**は水洗いし，デンプン原料（タピオカパール）とする。

（3）イモ類の品質と取り扱い方
1）低温障害，ガンマ線（γ線）照射

サツマイモはジャガイモやサトイモなどに比して寒さに弱く，腐敗しやすいので保存する場合，**温度管理**が重要となる。すなわち，収穫後にキュアリング**処理**（30～32℃，95%以上の相対湿度で1週間程度行う）し，この後，13℃，90～95%の相対湿度条件下で貯蔵する。サツマイモは10℃を下まわると腐りやすくなるので注意を要する。

わが国ではジャガイモの発芽抑制の目的でガンマ線照射の利用が厚生労働省から認定されている。ジャガイモの場合，60～150グレイの照射線量で発芽抑制ができ，常温で数か月間保存が可能である。

2）品　　質

サツマイモは皮の色があざやかでツヤがあり，滑らかなものがよく，かたいヒゲ根があるものや切断面にすが入っているものは避ける。

ジャガイモは形が均一で，表面が滑らかのものがよく，芽が出始めているものや緑色になっているものは避ける。

サトイモは切り口が白くてツヤがあるものがよく，おしりがふかふかしているものは避ける。

ヤマノイモ（ナガイモ）は曲がっていてもよいが，ゆるやかに太くなる形で，表面が滑らかで皮に張りがあり，ヒゲ根やヒゲ根の跡がかたくたくさんあるものがよい。

6. 豆　　　類

　日本で消費されている代表的な豆類は，ダイズ，アズキ，ササゲ，インゲン
マメ，エンドウ，ソラマメ，リョクトウなどである。

　豆には国内生産のものと輸入のものがあり，2021（令和3）年の豆類の国内
生産量は約30万㌧，輸入量は334.5万㌧である。ダイズなどはほとんど輸入に
よってまかなわれ，自給率は6％にすぎない。

（1）ダイズ（大豆）とその加工品
1）種類と特徴
　ダイズには栽培時期による分類や種皮やへそ（目）の色による分類，種実の
大きさや形による分類などがある。栽培時期により夏ダイズ（4～5月に種を
まいて7～8月に収穫），中間型ダイズ，秋ダイズ（6～7月に種をまいて11～12
月に収穫）に分類され，さらに細かく極早生，早生，中生，晩生，極晩生に分
類することもある。また種皮の色は，黄色（黄ダイズ）が最も多く，これに次
いで黒色（黒ダイズ），青色（青ダイズ）が多い。このほか，赤色（赤ダイズ）
や茶色（茶ダイズ），二色型のダイズがある。へそ（目）の色は，白色，褐色，
黒色がある。次に種実の形は，球形，楕円形，長楕円形，偏球形に分類され
る。また，大きさにより，極大粒（100粒重45g以上），大粒（同45～35g），中粒
（同35～25g），小粒（同25～15g），極小粒（同15g以下）に分類される。

　代表的な品種として，フクユタカ，エンレイ，タマホマレ，タチナガハ，ス
ズユタカ，アキシロメなどがある。国内産の黄色ダイズは，高タンパク質，高
糖質であり，味噌，醤油，納豆，豆腐などの原料として用いられる。また，青
色ダイズはきな粉や菓子用に，黒色ダイズは煮豆用に用いられる。アメリカ産
ダイズは，日本産や中国産ダイズに比べて高脂質で，タンパク質，糖質の含量
が少なく油糧原料として用いられている。ホーカイン，ビーソン，コンソンな
どの品種がある。

2）豆　腐　類

①　**種類と流通**　　豆腐はダイズから調製した豆乳を，凝固剤（にがり，すまし粉など）でゲル状に固めたものである。そこで，豆腐は使用する豆乳の濃度や製造工程の違いにより，木綿豆腐，絹ごし豆腐，ソフト豆腐，充填豆腐などに分類される。

　木綿豆腐は，豆腐の表面に木綿の布目のあとがあり，切断した断面に小さな穴が残っている。これは製造工程のなかで，一度凝固させた固まりをくだき，木綿をひいた大型箱に入れ，圧搾成形したからである。**絹ごし豆腐**は濃い目の豆乳に凝固剤を加え，形箱の中で凝固させたもので表面がなめらかでやわらかい。**ソフト豆腐**は，木綿豆腐と絹ごし豆腐の中間的なもので，凝固物を形箱に移して軽く圧搾成形したものである。**充填豆腐**は，絹ごしと同様の濃厚な豆乳を冷却後，凝固剤（グルコノデルタラクトン）を加えてからプラスチックの容器に充填し密封する。これを90℃に加熱して全体をゲル状に固めたものであり，衛生的で保存性がある。沖縄豆腐は，沖縄地方で作られている水分の少ないかための豆腐で，木綿豆腐に比べ水分が約5％少ない。

②　**品質と取り扱い方**　　豆腐はダイズのタンパク質が脂肪を包んだ状態で凝固していて，90％近い水分を含んでいるため，細菌が繁殖しやすい。厚生労働省では，一般的な豆腐の細菌数を1g中10^5個以下，充填豆腐の細菌数を1g中1,000個以下と規定している。そこで豆腐を保存する際には，冷水中に入れ換水しながら保存する。0℃以下の貯蔵では，豆腐は凍結し，解凍後保水性を失い離水する。

　製品を輸送する場合は冷蔵し，包装などに不良品がでた場合はすぐに取り除く。また，製品は直射日光のあたらない場所に冷蔵陳列し，製品は先入れ先出しする。豆腐は比較的小範囲の地域に流通する食品であるので，地域食品認定制度により認証基準がつくられ，品質の向上がはかられている。豆腐の賞味期間は加工の状況により異なり，手づくり風の豆腐は冷蔵で1〜3日程度であるが，充填豆腐は冷蔵で1か月保存可能なものもある。水入り豆腐で，パック内の封入水が濁っているものは，菌が増えている危険がある。

3）納　　豆

①　**種類と流通**　　納豆には糸引納豆と寺納豆がある。いずれもダイズを発酵させた食品であるが，使用する微生物や製造法が異なる。糸引納豆は，蒸煮した大豆を納豆菌で発酵させたもので，丸大豆納豆，挽き割り納豆，五斗納豆などの種類がある。**寺納豆**は，蒸煮した大豆にむぎこがし（こうせん）を混ぜたもので麹をつくり，これに食塩水を加えて約1年間熟成させたものである。京都の大徳寺納豆や遠州地方の浜納豆（黒色の粒で塩辛い味）が有名である。糸引納豆の流通経路は，メーカーが公益市場に卸すルートと，メーカーが直接小売店，スーパーに卸すルートがある。

②　**品質と取り扱い方**　　糸引納豆の品質としては，ⓐ味のよさ，ⓑ糸引きのよさ，ⓒやわらかさ，ⓓ腐敗臭（アンモニア臭など）のないこと，ⓔやけていないこと（豆の色が濃くなっていないこと）などがポイントである。しかし，糸引き納豆は納豆菌や酵素がそのまま含まれているので，保存温度が高いと変質し，アンモニア臭が増加し粘性が低下する。そこで，低温で保存することが大事である。密封して10℃以下で保存した場合，品質保持期間は8日である。

4）ゆ　　ば

豆乳を加熱した際に表面に生じる皮膜をすくいとったものである。これを，**生ゆば**といい，さらに乾燥し成形したものを**乾ゆば**という。ゆばは，タンパク質と脂質に富み，消化性もすぐれている。生ゆばは，冷蔵（0～10℃）で2～3日しか保存できないが，乾ゆばは，プラスチックの袋に密封した状態で数か月保存が可能である。

5）その他の加工品

①　**豆　　乳**　　日本農林規格では**豆乳**は，豆乳（無調整豆乳），調製豆乳，豆乳飲料の3種類に分類される（p.224参照）。これらは，大豆固形分のパーセントや副材料の添加の有無が異なる。豆乳の大部分は，紙プラスチック複合容器に無菌充填されて低温流通しているので，このような豆乳は冷蔵庫内で3か月ぐらい保存が可能である。豆乳はタンパク質の必須アミノ酸のバランスがよく，脂質はリノール酸などの不飽和脂肪酸に富み，コレステロールも少ない。

また，乳糖も含まない。

② **おから（うのはな）**　豆腐製造の際，豆乳をしぼったあとの残渣である。食物繊維に富み，少量のタンパク質，脂質を含んでいる。腐りやすいので冷蔵し，はやめに使用する必要がある。

③ **き な 粉**　ダイズを炒った後細かく粉砕したもので，黄色ダイズを原料にした黄色のきな粉と青色ダイズを原料にした淡緑色のきな粉がある。

④ **油 揚 げ**　豆腐を薄く切って，大豆油，ゴマ油などで二度揚げた（最初110～120℃，二回目170～200℃）ものである。消費期限は，冷蔵で約5日である。新しい製品は新鮮な匂いがあるが，古くなると匂いが薄くなる。

⑤ **がんもどき**　くずした豆腐に，山芋粉，刻んだ野菜を入れて丸め，油揚げと同様に揚げたものである。揚げ物類は，表面がぬれた感じのものは品質が悪い。

（2）アズキ（小豆）

1）種類と特徴

アズキには粒が大きい**大納言**（アカネダイナゴン，丹波大納言など）と小～中粒の**普通アズキ**（エリモショウズ，サホロショウズ，中納言など）とその他のアズキがある。また種実の形には，円筒形（両端が丸い），短円筒形，球形，楕円形のものがある。一方種皮の色は，アズキ色が多いが，灰色，黒色，黄褐色，斑紋のあるものなどがある。

2）アズキの加工品

大納言アズキは大粒で赤色の濃いアズキで，粒あんや甘納豆に利用される。普通アズキは，あん，和菓子，赤飯に用いられる。

あ　ん：あんはアズキ，インゲンマメ，エンドウ，ソラマメなどを煮てすりつぶしたもので，製法上の違いにより生あん，乾燥あん，ねりあんがある。**生あん**は豆を煮てすりつぶしたものを，さらに水でさらしたもので水分を60～65％含む。**乾燥あん**（さらしあん）は生あんを乾燥させたものである。**ねりあん**は生あん，または水で戻した乾燥あんに砂糖を加えてねりあげたものであ

る。砂糖を多め（50％近く）に加えたあんは防腐性がある。乾燥あんの賞味期間は1年である。また，あんは豆の状態から粒あん，つぶしあん，こしあんに分けることもできる。あんの品質には原料の豆の品質が大きな影響を与える。

（3）その他の豆類と加工品

1）インゲンマメ

手亡，金時，白金時，高級菜豆（大福マメ，トラマメ，ウズラマメ，ハナマメ）などの種類がある。粒が豊かで色つやのよいものが品質がよい。手亡は白あんやポークビーンズに，**金時**は煮豆，甘納豆に，**大福マメ**は煮豆，きんとん用に，トラマメは高級煮物に，シロハナマメは甘納豆に用いられる。

2）ソラマメ

粒が豊かで色つやのよい品物がよく，塩ゆでにしたり，油であげてフライビーンズにする。甘納豆，製あんにも用いられる。

3）エンドウ

青エンドウは炒り豆，煮豆，フライビーンズ，製あんに用いる。赤エンドウはみつ豆，ゆで豆に用いる。スナップエンドウはグリンピースを改良した品種で，さやごと食べられる。豆苗はエンドウの若芽で，炒め物，スープに用いる。

4）サ サ ゲ

赤色のものは赤飯に用いるが，褐色や黒色のものは，甘納豆に用いる。またあんの原料にも用いる。

5）リョクトウ

はるさめのほか，モヤシ，製あんに用いる。

6）レンズマメ

橙赤色と緑色の二種類があり，乾燥豆を油脂や肉と煮込んだり，スープやカレーの材料に用いる。

7）ヒヨコマメ

ガルバンゾと呼ぶ。煮豆，炒り豆，スープに用いるほか，製粉して小麦粉に混合する。

7. 種 実 類

　種実類は，その形態によって「堅果（ナッツ）類」および「種子類」に分けられる。**堅果類**は，果実類の中で脂肪壁が発達してできる果皮が薄く，その外果皮が著しく堅くなったもので，主として種子中の肥大した仁（胚および胚乳）を食用としている。**種子類**は，果実以外の植物の種子で，野菜類の種子や油糧の種子などが含まれる。食品表示法でアレルギー表示として表示することを定められている物質「特定原材料」8品目の中に，落花生（ピーナッツ）とくるみが入っており，特定原材料に準ずるものである「推奨表示」20品目の中に，アーモンド，カシューナッツが入っている。

（1）主な種実とその加工品
1）ラッカセイ

　落花生，ピーナッツ，南京豆，地豆などといわれる。日本食品標準成分表では，種実類に分類されているが，マメ科の植物である。

　大粒種（バージニア型）と**小粒種（スパニッシュ型，バレンシア型など）**があり，大粒種は，味がよいので食用に，小粒種はピーナッツバターやクリームの加工用にされる。煎りラッカセイは通年出まわっているが，生ラッカセイは8月下旬から9月に出まわり，殻ごとゆでて，薄皮ごと食べる。

2）ゴマ（胡麻）

　ゴマの種類は，種子の皮の色によって白，黒，金の3種類に大きく分けられる。白ゴマは，マイルドな味でクセがない。黒ゴマより油脂が多いのでゴマ油の原料となる。黒ゴマは，香りが強いので料理のアクセントに使われる。金ゴマは，白ゴマや黒ゴマより脂質が多く，香り高く，トルコ産が有名である。ゴマはすり続けてペースト状になった**練りゴマ**，ゴマをすった**すりゴマ**がある。**ゴマ豆腐**はよくすりつぶしたゴマと葛粉を水で溶いて火にかけて練り，豆腐状に固めたものである。ゴマ油は焙煎したゴマを圧搾した**焙煎ゴマ油**と，焙煎し

ないゴマを圧搾，抽出した粗油を他の植物油脂と同様に，脱酸，脱色，脱臭と精製した**ゴマサラダ油**がある。焙煎ゴマ油は焙煎によって独特な香りと色を持っている。ゴマサラダ油は，色がないことを強調するために太白油<ruby>太白<rt>たいはく</rt></ruby>油とも呼ばれる。ゴマ油は，精製工程で増加するセサミノールの作用とゴマ油に含有されるγ-トコフェロールにより抗酸化力が高くなっている。

3）ク　　リ

ニホングリ，チュウゴクグリ，ヨーロッパグリがある。**ニホングリ**は，チュウゴクグリと異なり，果肉と外皮の間にある渋皮が果肉に，はりついてむきにくい。**チュウゴクグリ**は，小粒で甘みが強く，渋皮が非常にむきやすく「天津甘栗」に使われる。**ヨーロッパグリ**は大粒で，マロングラッセなどの高級洋菓子や焼きグリに利用される。種実類としては珍しく，可食部の子葉（生）の主成分はデンプンで，約25％含まれる。渋皮と果肉の間に**タンニン**が多く，加工時の褐変の原因となっている。

4）その他：アーモンド，クルミ，マカダミアナッツ，ピスタチオ

堅果種子類と呼ばれる木の実をナッツといい，アーモンド，クルミ，マカダミアナッツ，ピスタチオなどがある。主要な成分は脂質が50〜75％で，タンパク質が15〜18％である。

アーモンドには**甘仁種**（<ruby>甘扁桃<rt>かんへんとう</rt></ruby>，スイートアーモンド）と**苦仁種**（<ruby>苦扁桃<rt>くへんとう</rt></ruby>，ビターアーモンド）があり，甘仁種はナッツ用として食用，苦仁種は精油用になる。杏仁豆腐は，日本ではアーモンドの粉末と牛乳を，寒天とゼラチンを併用して固めた香りと食感と味わいの良いデザートとして好まれている。しかし，本来は杏の種子の中心部，種子の仁を取り出して乾燥させたもの（杏仁霜）を使った薬膳料理の一つである。**クルミ**は，大粒で栽培種の**ペルシャグルミ**（西洋グルミ）と小粒で日本原産の**オニグルミ，ヒメグルミ**がある。市販品のほとんどが，ペルシャグルミである。**マカダミアナッツ**は，オーストラリア原産のマカダミアと呼ばれる木の実で，脂質が76％と多い割には淡白な味である。**ピスタチオ**は，トルコ，シリアおよびイスラエル原産の木の実で，食用とする仁の部分は緑色または黄色で風味がある。主産地はイランおよびトルコである。

（2）種実類の品質と取り扱い方

ラッカセイは，脂肪分が多いので，酸化させないように密封容器に入れ冷蔵庫保存か，ゆでて密封容器に入れて冷凍保存する。

クリは，拾いたての新鮮なものは，冷蔵庫で30日間ほど冷蔵すると，デンプンが糖化して甘くなる。ただし，虫による食害に注意が必要である。その後冷凍すれば，長期保存できる。

ナッツ類は，酸化し風味が落ちるので，密封容器に入れて冷凍庫に保存する。食べる直前に軽く煎ると香ばしさがよみがえる。

多量の油脂を含むものは，空気中に放置すると油脂が酸化されて，風味が著しく低下する。吸湿すると酸化が促進されるばかりでなく歯触りも悪くなるので，長期保存は避ける。

8．野菜類，キノコ類

（1）野菜類とその加工品

野菜類は生鮮食品として，わが国における自給率の高い食品である。一般に生食，煮食や，炒めて食する。また加工して，漬物（塩漬け，酢漬け，ぬか漬けなど），乾燥野菜（常圧乾燥，凍結乾燥など），野菜缶詰，ビン詰，冷凍食品として，嗜好性，保存性を高めて食している。

野菜類は栄養的にはカリウム，カルシウム，鉄などの無機質，ビタミン類，とくにプロビタミンAであるカロテン，ビタミンCの供給源として重要な食品である。食物繊維の供給源としても重要である。

1）根　菜　類

①　ダイコン（アブラナ科）　　　現在，一番多い品種は辛味の少ない青首ダイコン（宮重系）であるが，これ以外には美濃早生系，三浦ダイコン（練馬系），聖護院ダイコン，桜島ダイコン，守口ダイコンなどの地方品種もある。

品種固有の形をしていて，岐根，裂根，曲がりがなく肌はかたく張り，肉質

がみずみずしいものがよい。首の部分がガサガサしていて黒ずんでいるものや，肌がコルク質になったり，はがれたりしているもの，また，断面に放射状に白い線が入ったり，中心部に空洞が見られるものはよくない。

② **ニンジン（セリ科）**　　太く短い橙黄色の五寸ニンジン（西洋系）が主流を占めているが，東洋系の赤い金時ニンジンなどもある。色つやがよく，形が整って肉づきがよく，芯部が細く肩が張っているものがよい。皮層部が厚いもの，芯部が黒ずんでいるものはよくない。

③ **ゴボウ（キク科）**　　根が長く肉厚の滝野川群が主流で，太くて中に空洞がある京野菜の堀川ゴボウもこの種である。また，同じく太くて空洞のある大浦ゴボウは千葉県八日市場市大浦の特産品である。そのほかに，葉茎も食用とする葉ゴボウの**白茎群**（越前白茎ゴボウなど）がある。

　根身が素直で，ふっくらしていて肌が美しいものがよい。皮にひび割れ，ひげ根が多く，また太すぎるものは，す入りしていてよくない。

④ **カブ（アブラナ科）**　　小町カブや赤カブ，大カブの聖護院カブ，中カブの天王寺カブがある。品種固有の形をしていて，ひげ根と直根が発達せず，胴部が発達し，肌に光沢があり，かたくしまっているものがよい。葉が黄化したもの，葉のつけ根が青緑色に変色したもの，割れがあるものはよくない。

⑤ **レンコン（スイレン科）**　　ハスの根茎である。外皮が淡い褐色で節の両端が締まり肉厚のものがよい。炭水化物が多く，多糖類により切口が糸を引く。ポリフェノール類を含むため切ったらすぐに（酢）水に入れて褐変を防止する。穴にからし味噌を詰めて油で揚げた郷土料理からしレンコンもある。

2）葉茎菜類

① **ハクサイ（アブラナ科）**　　結球ハクサイと半結球ハクサイとがある。

　よい結球ハクサイは，球頂を押すとかたくしまっており，重量感があり，根の断面が大きく，切り口が新鮮なものである。葉脈が筋張っているものや黒い病斑のあるものはよくない。半結球種は葉が薄く，やわらかいものがよい。

② **キャベツ（アブラナ科）**　　品種はきわめて多く，一代雑種が多い。最近の傾向として小型のグリーンボールなどの流通が多い。

球がよくしまっていて，**冬採りのものは葉面に白い粉がついているもの**，**夏採りのものはみずみずしく，葉があまりかたくないものがよい**。**春採りや夏採りで結球の頂部がとがっているものは，花芽が大きくなっていて風味が劣る。

③　**ブロッコリー，カリフラワー（アブラナ科）**　　いずれも花蕾を食用とする。ブロッコリーは緑色に密生した蕾であり，カリフラワーは乳白色の叢状に発達した蕾である。ゆでてサラダの具材などにされる。蕾の色がきれいで，かたくしまっているものがよい。

④　**その他のアブラナ科野菜**　　カブであるが，葉茎を食用とする小松菜や，漬物用として，すぐき菜，日野菜，野沢菜などがある。

⑤　**エダマメ（マメ科）**　　生育途中のダイズ種子を，緑のさやがふっくらした**未熟の時期に収穫**する日本独自の野菜である。

⑥　**ホウレンソウ（ヒユ科）**　　東洋種と西洋種があり，近年は一代雑種が多い。1株の葉数が多く，葉色が濃いものがよい。一般に**東洋種は秋まきで冬収穫され，葉先がとがり，葉肉は薄く根首が赤い。**西洋種は春まきで晩春から初夏に収穫され，葉肉が厚い。

⑦　**レタス（キク科）**　　結球レタス・半結球レタス・不結球レタスがある。結球種にはレタス（玉ちしゃ），半結球種にはサラダ菜，不結球種にはリーフレタスやサンチュがある。結球種では芯が小さく，適度に結球し裂球していないものや虫害のないものがよい。球頂がとがっているもの，切り口から出る乳液が褐変しているものはよくない。

⑧　**ネギ（ネギ科）**　　千住系ネギ（根深ネギ），**九条ネギ，博多万能ネギ，下仁田ネギ**などがある。ネギは葉先まで緑色で，葉鞘部は白く太く，巻きがしっかりしたものがよい。

⑨　**タマネギ（ネギ科）**　　大半を占める**辛タマネギ**（札幌黄，北見黄，愛知白群，泉川群）と生食用の**甘タマネギ**（湘南レッド）がある。タマネギは休眠期間を過ぎると発芽して品質が低下するので，収穫後の十分な乾燥と低温貯蔵によって発芽を抑制している。鱗茎の頭部がよくしまっていて，よく乾燥し，色沢がよく胴部が十分に太っているものがよい。

⑩　**ニンニク（ネギ科）**　　ホワイト六片種など複数の鱗片からなる鱗茎を主に食用とする。細胞を破壊するとアリシンが生成して強い臭気を放つ。香辛料として用いられる。

⑪　**アスパラガス（キジカクシ科）**　　マツバウドともいう。栽培時に土寄せをして，芽が地上に出る前に収穫するホワイトアスパラガスと，土寄せせず栽培するグリーンアスパラガスとがある。**ホワイトアスパラガスは**，白色でやわらかく，特有の香りと適度な苦味をもつ。**グリーンアスパラガスは**，ホワイトアスパラガスよりも栄養価に優れている。穂先がしまり，太くてまっすぐに伸びたつやのあるものがよい。

⑫　**モヤシ類（マメ科）**　　人為的に発芽させた芽と茎を食用とする。モヤシとは，ダイズ，ブラックマッペ，リョクトウなどの種子を暗所で発芽させたものである。また，ダイコン，アルファルファ，ブロッコリー，からし，そばなどの種子を暗所で発芽させたものを**スプラウト**と呼ぶ。かいわれダイコン，ブロッコリースプラウトなどがこれである。スプラウト中には，茎が伸びるまで暗所で育て，その後に光をあてて緑化しているものもある。

3）果　菜　類

①　**キュウリ（ウリ科）**　　食べて歯切れのよい**白イボキュウリ**が多く，粘質の黒イボキュウリは少ない。キュウリは肌に張りがあり美しく，太さが一定で，中央部はあまりくびれていないものがよい。色が黄色がかっているもの，肌に張りがなく，両端がしなびているものはよくない。

②　**ナス（ナス科）**　　形により，主要品種の**中長ナス群**（千両2号）のほか，**丸ナス群**（賀茂ナス），**小丸ナス群**（民田），**長ナス群**（仙台長ナス），**大長ナス群**（久留米長），**米ナス**（くろわし）などに大別される。果皮の光沢がなくなったりしているものは鮮度が悪く，種子が褐色になるものは過熱である。

③　**トマト（ナス科）**　　生食用には，完熟しても輸送に耐えられる**桃太郎**やファースト，これらの一代雑種，**アイコ**などのミニトマトが多い。加工用は専用に栽培され，イタリア系のサン・マルツァーノや国産のくりこまなどがある。加工用のトマトの特色としては，果肉中のリコピン含量が多く，可溶性固

形物が多い。トマトは果肉が厚く，空洞がなく重みがあるもの，色むらがなく鮮やかで，裂果してないものがよい。へたが緑色ではりがあると鮮度がよい。ミニトマトの場合はへたのないものは除かれ，過熟のものは肉質が劣る。

　加工品としては，トマトジュース，トマトピューレ，トマトペースト，トマトケチャップなどがある。

　④　**ピーマン，パプリカ，シシトウ（ナス科）**　　いずれもトウガラシ属に属する辛味の弱い品種である。シシトウには時々辛いものが混じっていることがある。ピーマンが成熟し赤く着色したものをカラーピーマンといい，甘味が増している。パプリカは肉厚で糖度が高い。

　4）香辛野菜

　①　**ワ サ ビ（アブラナ科）**　　根茎が刺身やそばなどの薬味として利用される。太さが均一で重みのあるものが上質とされる。チューブ入り練りワサビの利用も多い。すりつぶした時に生成する辛味・香気成分（イソチオシアナート類）は揮発性で，時間の経過とともに弱まる。根や葉柄を酒粕と合わせたわさび漬もある。

　②　**ショウガ（ショウガ科）**　　香りや辛味が強く，根茎（根ショウガ）が焼き物などの薬味，紅ショウガや甘酢漬けなどの漬け物，ジンジャーエールなどの清涼飲料，菓子などに利用される。辛味成分はジンゲロンやショウガオールである。皮にしわがなく，ふっくらしたものがよい。芽ショウガや葉ショウガも食用とする。

　③　**トウガラシ（ナス科）**　　鷹の爪などの辛味種は香辛料として利用される。皮に張りがあり，つやのあるものがよい。辛味成分であるカプサイシンの含有量により辛味をスコヴィル値（辛味単位）で表すこともある。

　④　**シ ソ（シソ科）**　　食用とする葉の色により青ジソ（大葉）と赤ジソに大別される。料理に彩りを添えるほか，青ジソは香りが強く薬味や天ぷらに，赤ジソは赤色色素シソニンを含むため梅干しの着色やふりかけにも利用される。

　⑤　**パセリ（セリ科）**　　主に葉を食用とするが，独特の強い香りと彩りを

生かして料理の飾りとしても有用である。葉が縮んでいない滑葉種（かつようしゅ）と縮んだ縮葉種（しゅくようしゅ）があるが，日本では縮葉種が利用される。乾燥して細かくした葉も香辛料として利用される。

5）山菜，野草類

一般に，栽培されず，自然状態で自生して利用されるものが，山菜や野草とよばれている。これらの多くが，種を播いてから収穫できるまで何年もかかるなど，大量生産に不向きであることが，経済作物とならなかった理由である。しかしながら，セリ，ミツバ，フキ，ウドなどは以前より栽培されており，近年ではタラの芽やワラビなども栽培されるようになり，野菜との区分は明瞭ではない。ほとんどが新芽や若芽，若葉を食用としており，季節感にあふれた食材となる。

① **フキとフキノトウ（葉茎菜類，キク科）**　フキノトウはフキの花の蕾で，春早く発生する，フキは葉柄を食用としている。どちらも，特にフキノトウはあくが強く，充分なあく抜きが必要である。

② **タラの芽（葉茎菜，ウコギ科）**　タラノキの新芽である。山菜の王様ともよばれる，人気のある山菜である。タラノキの頂芽を採る栽培も行われるが，10cm程に切った芽の付いた茎より，水耕栽培で発芽させる「ふかし栽培」が行われている。

③ **ウド（葉茎菜類，ウコギ科）**　山野に自生するが，栽培も行われる。通常栽培された葉が緑色のものは，山ウドと呼称される。暗所で栽培すると白い軟白ウドとなる。

④ **ネマガリタケ（チシマザサのタケノコ，葉茎菜類，イネ科）**　指ほどの細さのタケノコである。あくが少なく，歯触りがよい。水煮のビン詰やブランチング後に冷凍しても保存できる。

⑤ **ワラビ（葉茎菜類，コバノイシカグマ科），ゼンマイ（葉茎菜類，ゼンマイ科），コゴミ（クサソテツの若芽：葉茎菜類，コウヤワラビ科）**　いずれもシダ植物の若芽を食用としている。ワラビはあくが強く，草木灰や重曹と加熱してあく抜きする。発癌性のあるプタキロサイドが約0.05〜0.06％含まれ

るが，アルカリによるあく抜きにより分解除去されるので，通常食用とするのには問題ないとされている。茎や根からわらび餅の材料となるデンプンが取れる（ワラビ粉）。ゼンマイは，固茹でしたあと，天日干しをしながら時々手で揉みしだき，乾燥したものが一般的に用いられる。保存性，流通性にも適していることから，山村の換金生産物として重容であった。コゴミはあくが少なくあく抜きの必要がない。抗酸化性が強いとされる。

6）新しい野菜類

① **アーティチョーク（葉茎菜類，キク科）**　朝鮮アザミともいわれる。主に，つぼみの中の花托を食用とし，独特の香味をもつ。

② **ズッキーニ（果菜類，ウリ科）**　外見はキュウリに似ているが，ペポ・カボチャの一種である。普通のカボチャに比べ，デンプン含量が少なく，濃緑，黄色のものが多く，皮には光沢がある。

③ **モロヘイヤ（葉茎菜類，アオイ科）**　葉をつみ取り包丁でたたくと，ぬめり気が出る。栄養価が高く，とくにカロテン，ビタミンB_1，B_2，カルシウム含量が多い。夏の緑黄色野菜として重要視されている。

④ **タアサイ・チンゲンサイ（葉茎菜類，アブラナ科）**　肉質がやわらかく，アクが少ない。葉の幅が広く，繊維があまり発達していない。柔軟多肉で葉面に光沢のあるものがよい。

⑤ **エンサイ（葉茎菜類，ヒルガオ科）**　空心菜ともいわれる。サツマイモと同じヒルガオ科で，つるが空洞である。

6）野菜の鮮度保持，熟成

野菜類は水分量が多く，蒸散による水分損失に伴う**萎凋**，呼吸による成分損失，収穫後の生長による品質低下があり，一般に貯蔵性の乏しい食品である。

野菜の鮮度保持法は**予冷，包装，低温貯蔵，常温貯蔵，高温処理貯蔵**などがある。これは，野菜の種類が多岐にわたり，特性もそれぞれ異なるからである。

予冷は夏期収穫の野菜に主に用いられ，収穫した野菜を産地において直ちに冷却する方法である。予冷法には，冷風冷却，真空冷却，冷水・氷冷却があ

る。冷風冷却は，冷風を野菜にあてて熱交換し，冷却する方法で強制通風と差圧通風とがある。真空冷却は，常温でも減圧することにより水分が蒸発することを利用した方法で，これは，野菜から，水の蒸発潜熱（気化熱）が奪われることにより冷却される原理を応用している。1回の処理時間が短く，大量に均一に冷却が行われる利点があり，レタスなどに採用されている。冷水・氷冷却は，水が空気に比べて熱伝導率が大きいことを利用した方法である。細かい砕氷を野菜の上に載せて予冷する方法が主で，ブロッコリーに採用されている。

　包装は水分の蒸散を抑え鮮度を保つために用いられ，フィルムの素材などにより呼吸作用の抑制を期待できるものもある。フィルムにはポリエチレンなどがあり，MA包装(ガス置換包装)にはミクロの穴加工を施したものも使われる。

　低温貯蔵は一般的野菜の貯蔵法である。野菜や果物のような青果物は収穫後も細胞が呼吸を続け，その成分変化が進んでいく。この変化は食品としての品質低下につながる。通常，温度が10℃上昇すると呼吸量は2～3倍に増加する。したがって，品温を10℃下げると呼吸量を1/2～1/3に抑制することが可能であり，多くの野菜の貯蔵に利用されている。一方で，低温障害などに対する注意も必要となる。

　①　**低温障害**　　多くの青果物では低温で保存することが効果的であるが，一定の温度以下で貯蔵すると生理障害を引き起こすものもある。この生理障害を**低温障害**といい，品質の低下を招くこととなる（表4-4参照）。

　②　**追　　熟**　　収穫後に成熟することを**追熟**といい，野菜類では果菜類，とくにトマトがその代表である。追熟に伴い，**エチレンの生成**と**呼吸の一時的な増大**が生じ，色素（赤色色素リコピン）の合成，香気，肉質の変化，糖や有機酸量の変化が起こる。

（2）キノコ類とその加工品

　食用とされている**キノコ類**は数百種類といわれるが，市販品は**天然キノコ**として販売されている種類を入れても20種類程度である。流通量の多いものは，マツタケを除き大部分が**人工栽培**されたものである。キノコの人工栽培は以前

表4-4　果実・野菜の低温障害の発生温度および症状

種　類	科　名	発生温度(℃)	症　状
青　ウ　メ	バ　ラ	5～6	ピッティング，果肉褐変
ア　ボ　カ　ド	クスノキ	5～10	追熟異常，果肉褐変，異味
オ　リ　ー　ブ	モクセイ	6～7	果肉褐変
オ　レ　ン　ジ	カンキツ	2～7	ピッティング，じょうのうの褐変
カ　ボ　ス	カンキツ	3～4	ピッティング，す上がり，異味
グレープフルーツ	カンキツ	8～10	ピッティング，異味
ス　ダ　チ	カンキツ	2～3	ピッティング，異味
ナ　ツ　ミ　カ　ン	カンキツ	4～6	ピッティング，じょうのうの褐変
バ　ナ　ナ	バショウ	12～14.5	果皮褐変，オフフレーバー
パイナップル(熟果)	パイナップル	4～7	果芯褐変，ビタミンC減少
パッションフルーツ	トケイソウ	5～7	オフフレーバー
パパイヤ（熟果）	パパイヤ	7～8.5	ピッティング，オフフレーバー
マ　ン　ゴ　ー	ウ　ル　シ	7～10	水浸状ヤケ，追熟不良
モ　モ	バ　ラ	2～5	剥皮障害，果肉褐変
ユ　ズ	カンキツ	2～4	ピッティング
リンゴ(一部の品種)	バ　ラ	0～3.5	果肉褐変，軟性ヤケ
レ　モ　ン(黄熟果)	カンキツ	0～4	ピッティング，じょうのうの褐変
（緑熟果）		11～14.5	ビタミンC減少，異味
オ　ク　ラ	ア　オ　イ	6～7	水浸状ピッティング
カ　ボ　チ　ャ	ウ　リ	7～10	内部褐変，ピッティング
キ　ュ　ウ　リ	ウ　リ	7～8	ピッティング，シートピッティング
サ　ツ　マ　イ　モ	ヒルガオ	9～10	内部褐変・異常，硬化
サ　ト　イ　モ	サトイモ	3～5	内部変色，硬化
サヤインゲン	マ　メ	8～10	水浸状ピッティング
シ　ロ　ウ　リ	ウ　リ	7～8	ピッティング
ショウガ（新）	ショウガ	5～6	変色，異味
ス　イ　カ	ウ　リ	4～5	異味・異臭，ピッティング
ト　ウ　ガ　ン	ウ　リ	3～4	ピッティング，異味
ト　マ　ト(未熟果)	ナ　ス	12～13	ピッティング，追熟異常
（熟果）		7～9	変色，異味・異臭
ナ　ス	ナ　ス	7～8	ピッティング，ヤケ
ニ　ガ　ウ　リ	ウ　リ	7～8	ピッティング
ハ　ヤ　ト　ウ　リ	ウ　リ	7～8	ピッティング，内部褐変
ピ　ー　マ　ン	ナ　ス	6～8	ピッティング，シートピッティング，萼，種子褐変
メロン(カンタロウブ)	ウ　リ	2～4	ピッティング，追熟異常，異味
（ハニデュウ）		7～10	ピッティング，追熟異常，異味
（マ　ス　ク）		1～3	ピッティング，異味
ヤマイモ(イセイモ)	ヤ　マ　イ　モ	1～3	内部褐変
（イチョウイモ）		0～2	内部変色
（大　薯）		8～10	内部褐変
（ナガイモ）		0～2	内部変色

（農産物流通技術研究会編　2002年版農産物流通技術年報　p.202　流通システム研究センター　2002）

より行われてきたマッシュルーム（和名：ツクリタケ），シイタケ，ヒラタケ，エノキタケ，ナメコ，キクラゲ，ブナシメジなどに加え，最近ではマイタケ，エリンギ，ヤナギマツタケ，ハタケシメジなど種類が飛躍的に増加している。

　キノコの栽培方法には，くぬぎなどのホダ木を用いる**原木栽培**とコンポスト（堆肥）やオガクズに米ぬかなどの栄養剤を混ぜた培地を用いる**菌床栽培**がある。

　生鮮キノコ類は，一般に水分に弱く痛みやすいため，余分な水分を除き冷蔵庫の野菜室で保存するのがよい。品質が低下すると，シイタケではひだ部の褐変，ヒラタケでは傘の色が白っぽくなるなどの変質が起こる。そのため，収穫後の予冷と低温での流通，トレーや包装フィルムの利用による呼吸・蒸散作用の低下が必要である。

1）シイタケ（キシメジ科）

　① **干しシイタケ**　日本産の干しシイタケは，**原木栽培**したシイタケより生産されており，冬菇，香信，香菇などの銘柄に分けられる。冬菇は菌傘の裏がわずかに見える六分開き程度のもので，冬から早春にかけてが製造適期のものである。また，香信は春または秋に発生した子実体の八〜九分に開いたものを乾燥したもの，香菇はその中間のものである。冬菇のうち，傘表面の花柄の亀裂が白色のものを天白，茶色のものを茶花，色を区別しなければ花冬菇という。冬菇，香信とも採取したときの子実体が変形せず，傘の裏のひだが山吹色または乳白色で屈曲していないものが良品である。乾燥に失敗したものや変質したものはひだ部の褐変が進行し，香りも悪くなる。中国産のものも輸入されているが，**菌床栽培**されたシイタケを乾燥しており，柄のついていないものが多い。

　② **生シイタケ**　**原木栽培品**と**菌床栽培品**があるが，一般に原木栽培品のほうが肉が締まり品質がよい。七分開き程度の肉厚のものがよく，開ききって厚みがないものやひだ部が褐変しているものはよくない。

2）エノキタケ（タマバリタケ科）

　天然のエノキタケは茶褐色の傘に根元が黒褐色のかたい柄をもったキノコで

ある。市販品は**ビンを用いた菌床栽培**で，暗所で発生させ，軟白化したものである。菌糸体の一部をつけたままで収穫されるので，低温貯蔵でも傘が開き柄が伸びることがある。加工品になめたけビン詰などがある。

3）ナメコ（モエギタケ科）

おがくずを用いた**菌床のビン栽培が多い**が，原木栽培品が味がよいとされている。一般に傘の開いていないものを柄切りし，水洗いして販売されている。

4）マツタケ（キシメジ科）

独特の強い香りと歯ごたえをもつ。**人工栽培ができないので**，国内産のものは非常に高価で取引されている。消費の90％以上が輸入品である。

5）ブナシメジ（シメジ科）

白色や茶褐色の地肌にひび割れ状の大理石模様のある傘が特徴である。ホンシメジやヒラタケとは異なる。傘の色が濃く，柄が太く短いものがよい。

6）エリンギ（ヒラタケ科）

日本には自生しないキノコである。柄は白く太くて弾力があり，傘が開きすぎていないものがよい。

7）マイタケ（トンビマイタケ科）

シメジとならんで味や歯ごたえがよい。ほとんどが菌床栽培されており，傘が肉厚で柄がかたくしまっているものがよい。

8）トリュフ（セイヨウショウロ科）

日本名をセイヨウショウロという。ジャガイモ様のかたまりで，地中で形成される。**黒トリュフ**や，**白トリュフ**などがあり，独特の芳香をもつ。少量を料理の風味づけに利用する。人工栽培は難しい。

9）ポルチーニ（イグチ科）

日本名は**ヤマドリタケ**という。特有の香りをもち，日本でもパスタソースなどに利用されるが，ヨーロッパでは，世界三大キノコ（ほかに，トリュフ，マツタケ）のひとつとされ，好んで食べられている。人工栽培はできない。

9．果　実　類

（1）代表的な果実とその加工品

1）リ　ン　ゴ

　国光や紅玉，デリシャスなどがアメリカから導入されて以来，日本では王林，ふじ，ジョナゴールドなど，多くの品種が生まれている。品種によって異なるが，8月〜1月頃に収穫され，貯蔵性が高いため1年中出回っている。果実の色が全体的に色づいているもの，ずっしりと重みのあるもの，軸が太いものがよい。また，蜜が入っているものがよいとされるが，この蜜は，リンゴの木の葉で作られた糖アルコールのソルビトールが，果実に移行したものであり，熟度を表わす指標である。リンゴの加工品は，ジュースやジャム，ドライフルーツのほかに，酒（シードル）や酢，ドレッシングなどの調味料もある。

2）ナ　　シ

　ナシには，**日本ナシ**，**西洋ナシ**，**中国ナシ**の3種類がある。日本ナシは，赤ナシ系と青ナシ系に分類される。**赤ナシ系**は，果皮が褐色のもので幸水，豊水，新高などがある。**青ナシ系**は果皮が黄緑色のもので，二十世紀などの品種がある。日本ナシは，収穫後かたさが低下するが，西洋ナシと異なり糖含量の増加は期待できないため，より熟度の進んだ果実が出荷される。西洋ナシの主な品種は，ラ・フランス，バートレットなどがあり，果実を収穫した後に，**追熟**させる必要がある。15〜20℃で約1週間程度の追熟を行っている間に，デンプンが消失して糖が増し，果実もやわらかくなり香気を生じる。追熟した西洋ナシは，品質の低下が極めて早い。生食の他に缶詰にも適している。

3）カ　　キ

　カキには**甘ガキ**と**渋ガキ**がある。甘ガキは成熟すると渋味の原因である水溶性タンニンが不溶性タンニンに変化し，渋味がなくなるため，そのまま生食できる。甘ガキには，富有や次郎などの種類がある。甘ガキは呼吸の上昇が始まる頃には軟化が始まっているため，鮮度を保つためには，呼吸の上昇前から低

温で保蔵する必要がある。ポリエチレンフィルムで個装するとさらに貯蔵性は増す。渋ガキは渋味があるため，脱渋（渋抜き）するか，**干しガキ**に加工して利用する。脱渋は，アルコールや炭酸ガスによって処理する。干しガキの水分量は，枯露柿では25〜30%，あんぽ柿では38〜45%である。カキはへたが変色しておらず緑色のものがよいとされる。

4）カンキツ類

カンキツ類とは，ミカン科のカンキツ属，キンカン属，カラタチ属に属する植物の総称である。カンキツ属には温州ミカン，オレンジ，グレープフルーツなどが属している。国内で最も収穫量が多いのは，ミカン（温州ミカン）であり，不知火（デコポン），夏ミカン，イヨカン，ユズと続く。温州ミカンの主要な産地は，和歌山県，愛媛県，静岡県である。5〜9月にはビニールハウスで栽培されたハウスミカン，9〜11月に出回るのは**極早生種**，10月〜12月には早生ミカンであり，12〜4月に**普通種**が出回っている。**早生ミカン**は酸味が弱くてじょうのう膜が薄く，普通種は酸味がありじょうのう膜が厚い特徴がある。温州ミカンは，果皮の色が濃く，浮皮の少ないものは鮮度がよい。不知火（デコポン）は，ヘタの部分がコブのように飛び出ている特徴的な形状をしている。デコポンは，登録商標で不知火のうち糖度13度以上，酸度が1度以下などの条件がある。キンカンは，剥皮せずに皮ごと食べるカンキツで，皮の部分に独特の甘みとわずかな苦味があるのが特徴である。ユズやカボス，レモン，シークワシャーなどは香酸カンキツと呼ばれ，香りがよく酸味が強いことから，料理などの風味づけに用いられる。カンキツ類の加工品は，ジュース，ゼリー，マーマレード，シロップ漬け缶詰などがある。

5）モ　　モ

日本で多く生産されているものは水蜜桃といい，白肉種である白鳳系，白桃系，黄肉種である黄桃系の3種類がある。おもな産地は山梨県，福島県，長野県で，5〜9月頃に出回っている。生産量の多い品種は，白鳳，あかつき，川中島白桃などである。モモ果実の成熟現象は急激で，かたさは急激に低下する一方で，糖度は増加する。果実が軟弱であり，収穫時期が高温であるため，品

質変化が速く，取扱には注意が必要である。白鳳などのモモの果皮は，細かい毛で覆われており，この細かい毛が，果実全体に生えているものは鮮度が高いと考えられる。太陽の光をたくさん浴びたモモは，表面に果点と呼ばれる白い斑点が現れており，糖度が高いといわれている。全体的に色づいているものがよいが，果皮に緑色が残っているものは未熟であるため，色付くまで室温に置いて追熟させて，食べる前に冷蔵する。モモの加工品には，シロップ漬けの缶詰，ジュース，ゼリー，コンポートなどがある。

6）ウ　メ

主な品種のうち小粒種では甲州最小，甲州黄熟など，中粒種では王梅，南高など，大粒種には白加賀，豊後などがある。加工品としては梅干，梅酒などがある。梅干には，樹上で果皮が黄色になるまで熟したものが適している。梅酒には，果皮が青くてかたいものが用いられている。共に果皮にハリがあり，表面に傷がないものがよい。青ウメの状態では，青酸配糖体のアミグダリンが含まれているため，生食することはできない。ウメ果実は，10℃以下で保存した場合，低温障害によるピッティングが発生する。

7）ブ　ド　ウ

ブドウは世界中で栽培され，1万種類以上の品種があるといわれている。生食用とワイン製造用の品種がある。日本では山梨県，長野県，山形県の生産量が多い。黒系，赤系，緑系があり，このなかで生産量が多いのは黒系品種の巨峰やピオーネ，赤系のデラウェアである。軸が太くてしっかりしており，緑色をしているものは鮮度が高い。果皮に張りがあり，表面に白い粉のようなブルームが出ているものは糖度が高いといわれている。ブドウは，植物ホルモンであるジベレリン溶液に浸すことで，種無しブドウを作る技術が開発され，緑系で大粒のシャインマスカットのような種無しの品種も多く栽培されている。ブドウは，エチレンの発生が極めて少ない果実であるが，存在すると脱粒が起きやすくなるため，発生しやすい青果物との貯蔵は避ける必要がある。

8）ス　イ　カ

スイカはアフリカ中南部原産であり，日本では，熊本県，千葉，山形県の

生産量が多い。主な品種は**大玉スイカ**（縞王，旭都など），**小玉スイカ**（紅こだま）などである。果肉の色が赤いものがほとんどであるが，黄色のものもある。果皮にツヤがあり，黒い縞模様がくっきりと表れているものは鮮度がよいとされている。縞がほとんど見えず，果皮が黒に近い暗緑色のスイカもある。スイカは中心部が甘く，果皮に近いほど糖度は低くなる。叩いて「ボンボン」という音がするものが食べごろに熟しており，低く鈍い音がするものは熟しすぎ，軽く高い音がするものは未熟であるとされている。

9）メ ロ ン

メロンは茨城県，熊本県，北海道で多く生産され，網目模様のあるネットメロンと，網目のないノーネットメロンがある。ネットメロンには，果肉の色が青肉系のアールスメロン，赤肉系のクインシーや夕張メロンなどがある。ノーネットメロンには，プリンスやハネデューなどがある。ツルが太く，重みのあるものがよい。甘い香りがして，底を押すとやわらかくなってきたら熟している。ネットメロンは，網目模様が細かく，網目が盛り上がっているものがよいとされる。メロンの加工品は，ジュース，ゼリー，シャーベットなどがある。

10）イ チ ゴ

イチゴは日本では主に，栃木県，福岡県，茨城県で多く生産されている。11〜5月頃に多く出回り，旬は1月〜2月であるが，**促成栽培，半促成栽培，抑制栽培，露地栽培**がなされており，ほぼ周年生産されている。栃木県のとちおとめ，福岡県のあまおうなど多くの品種がある。全体的に色づいてツヤがあるもの，ヘタの緑色が鮮やかで，しなびていないものがよい。イチゴは，鮮度保持のため完熟果実を収穫後，果実の品温を常に低く保つ必要がある。イチゴの加工品は，ジャム，ジュース，アイスクリーム，ドライフルーツなどがある。

11）**熱 帯 果 実**

① **バ ナ ナ**　　日本に出回っているバナナのほとんどが，フィリピンやエクアドルから輸入されたものであるが，国内では沖縄でも生産されている。熟成されていない緑色の状態で輸入されるが，デンプンを25％程度含んでおり，そのままでは生食できないため，**追熟**させる必要がある。未熟のバナナは，温

度が20℃の密閉状態で，1〜2日間，エチレンガスで処理を行う。この追熟に
よって，果皮が黄色くなり，デンプンは糖化されて甘味を呈する。ポリフェノ
ールオキシダーゼの働きで，果皮の表面に茶色の斑点（シュガースポット）が
出てきたら，食べごろである。バナナは14℃以下で貯蔵すると低温障害を起こ
しやすいため，貯蔵温度は13.5〜15.5℃が適温とされている。

② **パインアップル**　　日本で出回っているパインアップルの99％が，フィ
リピンから輸入されたものであり，主力品種は**スムースカイエン**種のゴールデ
ンパインである。その他，台湾やアメリカからも輸入され，国内では沖縄県で
も栽培されている。台湾原産のボゴールパインは，スナックパインと呼ばれ，
手でちぎって食べることができる。パインアップルは，香りがよく，葉が新鮮
な緑色をしているものがよいとされる。追熟しないパインアップルは常温での
日持ち期間が短いため，五分着色（果物の約半分が黄化したもの）を購入し，10
〜12℃（7℃以下では**低温障害**がでる）で保存すると，2週間程度は品質劣化を
起こさない。カットフルーツとして販売されるだけでなく，モモと並んで缶詰
用として重要な果実である。プロテアーゼである**ブロメライン**を含むため，抽
出・精製され，酵素剤として利用される。

③ **アボカド**　　原産地は中南米であり，世界には700以上の品種がある。
日本で出回るほとんどがメキシコ産であり，ハスという品種が最も多い。アボ
カドは栄養価が高く，不飽和脂肪酸のオレイン酸が多く含まれており，森のバ
ターとも呼ばれる。アボカドは樹上では成熟せず，収穫後に**追熟**が必要である
が，収穫や輸送途中の損傷を受けやすく，品種により低温障害を起こす温度が
異なるため注意が必要である。熟すと果皮の色が緑色から全体的に黒色にな
る。果皮がしなびていてシワがあるものは熟しすぎている状態である。

④ **キウイフルーツ**　　日本で最も多く出回っている品種はヘイワードであ
るが，そのほとんどがニュージーランドから輸入されている。ヘイワードは果
肉が緑色をしているが，ゴールドキウイは果肉が黄色でヘイワードよりも糖度
が高い。国内でも，愛媛県や福岡県で栽培されている。果実の全体に茶色のう
ぶ毛が生えており，傷がないものがよいとされる。エチレンに感受性が強く，

貯蔵中にその影響を受けると軟化を開始し，自身もエチレンを生成し，他の果実に影響を与える。へたと底の部分を軽く押すと弾力のあるものが熟している。未熟果はかたいので常温で追熟させる。収穫後すぐに追熟が始まるため，**低温貯蔵**（0℃，相対湿度90%）すると，長期間の保存に耐える。

⑤　**パパイヤ**　　パパイヤはフィリピンやアメリカから輸入され，国内では沖縄などで栽培されている。輸入されているパパイヤは，果肉が黄色をしているソロ，オレンジ色をしているサンライズ・ソロなどがある。果皮が緑色の場合は，色付くまで常温で追熟させる。果皮にシワがあるものは鮮度が落ちている。沖縄県では，成熟前の青パパイヤを野菜のように肉と魚と炒めて食べるなど，家庭料理に使用される。プロテアーゼであるパパインを含有している。

⑥　**マンゴー**　　メキシコやフィリピンなどの熱帯・亜熱帯地域で栽培されるトロピカルフルーツの代表格である。日本では沖縄，宮崎，鹿児島で生産されており，国内で多く栽培されている品種はアーウィンである。アーウィンは果皮が赤く，大きな卵型をしていることから，アップルマンゴーとも呼ばれている。果皮にハリがあり傷がないもの，甘い香りがしているものがよい。国内産の旬は5〜8月であり，宮崎県や沖縄県では高級完熟品が生産されている。

⑦　**その他の熱帯果実**　　アセロラは，西インド諸島原産であり，国内では沖縄県や鹿児島県を中心に栽培されている。果皮が非常に薄く，未熟果で緑色，成熟につれて黄色，完熟では赤となり，過熟になると暗紅色になる。品種は，甘味種と酸味種に分類され，国内では甘味種が普及している。ビタミンCを極めて多量に含むことから，栄養的価値が高く，清涼飲料水や果汁入り飲料として広く利用されている。

スターフルーツは，果実を切った断面が星のように見えることから，スターフルーツと名付けられた。東南アジアが原産で，日本では沖縄県や宮崎県で栽培されている。果皮に張りがあり，重みのあるものがよい。果皮が緑色をしている場合は熟していないので，黄色く色付くまで追熟させるとよい。

ピタヤは，サンカクサボテンの果実であり，果皮に竜の鱗のようなヒダがあることから，ドラゴンフルーツとも呼ばれている。日本では沖縄県や鹿児島県

で栽培されている。国内で多く出回っているものは，果皮も果肉も赤いレッドピタヤ，果皮が赤くて果肉が白いホワイトピタヤである。果実が大きくずっしりと重みがあり，ヒダの部分がしなびていないものがよい。ピタヤは追熟しないため，新鮮なうちに早く食べるようにする。

ドリアンは，ベトナム，タイ，フィリピンで栽培されている。人の頭ほど大きくなり，果実の殻は非常にかたく，多くのトゲに包まれている。熟すと特有の強烈な香りがするが，果肉はなめらかで濃厚な甘みがある。香りが強くなり，殻が割れてきたら食べ頃である。

パッションフルーツは，アメリカやニュージーランドから輸入され，国内では沖縄県や鹿児島県などで栽培されている。果皮の色が濃紫色のものと黄色のものがあり，なかにはゼリー状の果肉と種が入っている。生のまま種ごと食べる他に，裏ごしして種を取り除いてピューレにし，ジュース，ゼリー，カクテルなどに用いられる。追熟させて，水分が蒸発して表面にしわができてでこぼこした状態になってくると，酸味が抜けて甘味が強くなる。

ライチは，世界三大美女の楊貴妃が好んだことで知られている。日本に出回っているもののほとんどは中国や台湾から輸入された冷凍のものである。国内では沖縄県，鹿児島県，宮崎県でわずかに栽培され，収穫時期は短く，6月から7月ごろまでである。果皮が鮮やかな赤色で黒ずんでおらず，乾燥していないものがよい。

（2）果実類の鮮度保持法

果実類も野菜同様，水分量が多く，蒸散による水分損失，呼吸による成分損失，エチレンガス発生による品質の低下が激しく，一般に貯蔵性の乏しい食品である。**貯蔵法**は，主に低温貯蔵が一般的で，さらに長期の品質保持のためにCA貯蔵，MA包装，エチレンガス吸収剤の使用がなされている。

1）低温貯蔵

野菜類と同様低温貯蔵は一部の果実類を除いて果実類においても有効な貯蔵法である。低温障害を起こす果実と症状は表4-4（p.130）に示した。

2）CA 貯 蔵

高湿度・低温に加えて貯蔵庫内の空気組成を人工的に調節することで積極的に呼吸作用を抑え，果実を長期保存しようとするものである。とくに，果実のなかでも成熟過程後半に呼吸の一過性上昇現象（クライマクテリック・ライズ）が認められる果実の貯蔵に適している（表4-5）。

表4-5　成熟過程における呼吸特性に基づく果実の分類

分　　類	品　　　種
クライマクテリック型果実	バナナ，リンゴ，洋ナシ，モモ，スモモ，メロン，アンズ，マンゴー，パパイヤ
非クライマクテリック型果実	ミカン，グレープフルーツ，ブドウ，イチジク

（露木英男・田島眞編　食品学　p.104　共立出版　2002より）

実際には，空気中の酸素濃度は約21%，二酸化炭素濃度は0.03%であるが，CA貯蔵では酸素濃度を3〜10%，二酸化炭素濃度を5〜10%に調節し，低温保存する。まわりの酸素の濃度を低くし，二酸化炭素濃度を高くすることで呼吸作用を抑制させる。果実によって最適温度，湿度，気体組成が異なっている。

3）MA 包 装

果実をポリエチレンやポリプロピレンなどの袋で包装する貯蔵法である。袋で包装されることにより，低温貯蔵中における水分の蒸散が抑制され，かつ果実自身の呼吸作用により袋内の空気組成が，低酸素濃度，高二酸化炭素濃度状態となり，一種のCA貯蔵効果が現れる。空気組成の調整をしているわけではないので，長期間の保存には向いていない。

4）エチレンガス吸収剤

老化ホルモンと呼ばれているエチレンガスを除去することにより，果実の鮮度を保持するものである。エチレンガスは，果実の成熟，傷などの傷害により生成され，微量であっても成熟，老化が促進され品質の劣化が起こり，また，一緒に保存している果実や野菜にも大きく影響を及ぼす。このため，エチレンガスの除去は重要である。

エチレンガス吸収剤は，使用する物質により性能が異なっている。多孔質で吸着除去するものとして活性炭やゼオライト，薬剤の化学反応でエチレンを分解するものとして過マンガン酸カリウム，エチレンをアセトアルデヒドに変化させるものとしてパラジウム触媒があり，性能やコスト，使用する用途により使い分けている。

＊演習2　果実の鑑別と果実の追熟

①各果実の鑑別法を実際の小売店などで実践し，その食味を確認する。

②完熟前の熟度が同程度の追熟可能な果実（西洋ナシ，キウイフルーツなど）を2個以上準備し，一方は常温で追熟し，もう一方は冷蔵庫に保蔵する。常温品が熟したら，冷蔵品と食味を比較する（比較の際は品温を合わせる）。

---

10. 海　藻　類

海には「海草」と「海藻」が生育しており，混同されやすいが，別の植物である。**海草**（sea glass）は顕花植物であり，**海藻**（sea algae, sea weed）は隠花植物に分類される。海草は食用に不向きであるが，海藻は食用とされるものが多い。**海藻の分布**は海流の温度や水深により左右され，**寒海**には褐藻類が比較的多く大型種が生育する。中間海域の**温海**には紅藻・褐藻・緑藻類など種類，量ともに多く，中・小型種が生育している。**暖海**には緑藻・紅藻の体色が鮮やかな種が多く，小型で生育量が少ないなどの特徴がある[1]。海藻は日本では古くから食用とされ，室町期には精進料理のだし（出汁）に昆布が用いられ，縁起物やハレの日の食べ物としても定着し，江戸期には寒天やトコロテンなどの加工品も登場した[2]。

（1）海藻の種類とその加工品

　海藻類はその色により，緑藻類，褐藻類，紅藻類の3つに分類できる。表4－6に種類とその利用方法を示した。

　褐藻類は，だし昆布の他にオボロ昆布やトロロ昆布に加工利用されている。乾燥昆布を酢に漬けやわらかくしたのち，1枚の昆布の表面を削ったものがオボロ昆布，枚数を重ねて圧縮したのち断面を機械にかけて削ったものがトロロ昆布である。さらに，褐藻類は粘質多糖類の一種アルギン酸を多く含み，食品，医薬，飼料，化粧品，工業用など幅広い用途に利用されている。紅藻類は，板ノリや寒天の原料のほか，粘質多糖類のカラギーナンの原料として食品（ゼリー，畜肉や魚介類，乳製品などのかたさやスライス性などの改良剤），医薬品，化粧品，家庭用品などに広く利用されている[1]。また，冷蔵技術の発達した現在では，乾燥製品ばかりでなく生の状態で市場に流通しているものもある。

表4－6　食用とされる海藻の種類と主な利用方法

	種　　　類	利　用　方　法
緑藻類	アオノリ（スジアオノリ，ウスバアオノリ，ヒラアオノリ，ボウアオノリ）	ふりかけ，青粉，佃煮，汁物の具，酢の物
	ヒトエグサ	海苔佃煮
褐藻類	コンブ（マコンブ，リシリコンブ，ミツイシコンブ，ナガコンブ，ラウスコンブ，ホソメコンブ）	だし昆布，トロロ昆布，塩昆布，佃煮昆布
	ワカメ（素干しワカメ，灰干しワカメ，湯抜き塩蔵ワカメ，湯通し塩蔵ワカメ）	酢の物，煮物，汁物の具
	ヒジキ	煮物，酢の物
	モズク（イトモズク，フトモズク，オキナワモズク）	酢の物，天ぷら，汁物の具
	アラメ	煮物，汁物の具，きざみ昆布
紅藻類	ノリ（スサビノリ，アサクサノリ，マルバアマノリ）	板ノリ，味つけ海苔
	テングサ	トコロテン，寒天
	オゴノリ	刺身のツマ，汁物の具
	スギノリ，ツノマタ，キリンサイ	カラギーナン（ゲル化剤）

1）緑　藻　類

　日本各地の沿岸に分布し，太平洋，九州，四国沿岸などでは養殖が盛んである。採取した原藻をそのまま乾燥する方法と，塩水や真水で洗浄したのち乾燥する方法がある。緑藻類は**クロロフィルa**および**b**や**カロテン系色素**を多く含み，**緑色**を呈する。貯蔵は色素の退色予防のために冷蔵や冷凍保管とされる。

　①　**アオノリ**　　内湾や汽水域に生息し，アオノリのなかでもスジアオノリが美味とされ，吉野川（徳島県），四万十川（高知県）などは有名な産地である。独特な香りと鮮やかな緑色が特徴で，ふりかけや製菓用に粉末加工（青粉）するほか佃煮の原料にも利用される。

　②　**ヒトエグサ**　　葉は鮮緑色でやわらかく香味がよいため，原藻を水洗したのち乾燥し，主に海苔佃煮の原料として利用されている。

2）褐　藻　類

　褐藻類は**クロロフィルa**および**c**や**β-カロテン**などのほかに**フコキサンチン**を多く含む。フコキサンチンは生の状態ではタンパク質と結合し赤色を示すが，クロロフィルと共存することにより褐色を呈する。加熱するとタンパク質と分離し本来の黄褐色となり，クロロフィルの吸収帯と作用し緑色を呈する。

　①　**コンブ**　　コンブ類のうち食用になるものは20数種類あるが，主なものはマコンブ，リシリコンブなど6種類があげられる。寒流海域に生育し，主産地は北海道で全生産量の約95%以上を占める。コンブ表面に白い粉が付着しているものがある。これは，糖アルコールの一種マンニトールで甘味をもつ物質である。これが表面にあるコンブは品質評価が低いと判定される。

　マコンブ：函館周辺（噴火湾）を中心に生育し，コンブ類のなかでは最高級品。上品な甘味があり，清澄で淡白なだしがとれる。**だし昆布**のほかに**トロロ昆布**や**塩昆布**，**佃煮昆布**などに加工される。

　リシリコンブ：マコンブと似ているが，葉が黒くかたい。利尻島，礼文島産のものが最高級品。濃厚な独特の風味をもつだしがとれる。**だし昆布**のほかに**高級オボロ昆布**，**トロロ昆布**などに加工される。

　ミツイシコンブ：幅が広く濃い緑に黒みを帯び，北海道日高地方が主産地。

日高昆布とも呼ばれる。やわらかくて煮えやすく，**煮物の具材**や**昆布巻き**に適している。また，味もよいので**だし昆布**，**佃煮昆布**など利用範囲が広い。

　ナガコンブ：細長く通常 7 〜 8 m であるが，なかには20mに達するものもある。主に**煮物用**として用いられ，だし用には向かない。

　ラウスコンブ：北海道の釧路から羅臼にかけて生育したものをラウスコンブと呼び，**だし用**として利用される。濃厚でコクのあるだしがとれるため，煮物や鍋物などに適している。**昆布茶**，**おやつ昆布**，**佃煮**などにも加工される。

　ホソメコンブ：マコンブに似るが葉幅が狭くへりが平坦である。味が薄く香りが乏しいため，だし用には適さずトロロ昆布や佃煮などに加工される。

　② **ワカメ**　　採取されたワカメのほとんどは塩蔵や乾燥処理される。国内産天然ワカメの生産量はわずかであり，大部分は養殖である。また，1970年代中国や韓国からの輸入が開始され，安価な養殖ワカメの輸入量が年々増加し，国内の生産量の約 5 倍の量に達する。

　灰干しワカメ：灰干しワカメは原藻の表面に**草木灰**をまぶして生乾きさせたのち海水と真水で洗浄して灰を除き，乾燥させたものである。灰を利用することでアルカリ成分がクロロフィルの分解を防ぎ濃緑色を維持し，さらにアルギン酸分解酵素の活性を抑制するため，弾力のある歯ごたえが得られると考えられている[3]。しかし，2000（平成12）年以降**ダイオキシン対策特別措置法**により良質な灰の確保が困難となり，現在は一部地域でしか生産されていない。鳴門ワカメ生産地の徳島県では，活性炭を用いた炭干しワカメへ転換している。

　素干しワカメ：原藻を海水で洗浄して縄や竿にかけて乾燥させたものを**素干しワカメ**という。このほかに原藻を真水で洗浄して塩抜きしたのち，乾燥させた**塩抜きワカメ**や真水で緑色になるまでゆでたのち，乾燥させた**湯抜きワカメ**，薄い板状に干しあげた**板ワカメ**などもある。

　湯通し塩蔵ワカメ：1970年代前半に開発された製造法で，湯通しをした原藻を速やかに水や海水で冷却し，塩をまぶして脱水処理したものである。中芯の茎を除き，葉体を乾燥させたものは**カットワカメ**などの原料となる。

　茎ワカメ：コリコリとした歯ごたえがあるワカメの中肋や茎は，葉に比べ

カルシウムや食物繊維含量が高く，**塩蔵**や**調味漬物，佃煮**などに利用される。

③ **ヒジキ**　素干しをした原藻を数時間水煮することで渋みや色素などを除いて乾燥させる。乾燥すると，タンニン様物質が酸化して黒色となる。太めで長く，こしのあるものが良品とされている。

④ **モズク**　生での利用や塩蔵保存して利用される。形状が細いモズク科の**イトモズク（ホソモズク）**と太いナガマツモ科の**フトモズク（フトモズク，オキナワモズク**など）がある。沖縄県で養殖が盛んに行われている。

⑤ **アラメ**　コンブ科であるが温海流域に生育し，ワカメより葉肉が厚い。素干しをした原藻の渋を抜き，水煮したのち乾燥し水で戻して利用する。

3）紅　藻　類

クロロフィル**a**やカロテン系色素のほかに鮮紅色を示すフィコエリスリン，青色のフィコシアニンなどを含み，赤紫色を呈する。

① **ノ　リ**　生産の大部分は養殖によるものである。原藻を和紙の作成と同様，薄い板状にして乾燥したものが**板ノリ**である。香りがよく，色が黒くつやがあり厚みのあるものが良品とされている。

② **テングサ**　原藻を乾燥させ，**トコロテンや寒天の原料**にする。国内でも養殖されているが，輸入に依存している。**角寒天（棒寒天），糸寒天**などは夾雑物のない白い仕上がりと，ゲル化した際の弾力の強いものが良品とされる。

③ **オゴノリ**　**寒天の原料**とするほか，熱湯に通すと鮮やかな緑色となるので**刺身のツマ**や**海藻サラダ**などに利用される。

④ **スギノリ，ツノマタ**　スギノリ科であるスギノリやツノマタは，カラギーナンの原料となる。カラギーナンは，食品に添加するゲル化剤，増粘剤などとして利用される。

（2）海藻類の品質と取り扱い方

海藻類の品質は，生育場所，生育環境，海域の栄養状態，気候，採取時期などにより左右されるため，各生産者団体が自主規格を定め運用している。海藻の種類により多少項目が異なるが，**色沢，形態，乾燥度，夾雑物，香り**などが

主な判断基準とされ等級づけされている。一般に乾燥品の保存は，湿度の低いところであれば常温で 1 年程度は保管が可能である。しかし，ワカメなどの塩蔵品，色や風味を楽しむ製品は開封後 1 か月以内に消費することが望ましい。家庭で保存する場合は，冷蔵・冷凍庫などに保管するのもよい。

（3）海藻食品に含まれる特有の食物繊維（アルギン酸，フコイダン等）

　海藻類には，ビタミンやミネラルに加え，アルギン酸やフコイダン等の食物繊維が豊富に含まれている。食物繊維は，便通を整える作用のほか，脂質や糖等の排出作用により，生活習慣病の予防・改善にも効果が期待されている。食物繊維の摂取によって，腸内細菌のうち，ビフィズス菌や乳酸菌等の善玉菌の割合を増やし，腸内環境を良好に整える作用も報告されている。フコイダンは，抗がん作用，胃潰瘍の予防や治癒の効果が期待されており，モズクやヒジキ，ワカメ，コンブ等の褐藻類に多く含まれている。

（4）海藻食品の表示

　2015（平成27）年に食品表示法が施行され，食品の表示に関わるルールが明示された。具体的な表示ルールは，食品表示基準に定められており，食品の製造者，加工者，輸入者または販売者に対しては，食品表示基準の順守が義務付けられている。海藻類（コンブ類，ワカメ類，ノリ類，アオサ類，寒天原草類，その他の海藻類）は水産物（生鮮食品）に分類され，名称とともに原産地を記すことが求められている。一方，塩蔵品，乾燥品など容器包装に入れられたものは加工食品とみなされ，加工海藻類（コンブ，コンブ加工品，干ノリ，ノリ加工品，干ワカメ類，干ヒジキ，干アラメ，寒天，その他の加工海藻類）に分類され，原材料，内容量，賞味期限，保存方法，製造者などの表示が必要である。

文　献

1）　山田信夫　海藻利用の科学　pp. 2〜20　成山堂書店　2001
2）　岡田　哲　たべもの起源辞典　東京堂出版　2003
3）　渡辺忠美・西澤一俊　日水誌　**48**　237〜241　1982

11. 魚 介 類

農林水産省の「食料需給表」によると，日本における魚介類の1人1年当たりの消費量は減少し続けている。食用魚介類の1人1年当たりの消費量（純食料ベース）は，平成13（2001）年度の40.2kgをピークに減少し，令和3（2021）年度には，23.2kgとなった。一方，肉類の1人1年当たりの消費量は増加傾向にあり，平成23（2011）年度に初めて食用魚介類は肉類の消費量を下回った。『令和4年度水産白書』によると，令和3（2021）年度の食用魚介類の国内消費仕向量は，国内生産量と輸入量を合わせて664万t（原魚換算ベース，概算値）となっており，そのうち517万t（78%）が食用消費仕向け，148万t（22%）が非食用（飼肥料用）消費仕向けであった。国内消費仕向量を平成23（2011）年度と比べると，需給の規模は161万t（19%）縮小している。このような国内消費仕向量の減少にもかかわらず，国民一人1年あたりの食用魚介類の供給量（重量）から求めた食用魚介類の自給率も減少し，59%となった。

（1） 魚介類の分類

魚介類とは魚類，軟体類，甲殻類，棘皮動物，鯨類など食用としている水産動物の総称である。食用とされているものは現在約500種程度，大部分は**海水産**であり，**淡水産**はわずかである。表4−7に魚介類の分類を示した。魚介類は同じ種類でも時期によって味が異なり，最も味がよくなる時期をとくに"旬"と呼んでいる。多くの魚介類の旬は産卵前の活発に餌をとる時期であり，その間魚類では脂肪，貝類ではグリコーゲンなどが多く蓄えられる。しかし，産卵後はそれらを消耗するため味が悪くなる。今日では，冷凍技術などの進歩に伴い，1年を通じて旬の魚を摂取することができるようになった。日本の食生活では冷凍していない生鮮魚が好まれ，旬の魚介類は四季を感じる食材のひとつとなっている。魚介類の旬は複雑で，同一種でも地域により時期に若干差がある[1]。代表的な魚介類および海藻の旬の時期を表4−8に示す。

表4-7　　魚介類の分類

水産動物		主 な 魚 介 類
魚　　　類 脊椎動物	硬骨魚	アジ，イワシ，カツオ，サケ，サバ，サンマ，タイ，ヒラメ，マグロ，ブリなどの海水産およびアユ，ニジマス，コイなどの淡水産の魚
	軟骨魚	エイやサメなど
軟 体 動 物 　貝類 　頭足類	巻貝（腹足類） 二枚貝（斧足類） イカ類 タコ類	アワビ，サザエ，トコブシ，シッタカなど アサリ，カキ，ホタテガイ，シジミなど コウイカ，スルメイカ，ヤリイカ，ホタルイカなど イイダコ，マダコ，ミズダコなど
甲　殻　類	エビ類 カニ類	イセエビ，クルマエビ，アマエビ，サクラエビなど ズワイガニ，（タラバガニ），ケガニ，ガザミなど
棘 皮 動 物	ウニ類 ナマコ類	アカウニ，バフンウニ，ムラサキウニなど マナマコ，キンコなど
腔 腸 動 物	クラゲ類	エチゼンクラゲ，ビゼンクラゲなど
原 索 動 物	ホヤ類	マボヤ，アカボヤなど
鯨　　　類	歯鯨，髭鯨	ミンククジラ，マッコウクジラ，ナガスクジラなど

表4-8　　旬*の魚介類と海藻

旬	魚 介 類 と 海 藻
春	カツオ（初），サヨリ，シタビラメ，タイ，ニシン，メバル，キビナゴ，シラス，ハマトビウオ，コイ，ハマグリ，アサリ，ホタテガイ，サクラエビ，ヒジキ，ワカメ，モズクなど
夏	アジ，アユ，イサキ，カレイ，カンパチ，キス，ハモ，スズキ，タチウオ，ホソトビウオ，ニジマス，クルマエビ，スルメイカ，アワビ，サザエ，シジミ，ウニ，コンブ，ウミブドウなど
秋	アマダイ，イワシ，カジキ，カツオ（戻り），カワハギ，サケ，サバ，サンマ，シシャモ，ハタハタ，ホッケ，ウナギ，シラスなど
冬	アンコウ，アナゴ，キンメダイ，コノシロ，サワラ，シラウオ，タラ，ヒラメ，フグ，ブリ，マグロ，ワカサギ，カキ，イセエビ，ズワイガニ，タコ，ナマコ，ノリなど

＊　地域により旬の時期に若干差がある。

〔天然ものと養殖〕

　天然ものと呼ばれる魚介類の漁獲量は，1984（昭和59）年の約1,250万トンをピークとして減少傾向にあり，2021（令和3）年の漁獲量は約324万トンとなった。一方で，**養殖魚介類**の生産量は増加傾向にあり，2021（令和3）年には約93万トンとなった[2]。日本では明治時代から養殖が始められ，その後さまざまな改良を経て，現在ではマダイ，ブリ，ヒラメ，シマアジ，フグ，マグロ，ホタテガイ，カキ，アサリ，クルマエビなどが海水面で，ウナギ，マス類，アユ，コイ，シジミなどが内水面で養殖されている。栄養成分や味に関して天然魚は，季節，漁獲場所，生育環境，雌雄，年齢などの影響を受け変動が大きい。それに対して，養殖魚は管理された環境下で飼育し出荷されるため，味や成分組成の変動が小さい。しかし，養殖魚は餌の影響を大きく受けるため，一般に天然魚に比べ脂質が多く，水分が少ない。この課題解決のため，飼料の改良をはじめとして，天然魚の肉質に近づけるための試みが行われている[3]。

（2）生鮮魚類の鮮度[4]

　日本では古くから新鮮な魚介類を，刺身やすし，あらいなどにして生で食べる習慣があり，**鮮度**が重要視されている。生きている魚を**活魚**，鮮魚のなかでもきわめて鮮度のよい魚介類を**生鮮魚**，いきのよい魚を**鮮魚**などと使い分けている。

　魚介類は畜肉類と同様，**死後硬直**を起こす。この現象は魚の種類や大きさ，摂餌の状況，漁獲方法，漁獲したあとの処理方法，保存する温度，魚の締め方などにより硬直の開始や持続の時間，強さなどが異なるといわれている。完全硬直が終了すると解硬（熟成）が始まり，うま味成分が生成される。そこで，なるべく魚介類を新鮮な状態に保つため，多くの工夫がされている。**魚の締め方**もそのひとつである。魚の締め方には**野締め**と**活け締め**がある。野締めとは水揚げした魚を氷水や氷を混ぜた海水，冷蔵，冷凍などの低温内で自然死させたものであり，一度に大量に漁獲される魚などに利用されている。これに対し

活け締めとは，生きている魚の延髄に包丁を入れ即殺し血抜きも行う方法で，死に至るまでの時間が短いため，ATPの消費量が少なく，死後硬直の時間を遅らせることができる。自然死させた魚類より鮮度を長く保つことができるが手間を要するため，高級魚や一部の生鮮魚に利用されている。

魚介類の鮮度判定には**官能評価による判定**，鮮度が低下することにより生成する**化学物質**（ATP関連化合物，揮発性塩基窒素，トリメチルアミン，アミン類）や**微生物の増殖による生菌数，物理的性状の変化**などを測定する方法が知られている。

官能評価による判定は色，味，におい，かたさなどヒトの感覚器官を使い，経験的に行われている。官能評価を総合的に判断するためには，十分な知識や経験が必要とされる。表4−9に官能評価による鮮度判定の指標を示す。

化学的な鮮度判別法としてK値の判定がある。K値は死後，魚肉中のATP関連化合物の分解物を定量して求められ，ATPからHx（ヒポキサンチン）までの全分解物量に対するHxR（イノシン）とHxの百分率で表される。K値の上昇速度は，図4−2に示すように魚種により大きく異なる。

また，K値の測定のほかに**揮発性塩基窒素**（volatile basic nitrogen, **VBN**）を測定する方法がある。この方法は，**アンモニアやアミン類，TMA**（トリメチルアミン）などを含む揮発性の窒素化合物の総量をアンモニア態窒素として求めたものである。アンモニアやアミン類は主にATP関連化合物の脱アミノ化およびアミノ酸やタンパク質の分解によりアミノ基から生成される。TMAは魚類の浸透圧調節に役立っているトリメチルアミンオキシドから酵素分解により生成される。

さらに，一般生菌数を測定して鮮度判定する方法がある。魚類筋肉は通常，無菌であるが，魚体の表皮，エラ，消化管内には環境水に由来する細菌が存在しているので，死後時間の経過とともに細菌が増殖する。

また，鮮度判定にはトリメチルアミンやアミン類の量を直接測定する方法や電解質による非破壊型鮮度センサーやバイオセンサーなどの方法も開発されている。

表4-9　官能評価による鮮度判定の指標

評価項目	判 定 指 標
筋 肉	死後硬直している魚体の筋肉は手で押してもかたい。頭部を含む前半部を台に載せ，尾部の下がる程度をみる。尾部が下がらないものは新鮮。
エ ラ	新鮮な状態では毛細管の血色素ヘモグロビンは鮮紅色をしているが，空中放置など酸化が進むとメトヘモグロビンに変化し，暗褐色となり鮮度が低下。新鮮なものはにおいがない。
目	新鮮なものは透明で濁りや血液が混ざっていない。
体 表	新鮮なものは色調が鮮やかで光沢がある。イカ類は体表が赤黒いものは鮮度がよく，白っぽくなっているものは鮮度が低下している。
腹 部	腹内部の消化器官には，餌と共に取り込まれた微生物が存在し，魚体成分は貯蔵や流通中に分解を受ける。鮮度がよいものは腹部に弾力や張りがあり，肛門から液汁などが浸出していない。
肉 色	新鮮なものは魚肉に透明感がある。
臭 気	新鮮なものはトリメチルアミンやアンモニアなどの不快臭がない。

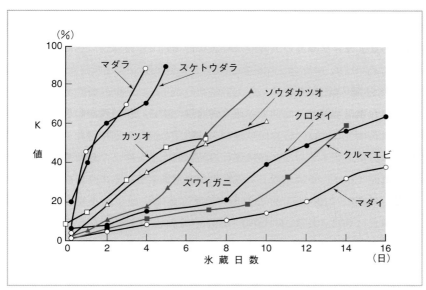

図4-2　タラ類，カツオ類，タイ類および甲殻類の氷蔵中のK値の変化
（渡邉悦生編　魚介類の鮮度と加工・貯蔵　p.10　成山堂　1995）

表4-10　K値，VBN値，一般生菌数による鮮度判定の指標

評　価　判　定	K値（％）	VBN値（mg/100g）	一般生菌数（個/g）
鮮度がきわめて良好	5以下	10以下	$10^2 \sim 10^3$
鮮度良好（刺身，鮨種用）	20以下	10～20	10^5以下
加熱調理が必要	20～50	20～30	$10^5 \sim 10^6$
食用には向かない（腐敗）	50以上	30以上	10^7以上

　（注）　鮮度とこれらの値は，魚種により異なるため，目安として使用する。

　表4-10にK値，VBN値，一般生菌数による鮮度判定の指標を示す。

　水産物は魚体の大きさにもよるが，大型魚の場合，**ラウンド**と呼ばれる原型のままの状態からエラと内臓を抜いた**セミドレス**，エラと内臓と頭を除いた**ドレス**，ドレスを三枚におろした**フィレー**，長方形に柵取りした切り身を**柵**などと呼び，切断処理されて店頭に並べられることが多い。マグロの場合柵の良し悪しは，切断面にある筋目を見て判断する。筋目が平行になっているものは最良とされ，斜めに入っているものは次によく，半円形に入っているものはやや劣るとされている。市販のパック詰めされた刺身などは，切断面の鋭いものが新鮮であり，丸くなっているものは時間が経過している[5]。

（3）魚介類の流通技術

　生鮮魚介類は常温で鮮度低下が速く腐敗しやすい。生産者から消費者に届くまで鮮度を保つことは，古くから重要な課題であった。近年冷蔵・冷凍技術や設備，低温輸送システムなどが発達し，品質の低下を抑えた長距離輸送や長期保管が可能となり，年間を通じて生鮮魚が安定供給されるようになった。

　冷蔵とは一般に10～0℃付近の未凍結状態まで冷却して貯蔵する方法である。**冷凍**とは0℃（実際には－18℃）以下の凍結状態で貯蔵する方法である。最近では冷蔵と冷凍の間のチルド（5～－5℃）に含まれる新温度帯スーパーチリング（0～－5℃），パーシャルフリージング（－3℃）なども利用されている[4]。パーシャルフリージング保存では，生鮮食品の自由水が部分的に凍結するだけで，大きな細胞破壊が起きないので魚介類の保存には適している。ま

た，より新鮮な魚介類を求める消費者ニーズに沿うような形で，生きた魚の状態で店頭あるいは消費者まで届ける**活魚輸送**なども行われている。活魚輸送される魚介類の多くは，養殖されたブリ類，マダイ，ヒラメ，ホタテガイ，カキ，クルマエビなどである。

（4）魚介類の加工品[4]

1）種類と特徴

新鮮な魚介類の死後変化は畜肉に比べ早期に始まるので，日本では古くから各地でさまざまな伝統的な貯蔵法が工夫され，また新しい加工法も諸外国から伝わり，利用されている。表4-11および表4-12に，八訂版日本食品標準成分表に記載されているものから抜粋した，魚介類の加工方法，調理方法ならびにそれらの原料となる種について示す。

① **乾 燥 品**　新鮮な魚介類筋肉の水分量は70〜80％程度である。一般に水分活性を低くすると微生物の繁殖を抑えられるので，乾燥は古くから行われてきた水産加工法のひとつである。原料をそのまま，あるいは水洗いしたのち，それぞれの加工を施す。乾燥品には，**素干し品，塩干し品，煮干し品，焼き干し品**などがあり，魚介類の肉ばかりでなく，内臓や鰭（ひれ）なども原料となる。サメ類の鰭を切り取って乾燥したものがフカヒレである。胸びれはスープ，背びれと尾びれは姿煮として，中華料理の高級素材に珍重されている。主な乾燥品の種類，加工法，原料および製品を表4-11に示す。

② **塩 蔵 品**　原料に食塩を加え，塩蔵することにより魚肉中の水分活性を低下させ，保存性を高めたものである。食塩の加え方には，**撒塩法**（まきじお）（直接塩を魚に振りかける方法）と**立塩法**（たてじお）（食塩濃度15〜20％の塩水に浸漬する方法）がある。撒塩法は食塩の浸透が不均一となり油焼けを起こすこともあるが，立塩法による製品は肉組織中に食塩が均一に浸透するので油焼けが少ない。塩蔵品には，サケを原料とした塩分濃度が比較的高い塩サケ，塩引き鮭，これらに比べ塩分濃度の低い新巻鮭がある。他に塩サバ，塩タラ，塩クラゲがある。また，魚卵塩蔵品には，サケ，マス類の卵巣をそのまま塩蔵したスジコ，卵粒を分離

表 4-11　日本食品標準成分表に記載されている主な魚介類加工品

加工方法		処理方法*	原料	製品名
乾燥品	素干し品	魚介類をそのまま，又は適当に整形したのちに，水洗いしてから乾燥したもので，乾燥品を含む。	イカ，ニシン，タラ，フカヒレ，タコ，イワシなど	身欠きにしん
	塩干し品	魚介類をそのまま，又は適当に整形したのちに，塩漬け又は施塩してから乾燥したもので，凍乾品を含む。	イワシ，アジ，サバ，サンマ，タイ，タラ，ホッケ，ムロアジ，トビウオ，魚卵など	イワシ丸干し，くさや，からすみ
	煮干し品	魚介類をそのまま，又は適当に整形したのちに，煮熟してから乾燥したもの。	イワシ，イカナゴ，イワシ稚魚，エビ，ホタテガイ，タイラギ，アワビ，ナマコ，フカヒレなど	—
	焼き干し品	漁獲直後に原料を焼いたのち，素干し品と同様乾燥する。	タイ，アユ，トビウオなど	—
	くん製品	水産物を塩漬けしたのちに，くん煙中にさらし，乾燥と同時にくん煙成分を付着，吸収させたものをいい，液くん（くん煙の成分である各種の薬品の水溶液に，原料を浸漬したのちに乾燥させる製法）による製品を含む。	ベニザケ，ニシン，ホタルイカ，イカ類	スモークサーモン
缶詰	水煮	水産物又はその加工品（調製したもの）に水を加え，缶に密封し，加熱殺菌したもの。	マグロ，カツオ，イワシ，サバ	—
	味付け	水産物又はその加工品（調味し，又は調製したものを含む。）に調味液を加え又は加えないで，缶に密封し，加熱殺菌したものをいう。	サンマ，イワシ，カツオ，サバ，マグロ，アサリ，サルボウ，イカ類	—
	みそ煮	水産物又はその加工品（調味し，又は調製したものを含む。）に味噌を含む調味液を加え，缶に密封し，加熱殺菌したものをいう。	サバ	—
	油漬け	水産物又はその加工品（調製したもの）に油を加え，缶に密封し，加熱殺菌したものをいう。	マグロ，イワシ，カツオ	—
	燻製油漬け	水産物又はその加工品（調製したもの）を燻製にし，これに油を加え，缶に密封し，加熱殺菌したものをいう。	カキ	—
その他	水産練り製品	魚肉を原料とするすり身，魚肉片等に，調味料，補強剤，その他の材料（チーズ，グリーンピース，わかめ，畜肉等の種もの）を加えて，ねり合わせたのち成形し，加熱凝固させたもの	スケトウダラ，グチ，ハモ	かまぼこ，はんぺん，揚げ物
	佃煮	魚介類（主に小魚や小さいエビ類，イカ類の他，貝類可食部）をしょう油，食塩，砂糖，水あめ，香辛料，化学調味料等）で煮込んだ煮熟品。	イカナゴ，カジカ，ハゼ，ワカサギ，アサリ，ハマグリ，ヒトエグサ，コンブ類，イカ類，エビ類	—
	甘露煮	小魚や20センチ以下の魚を生または素焼きした後に，醤油やみりん，砂糖，水飴を加えた汁で煮込んだもの	アユ，フナ，ハゼ	ざっこ煮
	塩蔵	水産物の貯蔵を目的として，塩に漬け込んだもの（堅塩）及びし好に重点をおき，軽度の施塩を行ったもの（甘塩，一塩）　注：圧搾した塩蔵品を含む。	魚卵，クラゲ	キャビア，数の子
	節製品	魚体を縦に二分又は四分したもの（これを「節」という。）を煮熟，焙乾して乾燥したもの。	カツオ	鰹節，なまり節，荒　節，裸節，本節等
	塩辛	イカやカツオの全部又は一部（内臓，生殖巣等）に食塩，調味料等を加え，適度に熟成したもの。	イカ類，カツオ	イカ塩辛，酒盗
	水産物漬物	魚介類を，ぬか，みそ，こうじ，しょう油，酒粕，米飯，酢，アルコール等に漬け込み，風味，保存性を高めたもの	フナ，フグ精巣	なれずし

＊処理方法の説明は，文部科学省，農林水産省および厚生労働省ホームページによる。

表4-12　日本食品標準成分表に記載されている主な魚介類調理品

調理法	処理方法*	原料
焼き	生の魚介類切り身や素干し，塩干しなどとした加工品を焼いたもの	アジ類，アマダイ，アユ，イワシ類，ウナギ，カマス，レイ類，カジカ，グチ，サケマス類，サバ類，タイ類，シシャモ類，タラ類，ブリ，サワラ，サザエ，ハマグリ，エビ類，ホッケ，トビウオ，ホタテガイ，イカ類
水煮	生の魚介類を水煮としたもの	アジ類，アマダイ，アユ，イワシ類，ウナギ，カジカ，カレイ類，コイ，サケマス類，サバ類，シシャモ類，タラ類，ドジョウ，フナ，ハマグリ，カニ類，ムツ，アワビ，アサリ，シジミ，カキ，ホタテガイ，イカ類
フライ	各種魚介類に小麦粉，とき卵，パン粉をつけて高温の油で揚げたもの	マアジ，マイワシ，マサバ，スケトウダラ
天ぷら	各種魚介類（エビやイカやイワシなど）の周りに水，小麦粉を主体とする混合物を薄くつけ，高温の油で揚げたもの	キス，バナメイエビ，スルメイカ
から揚げ	各種魚介類に対し小麦粉や片栗粉などをまぶし揚げたもの	マアジ
その他	電子レンジ調理，調味干し，みりん干し，甘酢漬け	

*処理法の説明は，文部科学省，農林水産省および厚生労働省ホームページによる。

して立塩漬けにしたイクラ，スケトウダラからはタラコ，ニシンからはカズノコなどがある。世界三大珍味（キャビア，トリュフ，フォアグラ）の一つとして知られているキャビアは，チョウザメの卵を塩蔵したものである。

③　**水産練り製品**　　魚体から魚肉のみを取り，水でさらしたのち，脱水し食塩を加えてすりつぶしたものを**すり身**という。このすり身に調味料，補強材，その他の材料を加え，成形加熱したものの総称が**水産練り製品**である。練り製品には加熱方法によってその種類を分けることができる。

表4-13に代表的な練り製品の種類と保存温度，期間を示す。

すり身を冷凍した「冷凍すり身」は，国内で生産されるだけでなく，海外からも輸入している。これはすり身に砂糖，食塩，ソルビトール，リン酸ナトリ

表 4 -13　代表的練り製品の種類と保存温度，保存期間

加熱方法	種　　類	保存温度	保存期間
蒸　す	かまぼこ（板付き，昆布巻き，簀巻き）	10℃以下	約 7 日
焙　る 焼　く	ちくわ，笹かまぼこ，焼き抜きかまぼこ，伊達巻き，なんば焼き	10℃以下	約 7 日
揚げる	さつま揚げ（天ぷら，つけ揚げ），イカ巻き	10℃以下	約 7 日
茹でる	はんぺん，しんじょ，なると，つみれ	10℃以下	約 7 日
包装殺菌法	魚肉ハム・魚肉ソーセージ類	常温	4 ～ 6 か月

（注）保存期間は一応の目安である。

ウムなどを添加して冷凍変性を防止している。練り製品特有の弾力は，魚肉に含まれる筋原繊維タンパク質の変性によるものである。原料魚にはスケトウダラ，ミナミダラ，グチ，トビウオ，マイワシ，シロサケ，ハモなどのすり身および冷凍すり身が使われ，それぞれ魚肉の特性を生かした製品となる。魚肉ソーセージは，冷凍すり身に副原料として植物タンパク質，デンプン，油脂，調味料，香辛料などを加え練り合わせ，ケーシングフィルムに詰め加圧加熱殺菌したものである。魚肉ハムは，冷凍すり身にマグロなどの魚肉片を加え，香辛料などと塩漬け後，植物タンパク質，デンプンなど副原料を加え混合し，充てん後殺菌処理したものである。

　④　節　類　　節とは魚の頭，内臓等を除去した魚肉を煮熟，焙乾をくり返して乾燥させた製品をいい，最も代表的なものはカツオ節であり，ほかにサバ節，マグロ節，イワシ節などがある。節の表面を削ったものを削り節といい，日本農林規格で性状，水分，エキス分，粉末含有量などが定められている。焙乾乾燥を行い水分26%以下にしたものを「節」といい，2 回以上のカビづけをしたものを「枯れ節」，4 回以上のカビづけをしたものを「本枯れ節」という。カビづけをすることにより，水分と脂肪分の減少，節類特有の香気の生成と付加，透明なだしが得られる。また，製造工程上，魚肉を煮熟後一度だけ焙乾を行い，水分が約40%程度と比較的高い状態に保ったなまり節や二度の焙乾を行ったあとカビづけ前の製品を荒節と呼んでいる。

⑤　**くん製品**　　魚介類を塩蔵したのち，煙（くん煙）でいぶすことにより乾燥させたものである。くん煙は，芳香性成分の煙を出すサクラ，カシなどの木材を不完全燃焼させて，原料に香りづけをするとともにくん煙に含まれるアルデヒド類やフェノール類によって，抗菌効果や酸化防止効果を高め保存性を向上させている。魚介類のくん煙法には，**冷くん法**（15〜23℃，1日〜3週間），**温くん法**（30〜80℃，3〜8時間）がある。**冷くん品**は一般に水分量が40%以下であり，塩分量が高いので長期の保存が可能である。一方，**温くん品**は水分量が55〜60%と比較的高く，塩分量が低いため保存性は劣るが，肉質がやわらかく風味がよいため，冷くん品に比べ温くん品が多く流通している。くん製品の主な原料はサケ・マス類，ニシン，タラ，イカ，タコ，ホタテガイなどがあり，その品目は多種にわたる。冷くん品は気密性の高い包装材を使用することで室温でも6〜12か月は保存できるが，長期の保存はカビの発生や油焼けを起こすので注意が必要である。温くん品は，低温保存と真空包装を併用することで1か月程度は保存できる。近年は短時間処理する熱くん法や薄めたくん液に浸漬したのち乾燥する液くん法などの製造法もある。

⑥　**水産発酵食品**　　魚介類に存在する自己消化酵素と有用微生物の発酵作用を利用することで発酵食品特有の風味がつくり出される。日本で製造されている代表的なものは，**塩辛**（カツオの塩辛は酒盗とも呼ばれ，他にイカ，ウニを原料とするもの，アユの生殖巣や内臓・魚体を原料とするウルカ，サケ・マスの腎臓を原料とするメフン，ナマコの腸を原料とするコノワタなど），**魚醤油**（ハタハタ，小アジ，小サバなどを原料魚とするショッツル，イカやマイワシを原料魚とするイシル），**すし類**（原料魚の名を付した名産品として，琵琶湖のフナずし，和歌山のサバなれずし，富山のマスずし，秋田のハタハタのいずし）など地方独自の伝統的な製品が多くある。また，**水産漬物**（粕漬け，糠漬け，味噌漬け，酢漬け）も水産発酵食品に含まれる。

⑦　**加熱殺菌食品**　　食品を缶，ビン，プラスチック製容器などに入れ，食品に付着している微生物を加熱殺菌することで保存性を高めたものである。

表 4-14　缶詰の種類と製法

分　類	製　法	原　料
水 煮 缶 詰	缶に原料肉を詰め，0.2～0.7%の食塩を加えて加熱殺菌する。	ベニザケ，ギンザケ，マス，サバ，タラバガニ，ズワイガニ，カキ，ホタテ貝柱など
油 漬 缶 詰	原料肉を詰め，スープ，植物油（主として大豆精製油，綿実精製油）を加えて加熱殺菌する。	ビンナガマグロを原料としたホワイトミート，キハダ，メバチマグロおよびカツオはライトミートと呼ばれる
味付け缶詰	原料肉を詰め，調味料（醤油，砂糖，味噌）などを加えて加熱殺菌する。	マグロ，カツオ，サバ，イワシ，サンマ，イカ，アサリ，アカガイ，クジラなど
トマト漬缶詰	原料肉を詰め，トマトピューレなどを加えて加熱殺菌する。	イワシ，サバ，アジ
かば焼き缶詰	かば焼きにした魚肉を詰め，調味料を加えて加熱殺菌する。	ウナギ，サンマ，イワシ

2）缶　　詰

　魚介類を調理・加工して缶内を密封して，加熱殺菌することにより食品の貯蔵性を高めたものである。缶詰の種類と製法を表4-14に示す。

　缶詰は旬の漁獲量の多い食材を利用するので，味や栄養価，経済性，安全性，簡便性などの高い特徴をもっている。しかし，貯蔵中に品質低下を生じさせる現象を起こす場合がある。種々の缶詰で起こる**フラットサワー**[*1]の生成，マグロの筋肉が青緑色になる**グリーンミート**の生成，カニの筋肉が青くなる**ブルーミート**の生成，カニ，マグロ，サケ缶などの内部の黒変，サケ，カニなどの缶内で起こる**ストラバイト**[*2]の生成などの例がある。

　　[*1]　フラットサワー：加熱後の冷却などが不十分であると嫌気性好熱細菌が増殖して酸を生成し，開缶したとき味が酸っぱくなっている現象。
　　[*2]　ストラバイト：ガラス様の結晶で微細なものから1cmぐらいの大きさまでいろいろである。原料に含まれるマグネシウムやリン酸化合物，アンモニアなどが加熱時に結合して生成するリン酸アンモニウムマグネシウムである。食べても害はないが，ガラスの破片と間違えられることがある。

3）ビ　ン　詰

　魚介類を調理・加工してビンに詰め，保存性を高めたものである。殺菌しないで長期保存できるものと，缶詰同様殺菌したものがある。サケ，マス類のフレーク，魚醤油（ショッツル，イシル，ナンプラー，ニョクマムなど），各種塩辛，イクラ醤油漬け，のりの佃煮などがある。

4）レトルトパウチ食品

　魚介類を調理・加工して，気密性や遮光性のあるプラスチックフィルム，金属箔またはこれらを多層に合わせた容器に詰め，密封したのち加圧加熱殺菌（115〜125℃）したものをいう。シーフードカレー，魚肉味つけ・油漬，粥・スープなどがある。常温で長期保存が可能である。

（5）魚介類の冷凍品[4]

　魚介類の品質を長期間保持するための方法に冷凍貯蔵がある。凍結する場合，多くの食品の最大氷結生成温度帯である−1〜−5℃をできるだけ速く通過させるために，急速冷凍を行い品質の低下を防止している。また，冷凍貯蔵は一般に−30℃以下で貯蔵する必要があり，冷凍温度が低ければ品質保持期間は長くなるが，魚種により適正保管温度や期間は異なる。刺身用冷凍マグロなどは，−65℃以下まで下げると鮮赤色を保てるとされ，急速凍結したあと超低温冷凍庫で保管される。一方，白身魚やエビ・カニ類は水分含量が多く，組織も脆弱であるため冷凍耐性が弱く，社団法人日本冷蔵庫協会調査の適正保管温度と保管期間によると，−25℃程度で1〜2年の目安が示されている。

　冷凍品を長く貯蔵すると食品表面から氷が昇華して失われ，表面部分が乾燥して，品質の劣化が急速に進むことがある。そこで，乾燥および脂質などの食品成分の酸化を防ぐために一部の魚や干物，エビ，カニなどに対して凍結したあと，冷水に数秒間浸漬するグレーズ（氷の皮膜）処理をして，食品全体の表面を固めて保護する方法が施されている。

　パック詰めされた解凍魚介類の容器にドリップがみられるものは，壊れた細胞膜の隙間からうま味成分を含む水分が漏れ出しているので避けたほうがよい。

（6）魚介類加工品の品質評価

水産加工食品の評価は，原料魚の種類，脂質含量，加工法などにより異なる。しかし，共通していることは，油やけをしていないもの，製品特有の香りは別として，**魚臭の強くないもの**，**自然の色つやがよいもの**などは評価が高い。消費者は食品に対して興味と関心をもち知識を深め，食品表示に記載されている原材料名，含有割合，添加物の種類や有無，消費および賞味期限，製造者（原産地）なども参考に品質を見抜く能力を身につけることが大切である。

（7）魚介類に特有の成分ならびに多く含まれる成分

1）DHA，IPA（EPA）

魚介類やクジラの脂質には，$n-3$（$\omega-3$）系多価不飽和脂肪酸であるドコサヘキサエン酸（DHA）やイコサペンタエン酸（IPA）が多く含まれている。DHAは，未熟児の網膜機能の発達に必須であるほか，加齢に伴い低下する認知機能の一部である記憶力，注意力，判断力，空間認識力を維持することが報告されており，広く胎児期から老年期に至るまでの脳，網膜，神経の発達・機能維持に重要な役割がある。IPAは，血小板凝集抑制作用があり，血栓形成の抑制等の効果がある。DHA，IPA共に，抗炎症作用や血圧降下作用のほか，血中のLDLコレステロール（悪玉コレステロール）や中性脂肪を減らす機能があり，脂質異常症，動脈硬化による心筋梗塞や脳梗塞，その他生活習慣病の予防・改善が期待され，医薬品や機能性表示食品にも活用されている。

2）アミノ酸，ペプチド（バレニン，タウリン）

鯨肉に多く含まれるイミダゾールジペプチドであるバレニン（βーアラニルー1ーメチルー$_L$ーヒスチジン）は疲労の回復等に，貝類（カキ，アサリ等）やイカ・タコ等に多く含まれるタウリンは肝機能強化や視力回復に効果がある。

3）カルシウム，ビタミンD

ヒトの健康維持に重要な無機質であるカルシウムは，その不足によって骨粗鬆症，高血圧，動脈硬化等を招くことが報告されている。カルシウムの吸収はビタミンDによって促進され，ビタミンDは，水産物では，サケ・マス類や

イワシ類等に多く含まれている。

（8）水産物ならびに水産加工食品の表示

　2015（平成27）年に食品表示法が施行され，食品の製造者，加工者，輸入者または販売者に対しては，食品表示基準の順守が義務付けられている。

　水産物（生鮮食品）とは魚類，貝類，水産動物類，海産ほ乳動物類，海藻類を指す。一方，これら水産物に加熱処理，塩蔵処理，水分調整等の目的で日干し等の乾燥を行ったり，酢などを加えた場合は，水産加工食品として表示する。水産物（生鮮食品）は名称と原産地を，国産品の場合は「まだい　香川県沖」，輸入品の場合は「ぎんざけ　アメリカ」のように示す。さらに水産物は，凍結させたものを解凍した場合は解凍した旨を，養殖されたものである場合は養殖された旨を「まだい　養殖　香川県沖」などと記す。加工魚介類（素干魚介類，塩干魚介類，煮干魚介類，塩蔵魚介類，缶詰魚介類，加工水産物冷凍食品，練り製品，その他の加工魚介類）は，容器包装に入れられた状態で販売されるものは加工食品としての表示が求められ，原材料，内容量，賞味期限，保存方法，製造者などの表示が必要とされている。なお，海藻類およびその加工品と異なる点として，魚介類のアレルゲンとして特定原材料と指定されている，えび，かにを原材料として含む場合は含まれている量にかかわらず表示義務がある。特定原材料に準ずるものとして，あわび，いか，いくら，さえ，さばが挙げられており，これらが原材料に含まれる場合は，表示が推奨されている。

文　献

1）　鴻巣章二監修　魚の科学　pp.76〜79　朝倉書店　1994
2）　水産庁　令和4年度　水産白書　p.64　2022
3）　鴻巣章二，橋本周久編　水産利用化学　p.38　恒星社厚生閣　1992
4）　小泉千秋，大島敏明編　水産食品の加工と貯蔵　pp.46〜76，106〜264　恒星社厚生閣　2005
5）　成瀬宇平　科学でわかる魚の目利き　pp.33〜43　ソフトバンククリエイティブ　2010

12. 肉　　　　類

（1）牛　　　肉

1）牛の種類と銘柄牛

　日本国内で市販される牛肉には国産牛肉と輸入牛肉がある。国内牛肉の生産量（部分肉ベース）は計約33万トン（2018年）で，その他62万トンをオーストラリア，アメリカ，ニュージーランドから輸入している。国産牛肉は**和牛，乳用種，交雑種**が生産した牛肉である。和牛の品種には黒毛和種（くろげ），褐毛和種（あかげ），日本短角種，無角和種があり，飼養頭数は黒毛和種が最も多く，和牛全体の約98%を占めている（2013年）。黒毛和種は一般的に**脂肪交雑**度が高く，日本短角種やホルスタイン種は脂肪含量が低い赤身の牛肉である。脂肪交雑とは，筋肉中に脂肪が不規則な網の目状に沈着している状態で，**霜降りまたはさし**ともいう。牛肉の品質を左右する重要な因子である。輸入牛肉の品種にはアバディーンアンガス種やヘレフォード種がある。但馬牛，神戸ビーフ，特産松坂牛，米沢牛，前沢牛などの銘柄牛とは肉質の優れた素牛に濃厚飼料を多く与え，通常よりも長期間肥育した牛で，生産者団体が任意に品種・生産地・飼育法など一定の基準を設け，認定している。牛肉に限らず肉種鑑別は偽装表示を防ぐため

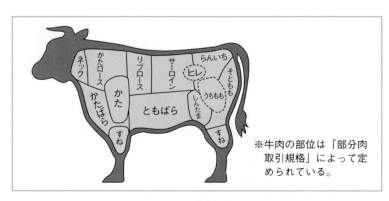

図 4 - 3　牛肉の部位

の重要な技術であり，免疫反応法とDNA法が用いられる。DNA法は免疫反応法に比べて加熱した食肉製品でも鑑別でき，検出感度も高い。

2）部分肉の種類と格付け

生体から見た各部分肉を前頁の図4-3に示した。と畜・解体が終了した状態の牛を枝肉（通称「丸」）と称し，背割りにより右および左半丸に分けられる。食肉検査員の検査により食肉としての流通が認められると，牛枝肉は日本食肉格付協会により左半丸を用いて牛枝肉取引規格に従って格付けされる。半丸枝肉は，図4-4のようにまえ，ともばら，ロイン，ももの4部位に分割し，さらに細かく13部位に分割される。格付は歩留等級と肉質等級に分けて評価される。まず歩留等級は左半丸枝肉の第6～第7肋間で切開（図4-5）し，切断面における胸最長筋面積，バラの厚さ，皮下脂肪の厚さおよび半丸重量の4項目数値から歩留基準値を算出する。等級の区分はA：歩留基準値72以上，B：69以上72未満，C：69未満の3等級である。肉質等級は，切開面における「脂肪交雑」の程度を図4-6の模型ビーフ・マーブリング・スタンダード（B.M.S.）および2014年より追加された写真に基づき1等級（ないもの）～5等級（かなり多いもの）を判定する。加えて「肉の色沢」，「肉の締まりおよびきめ」，「脂肪の色沢と質」をそれぞれ1等級（劣るもの）～5等級（かなり良いもの）で判定し，4項目の項目別等級のうち最も低い等級に決定して格付する。歩留等級と合わせて評価の最も高いA5から最も低いC1までの15段階評価で等級が表示される。瑕疵のあるものはその種類に応じて表示を行う。

3）品質と取り扱い方

① 色 調　食肉は畜種，年齢や雌雄，筋肉部位，筋線維型などでミオグロビン含量が異なり，赤色度合に影響を及ぼす。牛肉は豚肉や鶏肉よりも濃い赤色である。生後1年以下の子牛は淡いピンク色で，加齢とともに濃い赤味を帯びる。同じ月齢で雌牛は去勢牛よりやや濃い肉色である。よく運動する部位であるネック，かた，そとももなどは相対的に濃い肉色である。肉色はミオグロビンの状態で異なる。肉塊を切った直後の切断面の色調はデオキシミオグロビン（還元ミオグロビンとも呼ぶ）の紫赤色で，放置すると空気中の酸素が切

り口のデオキシミオグロビンと結合し鮮赤色のオキシミオグロビンとなり，長期間放置すると酸化して褐色のメトミオグロビンとなる。これを加熱すると灰褐色の変性グロビンヘミクロム（メトミオクロモーゲンとも呼ぶ）となる。

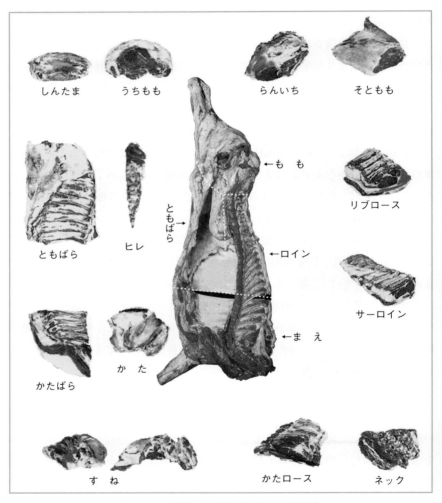

図4-4　牛部分肉取引規格に基づく部分肉

（牛部分肉取引規格　日本食肉格付協会ホームページ）

②　**か　た　さ**　　加熱による肉のテクスチャーの変化は，主として筋原線維タンパク質と結合組織の主成分であるコラーゲンの変化に影響される。肉の筋原線維タンパク質は65℃付近で凝固し，それ以上の加熱ではさらに凝固が進むためキメが細かいヒレ肉などは表面を焼く程度にする。一方，コラーゲンは加熱すると，一旦収縮し，さらに加熱するとコラーゲン鎖間の結合が切れてゼラチン化が起こる。その結果，結合組織で囲まれていた筋線維がほぐれ，肉はやわらかくなるため結合組織の多いネックやすねは煮込み料理に適している。肉を酢やワインに浸すマリネ処理，植物や微生物由来のプロテアーゼを肉に添加しても肉を軟化させることができる。

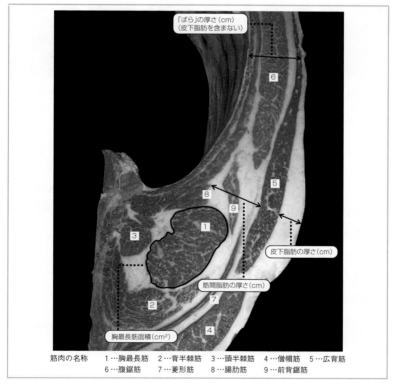

筋肉の名称　　　1…胸最長筋　　2…背半棘筋　　3…頭半棘筋　　4…僧帽筋　　5…広背筋
　　　　　　　　6…腹鋸筋　　　7…菱形筋　　　8…腸肋筋　　　9…前背鋸筋

図 4 - 5　　第 6 ～第 7 肋骨間切開面の測定部位
（日本食肉格付協会　牛枝肉取引規格の概要　p.6　2014）

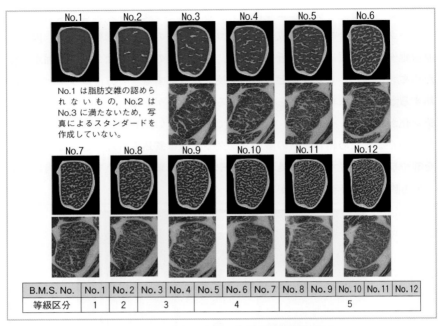

B.M.S. No.	No.1	No.2	No.3	No.4	No.5	No.6	No.7	No.8	No.9	No.10	No.11	No.12
等級区分	1	2	3	4				5				

No.1 は脂肪交雑の認められないもの，No.2 はNo.3 に満たないため，写真によるスタンダードを作成していない。

図 4−6　牛枝肉の格付け判定時の脂肪交雑基準
(牛枝肉取引規格　日本食肉格付協会ホームページ)

③　**保　　存**　肉を加工して販売される精肉などには消費期限が適用される。消費期限を表示した食品の多くは少なからず微生物汚染の影響を受け，腐りやすいため期限を過ぎた食品の摂取は避けたほうがよい。牛精肉の可食期間は販売時の形態（肉塊，スライス，挽き肉）や保存温度に影響され，同一温度では挽き肉は肉塊やスライスに比べ可食期間は短い（表 4−15）。

4）加　工　品

①　**ビーフジャーキー**　塩せき調味し

表 4−15　牛精肉可食期間の目安

販売時の形態	保存温度	可食期間
肉塊	10℃	3 日
	4℃	6 日
	0℃	7 日
スライス	10℃	3 日
	4℃	6 日
	0℃	7 日
挽き肉	10℃	2 日
	4℃	3 日
	0℃	5 日

(齋藤忠夫ほか編　畜産物利用学　文栄堂出版　2011)

た牛肉塊を乾燥しスライスしたものや牛挽肉に調味料や香辛料をまぜ，ローラーで引き延ばし乾燥・燻煙したものである。

② **コンビーフ**　牛肉を味つけ・湯煮後，筋肉線維をほぐし缶詰にしたものである。

③ **ローストビーフ**　牛肉のロースまたはもも肉の塊をオーブンで焼いたものである。特定加熱食肉製品に含まれる。

（2）豚　　肉

1）豚の品種と銘柄豚

　豚の品種は世界的には30種類程度が普及しており，日本で多く利用されているのは大ヨークシャー，バークシャー（英国），ランドレース（ヨーロッパ），デュロック（米国），金華豚，梅山豚(アジア)などである。地域で改良したTO-KYO Xのような銘柄豚もある。純粋種を直接，食肉生産に用いられることは限られ，大部分が雑種利用によるもので，繁殖能力を重視した一代雑種の母豚に止め雄と称する肉質重視の雄を交配した三元交配が主流である。国内で人気の高い黒豚と呼ばれるものは純粋のバークシャー種である。衛生的な観点からSPF（特定病原菌不在）豚の生産も行われている。2021年の豚肉の国内生産量は輸入量よりもやや多く，輸入国はアメリカ，カナダ，メキシコなどである。

2）部分肉の種類と格付け

　生体から見た各部分肉を図4-7，豚枝肉取引規格に基づく部分肉を図4-8

図4-7　豚肉の部位

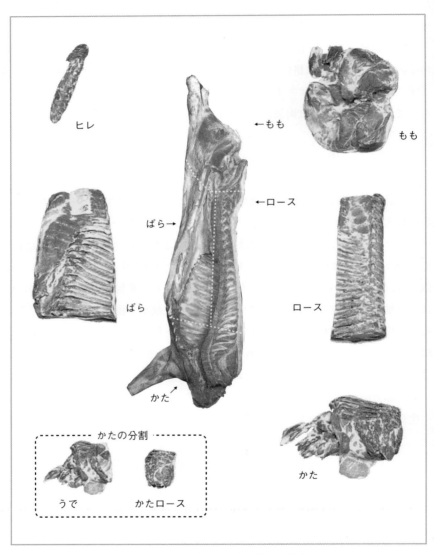

図4-8　豚部分肉取引規格に基づく部分肉

（豚部分肉取引規格　日本食肉格付協会ホームページ）

に示す。国内のと畜処理工程では，はく皮する「皮はぎ」が一般的である。枝肉はその重量と皮下脂肪の厚さのバランス，外観（均称，肉づき，脂肪付着，仕上げ），肉質（肉の締まりおよびきめ，肉の色沢，脂肪の色沢と質，脂肪の付着）から極上，上，中，並に格付する。どの等級にも該当しないものや牝臭その他異臭のあるものなどは等外とする。部分肉は図4-8のように，かた，ロース，もも，ばら，ヒレの5部位に分け，かたはうでとかたロースに細分する。部分肉の等級は肉質等級Ⅰ（良いもの）とⅡ（難のあるもの）に分けられ，さらに重量によりS，M，Lに分けて流通する。

3）品質と取り扱い方

　豚肉は牛肉に比べてかたさによる違いはないが，部位によって適する調理法が異なる。一般的にロースト，ソティーやカツレツはかたロース，ロース，ヒレが，煮込みにはかた，ばら，ももが利用されている。成分的にはロースはももに比べて脂質含量が多い。豚肉はビタミンB_1が豊富で，120g程度で成人の1日所要量（女0.8～男1.1mg）を補うことができる。豚肉にはトリヒナ，トキソプラズマなどの寄生虫がいる可能性があることから65℃以上の加熱が適当とされている。また，電子レンジでは温度むらを考慮して75℃以上の加熱がすすめられている。豚脂は融点がヒトの体温付近にあるので冷めても舌にざらつくことはなく，ハム，ベーコン，ソーセージなどは冷たい状態でも食べられる。

4）加　工　品

　日本における食肉製品は豚肉を主原料としているものが多い。食肉製品の種類は多いが，ハム類の基本的な製造工程は，原料肉⇒整形⇒**塩せき**[*1]⇒ケーシング詰め（充填）⇒**乾燥・くん煙**[*2]⇒加熱⇒冷却⇒包装で，製品によって行わない工程もある。

　*1　塩せき：食肉製品を製造する際に原料肉を食塩や発色剤（硝酸カリウム，硝酸ナトリウム，亜硝酸ナトリウム），砂糖，香辛料など（塩せき剤と総称）で漬け込むことで塩づけとは区別される。塩せきは保存・防腐効果，肉色の固定（発色効果），保存性・結着性の向上，風味の改善を目的として行われている。塩せき方法は乾塩せき法，湿塩せき法，ピックル液注入法などがある。食品衛生法では食肉製品中の亜硝酸根（亜硝酸イオン）は0.070g/kg以下とい

う規格基準がある。

　＊2　くん煙：くん煙の目的は保存性を高めることにあったが，冷蔵設備の普及により現在ではむしろ製品の着色や香りづけで行われている。通常ロースハムのくん煙は熱くん法であり，60℃前後で行うのがほとんどである。ベーコンの場合は熱くん法以外に冷くん法で行うこともある。くん煙材はサクラ，ブナ，ヒッコリーなどの硬木が用いられているが，日本ではサクラが好んで使用されている。

　①　ハ　ム　豚肉を整形後，塩せき剤とともにつけ込み，冷蔵庫で熟成しケーシングに詰め63℃で30分以上加熱処理するものと20℃以下の低温で乾燥・熟成するものに大別される。加熱製品にはロースハム（ロース肉），ボンレスハム（骨を除いたもも肉），ショルダーハム（かた肉），ベリーハム（ばら肉），非加熱製品（生ハム）にはラックスハム（かた，ロース，もも）がある。骨つきハムは加熱と非加熱製品の2種類がある。プレスハムは食塩，香辛料，調味料などを加えて粘りを出した練り肉で，複数の肉片をつないだ製品である。

　②　ソーセージ　生肉または塩せき肉を挽肉とし，調味料や香辛料などを加えケーシングに詰めたもの，またはこれに乾燥，くん煙，湯煮などの加工を加えた食肉製品で，その種類は極めて多い。JAS規格ではソーセージを太さによって分類している。羊腸に詰めるかもしくは直径20mm未満の人工ケーシングを用いたソーセージはウインナー，豚腸もしくは直径20mm以上36mm未満がフランク，牛腸もしくは直径36mm以上がボロニアと定義される。食肉に肝臓を混ぜてつくるレバーソーセージ，発色剤を用いない無塩せきソーセージもある。

　③　ベーコン　豚のばら肉を塩せきし，くん煙した加工品を指し，ばら肉以外の部位を用いてベーコンと同じように作るものを総称してベーコン類という。ショルダーベーコン（かた肉）やロースベーコン（ロース肉）などがある。

　加熱食肉製品の色調は褐色ではない。これは発色剤の添加によりミオグロビンをあらかじめニトロシルミオグロビン（ニトロソミオグロビンとも呼ぶ）（赤色）とし，加熱して安定な変性グロビンニトロシルヘモクロム（ニトロソミオクロモーゲンとも呼ぶ）を生成させ，肉色を桃赤色に保っているからである。

　食肉製品は加熱殺菌の条件（温度と時間）や水分活性の違いなどにより加熱

食肉製品，特定加熱食肉製品，非加熱食肉製品，乾燥食肉製品の4種類に大別され，このうち加熱食肉製品は「包装後加熱」と「加熱後包装」に分類される。また，食肉製品では製品の分類ごとに食品衛生法による個別規格基準，すなわち成分規格，製造基準，保存基準が規定されている。

　JAS規格制度はJAS規格に適合した製品にJASマークの添付を認める制度である。食肉製品の一般JAS規格は製品種類に応じて制定されており，ロースハムやウインナーソーセージなど品質に幅がある製品では特級，上級，標準などに等級区分されている。熟成JAS規格は生産方法に基準があり，塩せき温度，塩せき期間，塩せき液（ピックル液）の注入割合の項目が規定されている。

（3）鶏　　　肉

1）鶏の品種と地鶏

　用途別では，肉用種，卵用種，卵肉兼用種，愛玩用種に分類される。日本では肉用に供される鶏（食鶏）は生産方式により肉用目的で生産される肉用鶏と採卵鶏または種鶏を廃用した廃鶏に分けられ，肉用鶏についてはふ化後3か月未満の肉用若鳥とふ化後3か月以上のその他の肉用鶏（地鶏や銘柄鶏）に分類される。肉用若鶏は主にブロイラーと呼ばれる産肉性に優れ，短期間での出荷が可能な品種で，チャンキー，コッブ，ハーバードの商品名で呼ばれている。地鶏とは特定JASにより定められ，在来種由来の血液百分率が50％以上のものであり，現在秋田県の**比内地鶏**や愛知県の**名古屋コーチン**など50種類以上が商標登録されている。銘柄鶏とは飼料や環境など工夫を加えて飼育することで一般的なブロイラーよりも味や風味など改良した鶏である。食鶏流通統計調査では肉用若鶏が7億2,519万羽，廃鶏が8,750万3千羽，その他の肉用鶏514万7千羽となっている（2020年）。鶏肉の国内生産量は166万㌧，輸入量は55万㌧で，輸入品はブラジル産とタイ産で9割以上を占めている（2020年）。

2）部分肉の種類

　農林水産省では食鶏取引規格と食鶏小売規格で定義，格付要件，処理加工要件，袋詰め，箱詰規格などを定めている。格付要件については「若どり」のみ

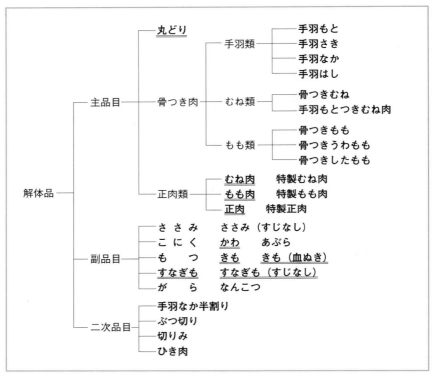

図4-9　食鶏小売規格の解体品（生鮮品）の部位（農林水産省）

適用され，生体，と体，中ぬき，解体品のそれぞれの段階で重量区分と品質標準が定められている。解体品については，主品目，副品目，二次品目の合計で32部位が設けられている（図4-9）。この小売規格は「若どり」と「親」について適用される。「若どり」とは3か月齢未満の食鶏，「肥育鶏」とは3か月齢以上5か月齢未満の食鶏，「親」とは5か月齢以上の食鶏をいう。正肉はむね肉ともも肉を併せたもの，こにくは正肉類およびささみを除去した骨に付着している肉を取り切ったもの，きもは心臓と肝臓，すなぎもは腺胃および内層を除去した筋胃である。小売する際は，小売規格に定める種類や部位，親，凍結品，解凍品，皮なしなど，輸入食鶏は原産地（国）を表示する。

3）品質と取り扱い方

　鶏肉は牛肉や豚肉に比べると淡白な味わいの部位が多くあり，皮を除けば，比較的高たんぱくで低脂肪，低カロリーである。小売店などで販売されているむね肉，もも肉，手羽，ささみの生体での位置を図4-10に示す。むね肉は浅胸筋肉が主体であり，筋肉間の脂肪はほとんどなく，から揚げや照り焼きなどに利用される。もも肉は複数の筋肉からなり，筋肉間に脂肪があるため，むね肉とは食感が異なり，ローストチキンやフライなどに，骨付きのぶつ切り

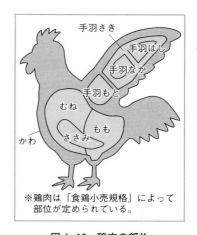

内の説明は図の一部です。

図4-10　鶏肉の部位
（農林水産省ホームページ）

は煮込み料理に利用される。手羽は上腕部分が手羽もと，上腕から先端部分までの全部から手羽もとを除去した残部が手羽さき，手羽さきから先端部分を除去し残部が手羽なか，手羽さきから手羽なかを除去した先端部分が手羽はしと呼ばれる。手羽さきはカレーや揚げ物，手羽もとは揚げ物や水炊きなどに使われる。ささみは腱のついた深胸筋で，真中の白い筋を除き，サラダやあえ物などに調理される。

　鶏肉は牛肉や豚肉に比べて精肉の可食期間の目安が4℃で肉塊は4日，挽き肉は2日と短い。冷凍する際は一度に使いきれる量に分けてラップで包み保存する。近年，鶏肉がカンピロバクター食中毒の原因である割合が増加している。食品の加熱調理条件が中心部75℃1分以上であるため，竹串などを鶏肉の中心部まで刺し，内部からの出汁が透明であることが内部までの加熱の目安となる。

　図4-9に示したように，若どりの解体品の部位は32部位（太字），親の解体品の部位は，丸どり，正肉類（むね肉，もも肉，正肉），かわ，きも，きも（血ぬき），すなぎも，すなぎも（すじなし）の9種類（二重下線）で，部位の前に親を冠する。凍結品と解凍品の部位は生鮮品の部位に準ずる。

（4）その他の肉類
1）馬　　肉

「さくら肉」,「けとばし」とも呼ばれ，ミオグロビンの含量が多く，濃く暗赤色で，年齢が高いものほど濃い傾向がある。筋肉中のグリコーゲン含量が高く，甘味がある。脂肪の色は黄色を帯びており，融点が牛肉よりも低い。市場に出回っているものはカナダやメキシコなどからの輸入品が多い。生食の場合，フェイヤー肉胞子虫による食中毒予防ため冷凍処理が行われている。

2）羊　　肉

生後1年未満でと畜される子羊の肉をラム，1歳以上でと畜される羊の肉をマトンと呼ぶ。ラムはマトンより赤みが薄く，やわらかく，独特のにおいも少ない。羊肉は融点が高いので，冷めないうちに食べることが大切である。日本で消費される羊肉の99%以上は，オーストラリアとニュージーランドからの輸入品である。

3）そ　の　他

カモ肉として1年中市場に出回っているものは野生のマガモを家禽化したアヒルの肉であるが，アイガモ（マガモとアヒルの交配種）やマガモのむね肉も鴨鍋，鉄板焼きなどに利用される。郷土料理には金沢市の治部煮などがある。

食用となる狩猟鳥獣肉はフランス語でジビエと呼ばれる。シカ肉は脂肪分が少なく，淡白で甘味があり，においが少ないので紅葉鍋，ロースト，つけ焼き，味噌煮などにされる。イノシシ肉は，山鯨，牡丹肉ともいわれ，各地山間部の特産となっている。これらの生食はE型肝炎やマンソン孤虫症などの食中毒の危険性があるため，中心部（75℃1分以上）まで火が通るようにしっかり加熱し，調理で接触した器具の消毒（83℃以上の温湯など）・取扱いに十分な注意が必要である。近年，農林水産省はジビエが消費者から信頼される食品として流通するように「国産ジビエ認証制度」を立ち上げた。

① 馬，牛，豚，鶏などの肉色や若どりのむね肉ともも肉の色を比較する。
② 原料肉（豚ロース肉）⇒整形⇒塩せき⇒ケーシング詰め（充填）
　　⇒乾燥・くん煙⇒加熱⇒冷却し，ロースハムを製造する。
　　塩せき前後と冷却後の製品の肉色を比較する。

13. 卵とその加工品

　日本における**鶏卵**の消費量は多く，一人当たりではメキシコに次いで世界第2位である。鶏卵生産量は，2019（令和元）年度に過去最高260万9,875㌧となり，近年260万㌧前後で推移している。2021（令和3）年度は新型コロナウイルス感染症（COVID‐19）の影響により価格が低水準で推移したことや高病原性鳥インフルエンザ（HPAI）の発生により採卵鶏の殺処分羽数が多かったことから減少し，257万4,255㌧であった。

　鶏卵生産量の約50％は家庭消費用（パック詰卵），30％は外食などの業務用，20％は加工用（液卵や凍結液卵など）として消費されている。鶏卵の輸入量は少ないが，粉卵の形態で主にアメリカ，イタリア，オランダから輸入している。卵は乾燥すると物性が変わるため，粉卵の粘着性を生かし，主にハムやソーセージのつなぎや低価格の菓子やケーキミックスに使用されている。粉卵は乾燥させるエネルギーコストが高く，国内ではほとんど製造されていない。

　鶏卵は**生鮮食品**であり，殻が割れやすく，長時間輸送に適さないため，2020（令和2）年度の自給率は97％（重量ベース）と食品のなかでも高い自給率であるが，飼料自給率を加味すると約12％の自給率となる。

　日本の鶏卵は生食できる品質が評価され，輸出に関しては近年好調に推移している。輸出先の90％以上は香港である。

　鶏卵はビタミンC以外の主要なビタミンやミネラルを含有し，たんぱく質の栄養価は高く，他の食品たんぱく質の栄養価の基準ともされ，現在，準完全栄

養食（準完全食）食材に挙げられることもある。

（1）卵とその加工品の種類と特徴

1）鶏　卵

①　**卵殻表面色**　　白色，赤色，ピンクがある。卵殻色の違いは，卵殻表面に沈着するプロトポルフィリン量による鶏種の遺伝形質によるもので，同じ飼料を食べている場合，**栄養価に差はほとんどない**。白色卵は世界的に飼育されているイタリア原産**白色レグホーン**などの白玉鶏，赤色卵は米国原産**ロードアイランドレッド**などの赤玉鶏，ピンク卵は白玉鶏と赤玉鶏を掛け合わせた鶏種である。青緑色の卵殻色となるチリ原産アローカナ種の色はピリベルジンによるものである。日本では赤色卵が好まれ，また採卵数が少ないため，白色卵よりも値段が高い傾向がある。

②　**卵　黄　色**　　卵黄の色はカロテノイド色素が影響している。鶏は体内でカロテノイド色素を産生できない。そのため，卵黄の色は飼料（主にトウモロコシなど）から摂取したカロテノイド色素である。飼料中のカロテノイドの種類や量を変えることで卵黄色が変化する。トウモロコシの代わりにコメを飼料に用いると卵黄は白くなる。トウモロコシやマリーゴールド由来のルテインやゼアキサンチンなどを与えると黄色が強くなり，赤パプリカ由来のカプサンチンなどを与えると赤みが強くなる。卵黄の着色とビタミンの付加とは異なり，栄養価に影響はない。

ゆで卵の黄身が緑になる現象（**硫化黒変：緑変**）は，化学変化によるものであり，**硫化第一鉄**（FeS）生成によるものである。変色には「加熱時間」と「卵の鮮度」が影響し，加熱時間が長いほど卵内に圧力がかかり，硫化水素（H_2S）と鉄（Fe）との結合がしやすくなる。また，鮮度が落ちた卵は卵白のpHが高くなるため，硫化水素（H_2S）の発生が増える。

卵黄色の測定方法：色差計だけでなく，Yolk Color Fan（ロッシュ社）や卵黄カラーチャート（JA全農たまご）という卵黄の色見本を利用すると簡便に測定ができる。

③ パック詰鶏卵の格付

標準卵重 市販鶏卵1個の重量は61gを平均としている。6gごとに種類分けされ，ラベルの色も決まっている（表4-16）。近年，L玉とM玉混合のような規格外パックも増加している。MS玉やS玉は，初産に近いものが多い。採卵鶏は，18か月齢で廃鶏として鶏肉となる。

表4-16 パック詰鶏卵の種類（鶏卵1個の重量あたり）

種類	基準	ラベルの色
LL	70g以上，76g未満であるもの	赤
L	64g以上，70g未満であるもの	橙
M	58g以上，64g未満であるもの	緑
MS	52g以上，58g未満であるもの	青
S	46g以上，52g未満であるもの	紫
SS	40g以上，46g未満であるもの	茶

（農林水産省通知　鶏卵規格取引要綱　平成12年12月1日）

④ 特殊卵（栄養強化卵）

卵白の組成は鶏種や飼料によって影響を受けることは少ないが，卵黄の脂質や脂溶性画分に移行しやすい栄養素を飼料に添加し，**栄養機能**（食品の一次機能）や**生体調節機能**成分（食品の三次機能）を付与することが可能である。ビタミンD，E，葉酸，鉄(Fe)，ヨード（ヨウ素：I），エイコサペンタエン酸（EPA），DHAなどを強化した**栄養強化卵**が市販されている。

⑤ 加工品

卵の加工特性としては，**熱凝固性**（特に**ゲル化性**），**乳化性**（卵黄中の低密度リポたんぱく質：LDL，高密度リポたんぱく質：HDL，ホスビチン，リベチン），**起泡性**（泡立ち；オボグロブリン，オボトランスフェリン，泡の安定性；オボムシン）を活用している。

マヨネーズ：日本農林規格（JAS）において「半固体状ドレッシングのうち，**卵黄**または**全卵**を使用し，かつ，必須原材料，卵黄，卵白，たん白加水分解物，食塩，砂糖類，蜂蜜，香辛料，調味料（アミノ酸等）及び香辛料抽出物以外の原材料及び添加物を使用していないものであって，原材料及び添加物に占める食用植物油脂の重量の割合が65％以上のもの」とされている**O/W型エマルション**である（ドレッシングについてはp.235参照）。容器の口は乾燥するとエマルションが壊れてしまうため，狭いチューブ仕様のものが多い。**0℃以下に保存すると分離**するため，冷凍保存や，チルド保存には適さない。開封後

は，野菜室保存が適している。一度分離したマヨネーズは，再撹拌しても元には戻らない。

液卵：卵殻だけを除き，卵黄を残したホール液卵，卵黄と卵白を溶き混ぜた全液卵，卵黄と卵白を分離した卵黄液，卵白液の形態がある。マヨネーズの製造，製菓や製パン製造などに利用されている。

乾燥卵：液卵を噴霧乾燥して製造する粉末状，フレーク状のものである。主に卵白（乾燥粉末卵白）が主である。変色防止に脱糖処理が用いられる。

凍結卵：液卵を急速凍結（−30℃以下）したものである。凍結前にショ糖や食塩を添加して，卵黄のゲル化防止処理を行う。

濃縮卵：加温減圧法（全卵），逆浸透圧法，限外ろ過法（卵白）により，水分を減少させたものである。

ゆで卵：卵白と卵黄の熱凝固性の違いを利用してかたゆで卵，半熟卵，温泉卵などが製造されている。

ロングエッグ：卵黄を芯に卵白で包んだ円筒状加工卵で，どの部分をスライスしても，ゆで卵の中央部分の円形状が得られる。めん類の具やサラダやオードブルなどとして外食産業で使用されている。

その他：惣菜用に卵焼き，卵豆腐，茶碗蒸しなどが製造されている。

2）アヒル卵

種卵用カーキーキャンベル種（肉用ひな）などの卵とピータン用がある。鶏卵よりも大型で卵重は63gである。鶏卵に比べ，卵黄の割合が少し多く，脂肪含量も高く，濃厚である。食卓卵には用いない。

ピータン：殻付きのまま，石灰，草木灰，粘土，食塩などからなる**アルカリ**（塩基）成分を卵に塗布した加工食品（中華食材）である。アルカリ成分が内部浸透することにより，全卵が凝固し，褐色にゲル化した透明な卵白と暗緑色の卵黄，強いアンモニア臭が特徴である。たんぱく質，脂質，ビタミンB_2は分解されるが，ビタミンA含有量の変化は少ない。

3）ウズラ卵

日本で野生ウズラを家禽化した。ウズラ卵のまだら模様は生成過程で炭酸カ

ルシウムを分泌するときに個体ごとに決まった模様がつく。卵重は鶏卵よりも
小型で10gである。成分は鶏卵とほぼ同じであるが，ビタミンB_2，葉酸，ビタ
ミンA含有量が高い。卵殻膜が強く殻が割りにくいため，特殊なハサミで殻を
切ったり，ゆで卵にして殻をむいたりして使用される。約70%が水煮などの加
工用に使用される。

（2）卵の品質と取り扱い方

1）卵の構造 （図4-11）

排卵から産卵までは24〜26時間かかる。成熟した卵黄を卵白が包み，卵白を
卵殻膜が包み，卵殻膜に主に炭酸カルシウムが沈着して卵殻が形成されてい
る。卵殻表面はたんぱく質を主成分とする**クチクラ**で被われている。卵殻には
気孔がある。

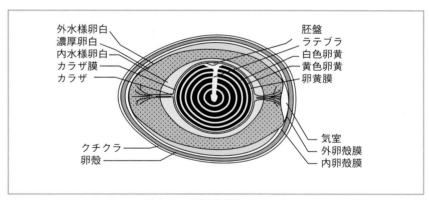

図4-11　鶏卵の構造（USDA）

2）鮮度低下に伴う変化

鶏卵は保存中に気孔から水分や二酸化炭素が放出される。水分が減少すると
気孔の多い鈍端にある気室が大きくなり，比重が軽くなる。二酸化炭素が放出
されると，**卵白のpHが上昇**するため，**ゲル状の濃厚卵白が水様化**する。その
ため，卵黄を中心に保つことができなくなる（図4-12）。

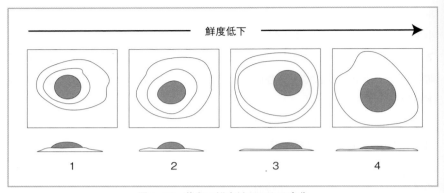

図4-12 鶏卵の鮮度低下による変化

表4-17 2019年度卵質検査成績

種類	卵殻強度 （kg）	卵殻厚 （mm）	卵黄色 （カラーファンNo.）	ハウユニット
M卵	3.4±0.5	0.37±0.02	12.4±0.5	70.8±6.5
L卵	3.3±0.5	0.36±0.02	12.4±0.5	69.5±7.7
平均	3.34	0.36	12.4	70.2

注）表中数値は平均値±標準偏差を表す。
（中央鶏卵規格取引協議会　パック詰小売鶏卵の規格及び品質検査の概要　2019）

3）品質の判定

卵の品質検査には非割卵検査と割卵検査がある（表4-17）。

①　非割卵検査

透光検卵：殻付卵の片側に光（電球など）をあて，卵黄の位置や輪郭，気室の大きさを確認し，鮮度判定を行う。実際にはヒビや血斑，肉斑などの確認に用いられている。

比重法：比重1.07の食塩水に卵を入れて判別する方法であり，新鮮卵は横向きに沈むが，鮮度が落ちると比重が低くなり，気室のあるほうが上となって浮くことで判別する。

② 割卵検査

ハウユニット（HU）：殻付卵の鮮度判定に最も使用される。ガラス板上に割卵すると，鮮度低下とともに，濃厚卵白の高さが低下する。濃厚卵白の高さと卵重から算出するハウユニットは鮮度とよく比例するため，アメリカでは等級を決める際に使用する。日本では規格採用していない。ハウユニット60以上の卵は良質とされ，新鮮卵で80〜90である。

卵黄係数：平板上に割卵し，卵黄の高さと直径を計測し，卵黄の高さを卵黄の直径で割って算出する。鮮度が低下すると卵黄膜が弱くなり，卵黄の高さが低くなる。新鮮卵で0.36〜0.44である。

4）鶏卵の食品表示（箱詰またはパック詰）

① 名　　称　　「鶏卵」と表示し，栄養強化卵の場合は「栄養強化卵」，「鶏卵（栄養強化卵）」などと表示する。

② 原 産 地　　国産品は「国産」「都道府県名」「市町村名」または「その他一般に知られている地名」を記載する。輸入品の場合は原産国名を表示する。

③ 内 容 量　　パック詰鶏卵は，洗卵選別包装施設などにおける計量時の重量に基づいて，包装形態に応じて表示する。地方自治体の条例により別に定められている場合は，その定めに従う。

④ 賞味期限　　生食用の場合，**鶏卵の生食が可能である期限**を賞味期限である旨の文字とその年月日で表示する。流通ならびに小売り時の常温保存（25℃以下）に，家庭での冷蔵保存（10℃以下）7日間を加えた日数が，産卵日から21日以内であることとしている。賞味期限を過ぎた卵は，加熱調理に用いるようにする。

⑤ **採卵施設または選別包装施設の所在地**　　採卵した施設または殻付き卵を重量および品質ごとに選別し，包装した施設の所在地（輸入品の場合は，輸入業者の営業所所在地）および採卵者または重量および品質ごとに選別し，包装した者（輸入品の場合は輸入業者）の氏名を表示する。

⑥ **保存方法**　　生食用は**10℃以下で保存することが望ましい**旨を記載する。

⑦　**生食用であるか否かの判別**　　食品衛生法による生食用殻付鶏卵か，加熱加工用殻付き鶏卵かの判別を記載する。

5）鶏卵のサルモネラ菌などの汚染と殺菌処理

　食品安全委員会の報告では全国から集めた市販殻付卵約10万個中に汚染卵3検体，追加試験2万個の鶏卵からは汚染が検出されなかった結果と併せて，汚染確率0.0029%程度と推定，日本の鶏卵汚染は極めて低い割合としている。しかし，汚染率が低くても，リスクがないわけではないため，継続して取り扱いには注意が必要である。

　鶏卵が汚染される経路は，on egg汚染（鶏の消化管などに存在する菌が，糞便と一緒に卵殻表面に付着）とin egg汚染（感染している鶏の卵巣や卵管が汚染され，卵の形成過程で内部に取り込まれる）の2つの経路がある。通常流通過程では，養鶏場で生産された鶏卵がGPセンター（鶏卵格付包装施設）にて傷卵・血卵などが除かれた後，卵殻表面に付着した汚れを**次亜塩素酸ナトリウム**溶液（150ppm）などで消毒，洗卵される。

＊演習4　割卵検査と起泡性試験

　新鮮卵，賞味期限切れの卵を用意し，ハウユニット（HU）を測定する。また，卵白の起泡性について，泡立ちやすさ，安定性を比較する。

　ハウユニット測定法：水平にしたガラス板（20×20cm以上）に割卵し，卵黄の縁と濃厚卵白の縁との中間のところの高さ（H）を3か所で測定し，その平均値と卵重（W）から次の式で計算する。

　　$HU = 100 \times \log (H - 1.7W^{0.37} + 7.6)$

　　（注）Eggマルチテスタ（JA全農たまご）という，卵重・卵白高・卵黄色を電子測定し，ハウユニット値の算出・ランク分けを自動で行える装置が市販されている。

　卵白の起泡性：濃厚卵白，水溶性卵白の比率により，泡立ちやすさと安定性に差が生じる。メレンゲを作る際に濃厚卵白が多い場合，泡立ちにくいが安定があり，水溶性卵白が多い場合，泡立ちやすいが安定性は悪い。比較する場合は，試料の温度も同条件にすること。

---

14. 乳 と 乳 製 品

（1）飲用乳（市乳）

1）種類と特徴

① 種　　類　　牛乳は搾乳した生乳を加熱殺菌したもの，成分調整乳は乳成分（水分，乳脂肪分，ミネラルなど）の一部を除いたもの。低脂肪乳，無脂肪乳は，遠心分離などにより生乳から脂肪分を減らして指定の濃度にしたものである。これらに他物を加えることはできない。一方，加工乳は生乳を主原料として，脱脂乳，脱脂粉乳，クリーム，バターなどを加えたものである。乳飲料は，公正競争規約で生乳固形分が３％以上で，乳および乳製品のほかにビタミン，ミネラル，コーヒー，果汁などを加えたものである。それぞれの飲用乳の規格は表4-18のようである。なお，加工乳，乳飲料には牛乳という名称は使えない。

表4-18　飲用乳の規格

	牛　　乳	成分調整牛乳	低脂肪牛乳	無脂肪牛乳	加 工 乳
無脂乳固形分%	8.0以上	8.0以上	8.0以上	8.0以上	8.0以上
乳 脂 肪 分 %	3.0以上	規定なし	0.5〜1.5	0.5未満	規定なし
細菌数／1 mL	5万以下	5万以下	5万以下	5万以下	5万以下
大 腸 菌 群	陰性	陰性	陰性	陰性	陰性
保　存　法	殺菌後直ちに10℃以下に冷却して保存。常温保存可能品は常温を超えない温度で保存。	牛乳に同じ	牛乳に同じ	牛乳に同じ	牛乳に同じ
備　　考	成分の除去を行わないこと，他物の混入禁止	他物の混入禁止	他物の混入禁止	他物の混入禁止	下記の乳製品*および水を使用できる

＊　全粉乳，脱脂粉乳，濃縮乳，脱脂濃縮乳，無糖練乳，無糖脱脂練乳，クリーム，バター，バターオイル，バターミルク，バターミルクパウダー

表4-19　いろいろな牛乳の成分組成

	水　分	タンパク質	脂　質	炭水化物	灰　分
ジャージー	85.9	3.6	5.1	4.7	0.7
ホルスタイン	87.7	3.2	3.7	4.7	0.7
普通牛乳	87.4	3.3	3.8	4.8	0.7

（日本食品標準成分表2010）

表4-20　牛乳の加熱殺菌法

殺　菌　法	加熱処理条件
低温殺菌（保持殺菌）	63〜65℃　30分
HTST（高温短時間殺菌）	72〜75℃　15秒以上
UHT処理（超高温加熱処理）	120〜150℃　1〜3秒

　②　**乳牛の種類による成分組成の違い**　　日本の牛乳のほとんどはホルスタイン種の乳牛が生産したものであり，一部ジャージー種，ガンジー種，ブラウンスイス種などの牛乳がある。ジャージー種の乳はホルスタイン種に比べタンパク質と脂質が多い（表4-19）。

　③　**殺　菌　法**　　乳および乳製品の成分規格等に関する省令によれば，63℃30分，あるいはそれと同等以上の殺菌効果のある方法と規定されており，実際は表4-20のような殺菌が行われている。

　低温殺菌および**HTST**（high temperature short time）では結核菌やチフス菌などの病原菌を死滅させ，乳成分に対する加熱の影響も少ないが，滅菌ではない。**UHT**（ultra high temperature）処理は耐熱性細菌やその芽胞も死滅させる滅菌処理であるが，温度が高いために加熱臭が発生する。ESL牛乳（extended shelf life milk）はUHT殺菌を利用しているが，様々な工夫により賞味期限を2週間程度に伸した製品である。**LL牛乳**（long life milk）はUHT処理した牛乳（135〜150℃，数秒）を空気と光を遮断できる容器に無菌的に充填したもので，室温で3か月程度保存できる。日本人はUHT処理による加熱臭，コゲ味を好むといわれる。

2）品質と取り扱い方

① **クリーム分離と均質化**　搾乳したての牛乳の脂肪球は$1 \sim 15\mu$m（平均4μm）と大きく，また脂肪は比重が水より軽いので，放置しておくと脂肪球が浮上し，表面にクリーム層，下層に脱脂乳を形成する。飲用乳ではこれを防ぐために，均質化（ホモジナイズ）処理を行って脂肪球を細かく破砕（1μm以下）してある。

② **乳 成 分**　牛乳の特徴ある成分はカゼイン，ラクトース，カルシウムである。カゼインは等電点がpH4.6なので，牛乳（pH6.6）にオレンジジュースを混ぜたり，ヨーグルトのように乳酸発酵すると凝固する。

牛乳のタンパク質は人にとって異種タンパク質なので，機能が未熟な乳幼児ではアレルギーを起こすことがある。対策として低アレルゲン化ミルクや治療用のミルク（カゼイン消化物，乳清タンパク消化物）もある。

カルシウムが多量に含まれているので，給食の献立をつくるのに大切な食材である。

二糖類の**ラクトース**を小腸で分解する酵素であるラクターゼの活性は年齢や個人により異なり，この活性が低い人が牛乳を飲むと大腸で異常発酵や下痢を起こす。これを**乳糖不耐症**という。そのため，乳児の場合にはラクトースを除去した調製粉乳が用いられる。また，成人にはラクトースを部分分解した牛乳（乳飲料）がある。

③ **保　　存**　牛乳は中性で，栄養分も多いので，微生物が繁殖しやすい。LL牛乳を除いて，冷蔵庫に保存しなければならない。牛乳工場は非常に衛生的で，とくにUHT処理した牛乳の細菌数は少ないが，牛乳パックを一度開封すると空気中から細菌が混入するため，冷蔵庫でも低温菌が増殖して変敗し，エステル臭や苦味がでることがある。

（2）チ ー ズ
1）種類と特徴

チーズは大別するとナチュラルチーズとプロセスチーズになる。

表 4-21　ナチュラルチーズの分類

かたさによる分類	チ ー ズ 名
軟 質 チ ー ズ	非熟成：カッテージ，クリーム，モッツァレラ，クワルク カビによる熟成：カマンベール，ブリー 細菌による熟成：リンブルガー
半 硬 質 チ ー ズ	細菌による熟成：サムソー，ポール・ド・サリュ，ゴーダ カビによる熟成：ロックフォール，ゴルゴンゾーラ，スティルトン
硬 質 チ ー ズ	ガス孔あり：エメンタール，グリュイエール ガス孔なし：チェダー，エダム
超 硬 質 チ ー ズ	パルミジャーノ・レッジャーノ（パルメザン）

　①　**ナチュラルチーズ**　　　牛乳を乳酸菌やレンネットで凝固させ，脱水，成型したのち熟成させてできる。熟成中にレンネット，細菌，カビなどの酵素が働いて味や香りがつくられる。数百種類あるといわれ，主なものについて国際的な規格ができている。ナチュラルチーズは，「原料乳の種類」，「熟成の有無」，「微生物の種類」，「かたさの程度」などで分類することができる。ここでは従来から使われている，かたさによる分類を示す（表 4-21）。

　代表的なチーズの特徴は，次のとおりである。

　〔**フレッシュタイプ**〕　熟成させないチーズ。

　カッテージ：脱脂乳を原料とするチーズ。熟成をしないので，ヨーグルト様のフレーバーである。

　マスカルポーネ：イタリア・ロンバルディア地方原産の，生クリームからつくられるチーズ。クリーミーでほのかな甘みがあり，料理やティラミスなどの材料に用いられる。

　モッツァレラ：イタリア原産で，水牛の乳や牛乳を原料とする非熟成タイプのチーズ。カードを熱湯につけて，引っ張るように練り上げ，それを引きちぎって成型する。独特の歯ごたえがある。

　〔**白カビタイプ**〕　白カビで熟成させたチーズ。

　カマンベール：フランス原産で，白カビを表面に生やした小型の円盤状の軟質チーズである。とろけるような組織が独特の風味を形成している。

〔**青カビタイプ**〕　青カビで熟成させたチーズ。

　ロックフォール：フランス原産のチーズで中に大理石のように，青カビが生えている。テコーヌ種の羊乳を用い，熟成の際，脂肪が分解してできた刺激臭が特徴である。他の国で生産したものをブルーチーズと呼ぶ。ほかに，ゴルゴンゾーラ（イタリア），スティルトン（イギリス）などがある。

〔**ウオッシュタイプ**〕　外皮にリネンス菌などを植え付け，さらに外皮を塩水や酒（ワインやブランデー）で洗いながら熟成させたチーズ。

　リンブルガー：ベルギー原産の軟質チーズで，黄褐色でやわらかいが，非常ににおいが強い。

　ほかに，エポワス，リヴァロ，マンステルなどがある。

〔**セミハードタイプ**〕　チーズをつくる工程のなかで，カードを型に詰め，プレスして水分を38から40％程度に少なくした，比較的かたいチーズ。

　ゴーダ：オランダ原産で，だれにでも合う温和でくせの少ない風味が好まれる。

　サムソー：デンマーク原産で，ナッツ風味のほんのり甘みのあるチーズ。

〔**ハードタイプ**〕　製造工程で，セミハードタイプよりももっと水分を少なくした（水分38％以下）かたいチーズ。

　チェダー：イギリス原産のチーズで，最も多く生産されている硬質チーズである。チェダリングとミリングという工程があるので，組織が少しボロボロした感じとなる。アナトー（ベニノキ種子のカロテノイド色素）でオレンジがかった着色をしてあるものが多い。

　エダム：ゴーダと同じようなチーズだが，小型で，赤い被覆がしてある。

　エメンタール：スイス原産のやわらかな甘みのあるチーズで，フォンデュ鍋には欠かせない。熟成の際，プロピオン酸菌が発生するガスが1から3cmのチーズ穴（気孔）をつくっている。ほかに，グリュイエールなどがある。

〔**超硬質タイプ**〕　熟成期間が1年半から3年と長い，きわめてかたいチーズ。

　パルメザン：イタリアパルマ原産の非常にかたいチーズで，熟成が2年間と

長いのでうま味が強く，削って調理などに使う。パルミジャーノ・レッジャーノはパルメザンチーズの最高級品である。

〔その他のタイプ；シェーブルタイプ〕　山羊の乳でつくられたチーズで独特の風味がある。若いころは酸味があるが，熟成が進むと強い風味が出てくる。

　②　**プロセスチーズ**　ナチュラルチーズを粉砕し，ポリリン酸塩などを加えて加熱溶融し，型詰めしたものである。材料としてはチェダー，ゴーダ，サムソーなどを混合したものが多いが，１種類だけのものもある。加熱により低分子の刺激性成分が蒸発するので，マイルドなフレーバーとなる。また，かんだときの感じがナチュラルチーズと異なり，ネチャネチャしている。保存性は良好であるが，防かび剤としてソルビン酸を使うことがある。

２）品質と取り扱い方

　一般的に，かたいチーズほど水分は少ない。軟質チーズは水分が多いため，熟成期間が短い。しかし，その後も熟成が進み，アンモニアを生じたり組織がくずれたりして，熟成しすぎとなる。カマンベールでは熟成を止めるため缶詰にし，加熱殺菌したものも多くある。（ロングライフチーズ）硬質チーズは水分が少ないので，熟成に半年や１年といった長期間が必要であるが，可食期間が長く，うま味も濃厚になる。そのため熟成期間の異なるチーズが市販されているので，用途によって選択する。保存については，軟質以外のチーズは冷蔵すれば，比較的長期間安定であるが，乾燥やカビに注意する必要がある。

（3）バ　タ　ー

　食塩を1.5〜２％程度添加した加塩バターと添加しない無塩バターがある。また，原料クリームを乳酸菌で発酵させた**発酵バター**と，発酵しないクリームを使う**甘性バター**（sweet cream butter）がある。発酵バターは香りはよいが，保存性が悪い。食塩は保存性を高めるので，日本では加塩甘性バターが大部分である。

　乳脂肪は融点が30〜40℃なので，冷蔵庫ではかたくなるが，常温ではやわらかくなる。これは，乳脂肪が温度の上昇とともに徐々に固体から液体に変化す

るためである。バターは食品には珍しくW/O型のエマルション[*1]であるが，植物油に比べ口あたりがさっぱりしている。バターの色は飼料から移行したβ-カロテンによるもので，牛が生草を食べる夏には濃色となり，冬は淡色となる。

バターをあまり長く冷蔵庫に入れておくと，表面がやや透明になって，酸敗臭を生じたり，周囲の食品のにおいを吸収して品質が低下する。長期間保存するバターは透過性のないラップで包み冷凍するとよい。

*1　W/O型エマルション：油の中に水の微粒子が分散している乳化の形。油中水滴型。第3章 p.65参照。

（4）発酵乳・乳酸菌飲料

①　**発酵乳**　　ヨーグルト，発酵バターミルク，ケフィアなどがある。牛乳や脱脂乳，あるいはこれに脱脂粉乳や砂糖を加えたものを乳酸菌や酵母で発酵させてつくる。

②　**乳酸菌飲料**　　牛乳や脱脂乳を乳酸菌や酵母で発酵させた飲み物で，日本独自の製品である。また，発酵後，加熱殺菌を行った加糖乳酸飲料もこの分類に入っている。

乳酸菌としてブルガリア菌，サーモフィラス菌，アシドフィルス菌，ビフィズス菌などがよく使われている。規格は表4-22のとおりで，無脂乳固形分の含量により菌数が異なる。無脂乳固形分が少ないと，保存中に菌数が減少しやすいといわれている。

発酵乳の効用は主に整腸作用とされているが，それ以外にもいろいろな種類の乳酸菌を使ったり，種々の添加物を加えたりして，虫歯予防，ピロリ菌減少，骨粗しょう症予防，血圧低下，血清コレステロール低下，免疫調整などをうたうたくさんの製品が店頭に並んでいる。多くのものが「特定保健用食品」になっている。

ヨーグルトは冷蔵で保存するが，保存温度が高いと乳酸菌が増殖し酸度が高くなり，ホエーが分離する。

表4−22　発酵乳・乳酸菌飲料

	発 酵 乳	乳酸菌飲料 （無脂乳固形分3.0%以上）	乳酸菌飲料 （無脂乳固形分3.0%未満）
無脂乳固形分 乳酸菌数または酵母 数（1mLあたり）	8.0%以上 1,000万以上	1,000万以上 ただし，発酵させた後,75℃ 以上で15分加熱するか，こ れと同等以上の殺菌効果を 有する方法で加熱殺菌した ものはこの限りでない	100万以上
大 腸 菌 群	陰性	陰性	陰性
注	乳製品	乳製品	乳等を主原料とする食品

表4−23　ヨーグルトの種類

プレーンヨーグルト	乳を乳酸菌で発酵させたもの。砂糖，安定剤などは添加されてい ない。
ソフトヨーグルト	カードを砕き，流動性をもたせたもの。
ハードヨーグルト	寒天，ゼラチンなどを加え，かためのカードにしたもの。
ドリンクヨーグルト	カードを砕いた後，ホモジナイズし，さらに流動性を増したも の。
フローズンヨーグルト	ヨーグルトをアイスクリームのように凍結したもの。乳酸菌は生 きている。

（5）その他の乳製品

1）クリーム

　乳脂肪が20〜35％のコーヒー用クリームと，35〜50％程度のホイップ用のク
リームが市販されている。乳脂肪20％では攪拌するとバター粒ができやすく，
ホイップするためには30％以上が必要とされている。代替品として，植物油を
添加したもの（コンパウンドクリーム），植物油だけのものがある。クリームは
5℃前後で衝撃や振動を加えないように保存する。

　また，コーヒー用には，乳脂肪または植物油の粉末クリームもある。

2）練　　乳

① **無糖練乳（エバミルク）**　　牛乳をそのまま1/2.5に濃縮したもので，

缶に充填した後，滅菌してある。強い加熱によりソフトカード化されており，消化性がよく，以前は育児用にも使われた。開缶後は冷蔵しても長くは保存できない。

②　**加糖練乳（コンデンスミルク）**　　砂糖を加えて約1／3に濃縮したもので，**脱脂練乳**と**全脂練乳**がある。ラクトースは溶解度が低いので，保存中の結晶の成長を防ぐため，製造時にラクトースをすべて微細な結晶にしてある。そのため舌ざわりが無糖練乳と異なる。水分活性が低いので，開缶後も保存性が高い。イチゴやかき氷等に用いられる。

3）粉　　　乳

全脂粉乳は　生乳を濃縮乾燥したもので，脂肪が多く保存性が悪い。脱脂粉乳は，脱脂乳を濃縮乾燥したもので，保存性がよい。脱脂粉乳は水に溶けにくいので，インスタント化しており，これが**スキムミルク**である。スキムミルクは，噴霧乾燥した粉乳に，水蒸気や水を噴霧し，粒子同士を付着させ，団粒化した後，乾燥している。スキムミルクは吸湿しやすいので，涼しく乾燥した場所で保存する。

育児用調製粉乳は，成分組成を母乳に近づけるため，ホエータンパク質を増強したり，必須脂肪酸を加えて脂肪の質を変え，さらに糖質（乳糖，オリゴ糖），各種ビタミン，鉄，亜鉛などを強化してある。

4）アイスクリーム

アイスクリームは，牛乳または乳製品などの主原料に，糖類などを加えて，空気を入れながら凍結するので，空気がたくさん入っているのが特徴である。そのため，アイスキャンデーほどかたくなく，また冷たく感じない。アイスクリームへの空気の混入割合を**オーバーラン**といい，次式で表される。

$$オーバーラン = \frac{アイスクリームの容積 - アイスクリームミックスの容積}{アイスクリームミックスの容積} \times 100$$

アイスクリームのオーバーランは，通常60〜100％，プレミアムアイスクリーム（定義上のアイスクリームよりさらに乳固形分や乳脂肪分を多く含んだもの）

のオーバーランは通常20～30％程度である。アイスクリーム類は，表4-24のように，表示についての規制がある。

表4-24　アイスクリーム類の規格

	アイスクリーム	アイスミルク	ラクトアイス
乳 固 形 分（％）	15.0以上	10.0以上	3.0以上
乳 脂 肪 分（％）	8.0以上	3.0以上	
細菌数（1gあたり）	10万以下	5万以下	5万以下

＊演習5　飲用乳の表示

いろいろな飲用乳の表示を見て，次のことについて調べよ。
① 　「牛乳」，「成分調整牛乳」，「加工乳」の違い。
② 　加熱殺菌法の違い。
③ 　「乳飲料」にはどのようなものがあるか。

15. 油　　　脂

食用油脂は植物の種子や動物より圧搾，ヘキサンなどの有機溶媒による抽出，融出などにより得た原油を脱ガム，脱酸，脱臭などの工程で精製したものであり，常温で液体のものを油，固体のものを脂と呼んでいる。油脂はグリセリン1分子に脂肪酸が3個エステル結合したトリアシルグリセロール（トリグリセリドともいう）であり，油と脂の違いは構成している脂肪酸の種類と組み合わせによっている。リノール酸のように融点が低い不飽和脂肪酸を多く含むものは油となり，パルミチン酸やステアリン酸などの飽和脂肪酸が多いものは脂となる。植物性の油脂はリノール酸やオレイン酸が多く大部分が油であり，動物性のものは脂が多い。しかし，魚や海産動物ではエイコサペンタエン酸やドコサヘキサエン酸などの高度不飽和脂肪酸が多く，油のものが多い。

原料からみた油脂の生産量は植物性では大豆油，ナタネ油，パーム油など，動物性では魚油，ラードが多い。

油脂はエネルギーが高く（9 kcal/g），A，E，Dなどの脂溶性ビタミンの吸収をよくする働きがある。

（1）油脂の種類と特徴

1）油脂の分類

主な食用油脂の分類は図4-13のようである。植物性油脂ではこれに加え，そのヨウ素価*1すなわち不飽和結合の多少により，ヨウ素価130以上を**乾性油**，100～130を**半乾性油**，100以下を**不乾性油**とする分類がされる。

*1 ヨウ素価：油脂100gに吸収されるヨウ素のg数

乾性油にはアマニ油，桐油などがあり，これらは薄膜にして空気にさらしておくと樹脂状の皮膜を形成するので，ペンキ，印刷インクなどに使われる。半乾性油には大豆油，ゴマ油，ナタネ油，綿実油など，不乾性油にはパーム油，オリーブ油，落花生油などがある。

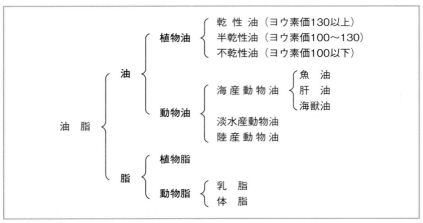

図4-13　油脂の分類

2）食用油の特徴

① **天ぷら油とサラダ油**　原油を脱ガム，脱酸，脱色，脱臭の工程で精製すると異味・異臭のない天ぷら油が得られるが，これを冷却してドレッシングなどに用いると固化する成分があるため，あらかじめ低温に冷却（ウィンタリング）して析出する成分を除去したものをサラダ油という。ウィンタリングはもともと綿実油よりサラダ油を製造するときに開発されたが，現在では他の油にも広く行われている。

② **白絞油**　明治時代以前のナタネ油の採油法は，煎ったのちに搾油を行っていた。このため，色のついた品質の悪いものであった。明治期になって煎らずに，石灰などを加えて搾ることにより無色のナタネ油が製造されるようになり，これを白絞油と称したとされる。現在では，大豆白絞油のように天ぷら油級の食用油の呼び方となっている。

③ **食用調合油**　現在一般消費者用に販売されている，天ぷら油やサラダ油の大部分は2種以上の油を調合して製造されたものである。これを調合油といい，表示には使用量の多い順に原材料名が記載してある。調合油には大豆油とナタネ油を配合したものが多い。

④ **香味食用油**　食用植物油脂に属する油脂に香味原料（香辛料，香料または調味料）等を加えたものであって，調理の際に香味を付与するものをいう。ラー油やネギ油などがある。

⑤ **食用調理油**　日本農林規格には則っていないが，食用油脂に乳化剤などを添加し，炒めや揚げに適するなどの調理適性を付与したものや，加工により栄養的な機能をもたせたものについて，企業が独自にこの表示をしている場合がある。

⑥ **主な植物油**　食用植物油脂は次の種類のものにJAS規格が定められている。

精製サフラワー油　サフラワーサラダ油　精製ぶどう油　ぶどうサラダ油　精製大豆油
大豆サラダ油　精製ひまわり油　ひまわりサラダ油　精製とうもろこし油
とうもろこしサラダ油　綿実油　精製綿実油　綿実サラダ油　ごま油　精製ごま油

ごまサラダ油　なたね油　精製なたね油　なたねサラダ油　精製こめ油　こめサラダ油
落花生油　精製落花生油　オリーブ油　精製オリーブ油　精製パーム油
食用パームオレイン　食用パームステアリン　精製パーム核油　精製やし油　調合油
精製調合油　調合サラダ油　香味食用油

大　豆　油：大豆種子より圧搾法，抽出法により採油される。リノール酸が50%
以上，ついでオレイン酸が20数%含有される。α－リノレン酸が8%近く含有
されるのが特徴である。このため酸化されやすいが，さらに大豆にはリポキシ
ゲナーゼ活性が高く，戻り臭といわれる青臭いにおいがつきやすい。しかし，
現在では精製技術が進歩しており，単独あるいは調合油として大量に用いられ
ている。また，水素添加したものが，マーガリンやファットスプレッドなどに
も使用されている。

ナタネ油：在来種のナタネ油はエルカ酸（$C_{22:1}$）を20〜50%含み，これが成
長阻害や心臓障害を引き起こす可能性が指摘されていた。しかし，現在ではカ
ナダで開発されたエルカ酸含量の少ないキャノーラ種になっており，オレイン
酸58%，リノール酸22%程度の脂肪酸組成を示す。単独あるいは調合油として
サラダ油などに大量に使われている。

トウモロコシ油：トウモロコシの胚芽より採油される胚芽油であり，リノー
ル酸50%以上とオレイン酸が多い。

パーム油：アブラヤシ果実の中果皮よりとったものがパーム油であり，種子
からはパーム核油がとれる。パーム油はパルミチン酸とオレイン酸をそれぞれ
約40%含み，室温では固体の植物脂である。酸化に強くフライ用に適してお
り，即席麺の揚げ油は以前はラードが多かったが，現在ではパーム油が最も多
く使われている。また，マーガリン，ショートニングの材料としても大量に使
われる。

サフラワー油：キク科のベニバナの実より採油される。ベニバナ油ともいわ
れ，従来リノール酸が70%以上含まれているハイリノール油であったが，オレ
イン酸の多いハイオレインの品種も開発され，現在ではそれぞれの油とそれら
を混合した3種の油が市販されている。

オリーブ油：モクセイ科の常緑高木であるオリーブの果肉より圧搾して採油される，オレイン酸が70%以上を占める不乾性油である。良質の実より搾り，精製していないものを**バージン・オリーブ油**といい，独特の風味がある。このうち，酸価1%以下の最高級品が**エクストラバージン・オリーブ油**であり，香り高く風味もよい。二番搾りや質の悪いオリーブ油を精製してバージン・オリーブ油をブレンドしたものが**ピュア・オリーブ油**であり，炒め物や揚げ物に用いられる。

ゴ　マ　油：ゴマの実を煎ってゴマ独特の風味をだした後，圧搾したものと，生のゴマより採油して精製してサラダ油としたものがある。セサモールやセサミノールといった抗酸化物質が存在し，酸化安定性がよい。

3）固形脂の特徴

可塑性があり**ショートニング性**（クッキーなどにもろさを与える性質），**クリーミング性**（攪拌すると空気を抱き込む性質）などをもつバター，ラード，マーガリン，ショートニングと，可塑性がなく口どけが重視されるカカオバターなどがある。

①　主な固形脂

ラ　ー　ド：豚の体脂より精製する。ショートニング性に優れる。また，酸化安定性がよく，フライ用に適している。

マーガリン：硬化油に食用植物油，水，乳化剤などを加えて乳化した後，急冷，練り合わせて製造する。JAS規格では80%以上の油脂含量率のものをいう。可塑性があり，パンにつけて食べたり，洋菓子製造に用いられる。

ファットスプレッド：マーガリンと同じようにつくられるが，油脂含有率が80%未満のもの。また，チョコレートやナッツペーストなどの風味原料を加えたものがある。パンにつけて食べる。

ショートニング：元来は，硬化油に食用植物油脂と乳化剤を配合し，N_2ガスを吹き込みながら急冷練り合わせをして製造する，可塑性をもつものであったが，現在では流動状のものもある。洋菓子やパン製造に用いられ，ショートニング性や乳化性の機能をもつ。

カカオバター：カカオの実より製造され，チョコレートの原料となる。単純なトリグリセリド組成を示し，シャープな口どけが特徴である。

（2）油脂の変敗と防止

1）酸化による変敗

　油脂は自動酸化，光増感酸化，リポキシゲナーゼによる酵素的酸化など種々の機構により空気中の酸素と反応して酸化される。これらの酸化は不飽和脂肪酸で激しく，飽和脂肪酸は安定である。どの酸化機構においても最初に過酸化物（ヒドロペルオキシド）が蓄積する共通性がある。ついで，ヒドロペルオキシドは分解や重合を起こし，悪臭をもつアルデヒドなどの揮発性物質や粘性の高い重合物，色素などを形成し油脂は変敗する。揚げ油では高熱のためヒドロペルオキシドは蓄積せず，速やかに分解して重合物や色素を油中に残し，揚げの調理時に泡が立ったり，色が濃くなる。

2）揚げ油の加水分解

　フライや天ぷらの揚げ油では加熱中種物の水と反応して加水分解され，遊離脂肪酸が生成する。このため揚げ油の酸価は上昇する。

3）油脂変敗の防止

　酸化防止の目的で抗酸化剤が用いられる。食用植物油脂にはトコフェロール類が使用されている。マーガリン類などでは食品添加物として許可されている種々の天然あるいは合成抗酸化剤が用いられる。

　油脂の酸化を抑制するには酸化を促進する因子を取り除くことである。すなわち，光に曝さ

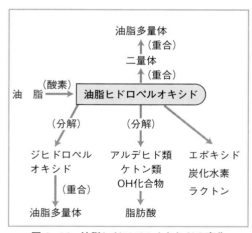

図4-14　油脂ヒドロペルオキシドの変化
（金田尚志　化学と生物　**21**　174　1983）

ない，酸素を遮断する，リポキシゲナーゼ活性を完全に失活する，触媒となる金属イオンなどを封鎖する，低温で貯蔵する，などが必要である。このため，光を通さない密閉容器での低温保存が重要である。また，ポテトチップスや揚げせんべいなどの油脂の多い食品では，酸素の遮断に真空包装や脱酸素剤が用いられる。容器内の空気を（N_2）ガスに置換し，密封した製品もある。

16. 菓　子　類

　食べ物のなかで，菓子ほど多種多様なものはない。長い歴史の変遷のなかで，日本独自の菓子のほか，平安時代に中国から伝えられた唐菓子，戦国時代に伝えられた南蛮菓子，明治維新後アメリカやフランスなどの菓子を取り入れた洋菓子などが，日本人の食文化に順応しながら今日の菓子ができ上がってきた。最近の菓子は伝統文化を基盤としたものより，「かわいい」ものに魅力が変化し，さらに「甘い」というおいしさも「甘くないからおいしい」といわれる「ヘルシー」を強調したものも出てきた。和菓子の文化も伝統的なものは次第に薄れ，洋菓子を中心としたスイーツと呼ばれる食べ物に変わってきている現状がある。

（1）菓子類の分類
　菓子は種類が多いだけに，菓子の分類は目的によって，統計上，職業教育上，業界における習慣上などによる分類といろいろである。一般的には大きく分けて菓子は，和菓子と洋菓子に分けられる。
　和菓子は種類が非常に多く，その分類方法もさまざまであり，また厳密に分類することはできないものもある。保存性の面から，**生菓子・半生菓子**と**干菓子**に大別し，さらに製造方法の違いによって分けられる。
　和菓子は日本特有な伝統的な菓子で，原料に米粉，小麦粉，あずき，砂糖などがよく使われる。

洋菓子は明治以降に製造されるようになった菓子で，原料に小麦粉，砂糖，鶏卵，油脂，乳製品，チョコレート，果物，洋酒などを使う。

加工食品の品質表示基準にあげられる菓子類は，ビスケット類，焼き菓子，米菓，油菓子，和生菓子，洋生菓子，半生菓子，和干菓子，キャンディー類，チョコレート類，チューインガム，砂糖漬菓子，スナック菓子，冷菓，その他の菓子類に分類されている。

（2）菓子類の品質

食品衛生法による分類では，菓子の水分含量とその保存性を基準とした水分含量により生菓子，半生菓子，干菓子に分けられる。生菓子は製造直後で水分40％以上のもの（あん，クリーム，ジャム，寒天入りでは水分30％以上のもの）は，いたみやすい菓子のため消費期限表示の義務がある（ただし，飲食料品を製造，もしくは加工し，一般消費者に直接販売する場合または飲食料品を，設備を設けて客に飲食させる場合は除く）。比較的日持ちする半生菓子（水分10％以上30％以内のもの）と干菓子（水分10％未満のもの）は定められた方法で保存し，賞味期限を表示する。

1）和　菓　子

和菓子の最大の特徴は，あんを使って季節感を漂わせたり，冠婚葬祭のそれぞれの場面に適した菓子をつくり出す点である。また，蒸す，焼く，練る，流すなど作業工程に大きな特徴がある。和菓子はデンプン系の材料を使ったものが多いので，保存には基本的に冷蔵は不向きであり，冷凍は可である。冷凍したものは，常温で2〜3時間で解凍できるが，解凍後は品質の劣化が早く進むので，早く食べることが必要であり，再冷凍は禁物である。

2）洋　菓　子

日本の洋菓子のほとんどがフランス菓子の影響を受けている。フランス菓子の分類では，**ガトー**（スポンジ生地，パイ生地，ビスケット生地，発酵生地，シュー生地でつくられる菓子），**パティスリー**（小麦粉主体の菓子），**アントルメ・ド・パティスリー**（菓子店でつくられる菓子，ある程度つくり置きできるもの），

アントルメ・ド・キュイジーヌ（料理人がつくる菓子。すぐに食べなければならない温菓，冷菓，氷菓），**コンフィズリー**（砂糖を主体としてつくる菓子，日本語で糖菓）がある。

3）スナック菓子

スナックとは軽い，簡単な食事をいうが，菓子類だけに限定したのがスナック菓子である。**ポテト系**（ポテトチップ，成形ポテトチップなど），**コーン系**（コーンフレークス，ポップコーンなど），**小麦粉系**（ビスケット，クラッカー，プレッツェル，クッキーなど），**ライス系**（せんべい，あられなど），**ナッツ系**（ピーナッツ，アーモンド，カシューナッツなど）がある。スナック菓子は油脂使用のものが多いので，油脂の劣化指標の酸価3.0以下をまもらなければならない。

4）チョコレート類

焙煎した**カカオ豆**をすりつぶしたものに，砂糖，乳製品を加えてつくられた菓子である。カカオマス，ココアバター，粉乳，砂糖の原料配合による分類として，**スイートチョコレート**，**ミルクチョコレート**，**ホワイトチョコレート**などに分類される。カカオ豆から調製されたカカオ分とココアバターの含量によって**チョコレート**，**準チョコレート**の表示に関する公正競争規約により種類別表示をすることが定められている。ココアバターの融点は34℃，凝固点は26℃ぐらいであるため，常温では硬く，口の中では人間の体温で溶けるという性質がある。そのため，チョコレート製品は，30℃以下の温度で保管する。気温が上昇すると，ココアバターが溶け出し，冷えると固まり，製品の表面に白い粉をふいたようになる。これはファットブルームといい，チョコレートの風味を著しく損なう。

5）キャンディー類

タッフィー，ヌガー，キャラメル，ドロップなど，砂糖を主原料とする洋菓子の総称である。煮詰め温度で分ければ，113～120℃の**クリームフォンダン**，120～125℃の**キャラメル類**，160℃の**ドロップ**になる。キャラメルは気温が上がると溶けやすく，古くなると砂糖の結晶が発生し，食感が悪くなる。

6）チューインガム

　チューインガムとは，ガムベースに必要により糖類，香辛料を加えてつくった菓子類で，ガムと略され，形は板状と粒状があり，粒状は表面にコーティングされているものが多い。ガムベースとはアカテツ科の樹木であるサボジラから取れる樹液を煮て作る天然樹脂のチクルや酢酸ビニルなどの合成樹脂で，噛み終わったあとに残るものである。食べずに噛むことを特徴とした，風味と噛み心地を楽しむ菓子であり，一般的に砂糖類を70％あまりと多く使用している。しかし，低エネルギーやう歯予防のために砂糖に代えて天然甘味料やキシリトールなどの糖アルコールを用いてシュガーレスを謳（うた）ったものが多い。また，口臭予防や眠気ざましなどの機能をもたせたものもある。

　ガムは温度と油に溶けやすいので，熱い飲み物やチョコレート類と一緒に食べると，溶けてしまう。

7）油菓子類

　かりん糖は油脂を10％以上含むため，食品衛生法上の油菓子に相当するので，保存中の酸化変敗には注意が必要であり，菓子類では唯一JASがあり，水分5.0％以下，油脂の酸価3.0以下，過酸化物価20.0以下となっている。

8）米菓類

　米からつくった菓子の総称である。**もち米**を原料とする米菓で小型なものをあられ，大型なものをおかきといい，食感がソフトで，口溶けがよいのが特徴である。**うるち米**を原料とする米菓は，せんべいといわれ，さまざまな食感のものがある。せんべいには焼きせんべい（かためな草加型，ソフトな新潟型，ぬれせんべい）と揚げせんべいがある。

　業界用語の「ウキ」（品質・比容積を示す用語で，ソフトな食感のウキ物，かたいものはシメ物という）は，米菓の総合品質評価に使われている。

9）砂糖漬け菓子類

　各種豆類，クリ，果物などを水煮した後，順次高濃度の糖液に漬け，原料の形状を保ったまま糖を浸潤させる砂糖菓子である。**甘納豆，マロングラッセ**などである。高濃度に含まれる砂糖のため，水分活性が低く，浸透圧も高いこと

から微生物の発育が阻止され保存性が高い。微生物の直射日光を避け，通気性のある冷暗所で保管して夏場で1か月，春秋で2か月の賞味期限である。長期間の保管になると製品の乾燥，糖液のしみ出しなどが起こり，品質および風味が低下する。

（3）菓子類の包装・流通と品質保持

　菓子はそのまま口に入れる食品のため，とくに衛生的な配慮が必要である。原料が精選され，衛生的につくられたものが，消費者に届くまで品質が低下しないようにしなければならない。

　菓子のなかには，着色料，着香料，漂白剤などで見た目をきれいにしたり，膨張剤，気泡剤，乳化剤，粘稠剤などにより，菓子をつくりやすくしたり味をよくしているものもある。また，保存性を高めるために，保存料を添加するものもある。

　食品衛生法では食品添加物に関する規定のほかに，容器包装に関する事項，ならびに表示に関する事項などが定められており，それら基準に従わなければならない。

　菓子類は製品の種類，形態，原材料の配合等がさまざまなため統一的な規格を定めるのが不適当であり，JAS規格がない。そこで，食品衛生法指定検査機関・日本農林規格格付検査機関である（社）菓子総合技術センターが認証しているSQマークがある（図4-15）。

　菓子は品質劣化によって，乾燥・しけり・風味抜けやカビ発生・発酵・腐敗が起こるので，なるべく早く食べるのがよいが，菓子の水分活性を下げたり，真空包装や不活性ガス（窒素ガスまたは二酸化炭素），あるいは脱酸素剤の封入などにより，品質劣化を遅らせる技術的な工夫もされている。

図4-15　SQマーク

17. 酒　　類

　酒類には酒税という間接税があり，そのため製造や販売には多くの規制がある。また，一般の食品と違い財務省の管轄となっている。

（1）酒　の　分　類

　酒類は製造方法により，醸造酒と蒸留酒に分けられる。醸造酒は糖質原料に酵母を生育させてアルコール発酵したものであり，蒸留酒はそれらを蒸留して製造される。醸造酒には日本酒，ワイン，ビール，黄酒（ホワンチュウ；中国酒，紹興酒など）などがあり，蒸留酒には焼酎，ウイスキー，ブランデー，ウオッカ，白酒（パイチュー；中国酒），ラムなどが分類される。また，製造原料により果実酒，穀物酒，糖蜜酒などの分類もされる。果実酒や糖蜜酒はその

表4-25　酒税法による酒の種類

発泡性酒類	イ	ビール
	ロ	発泡酒
	ハ	その他の発泡性酒類：イ及びロに掲げる酒類以外の酒類で発泡性を有するもの（アルコール分が10度未満のものに限る）
醸造酒類*	イ	清酒
	ロ	果実酒
	ハ	その他の醸造酒
蒸留酒類*	イ	連続式蒸留しょうちゅう
	ロ	単式蒸留しょうちゅう
	ハ	ウイスキー
	ニ	ブランデー
	ホ	原料用アルコール
	ヘ	スピリッツ
混成酒類*	イ	合成清酒
	ロ	みりん
	ハ	甘味果実酒
	ニ	リキュール
	ホ	粉末酒
	ヘ	雑酒

＊その他の発泡性酒類を除く。

ままアルコール発酵が可能であるが，穀物原料の場合はカビや麦芽を用いて糖化した後アルコール発酵される。伝統的に，日本や中国の酒はカビを用いて糖化しており，ヨーロッパでは麦芽を用いている。

　酒税法では酒類を表4-25，26のように，4種類17品目に分類している。

表 4-26 酒税法による酒の分類と定義

分 類	品 目	定 義 の 概 要	品目の例外表示
醸造酒類	清酒	・米，米こうじ及び水を原料として発酵させて，こしたもの（アルコール分22度未満） ・米，米こうじ，水及び清酒かすその他の物品を原料として発酵させて，こしたもの（アルコール分22度未満）	・日本酒
混成酒類	合成清酒	・アルコール，しょうちゅう，又は清酒とぶどう糖等を原料として製造した酒類で清酒に類似するもの（アルコール分16度未満等のもの）	
蒸留酒類	連続式蒸留しょうちゅう	・アルコール含有物を連続式蒸留機により蒸留したもの（アルコール分36度未満）	・ホワイトリカー又はしょうちゅう甲類
蒸留酒類	単式蒸留しょうちゅう	・アルコール含有物を単式蒸留機により蒸留したもの（アルコール分45度以下）	・ホワイトリカー又はしょうちゅう乙類 ・本格しょうちゅう
混成酒類	みりん	・米及び米こうじにしょうちゅう又はアルコール等の原料を加えて，こしたもの（アルコール分15度未満，エキス分45度以上）	・本みりん
発泡性酒類	ビール	・麦芽，ホップ及び水を原料として発酵させたもの（アルコール分20度未満） ・麦芽，ホップ，水及び麦等を原料として発酵させたもの（アルコール分20度未満）	
醸造酒類	果実酒	・果実又は果実及び水を原料として発酵させたもの（アルコール分20度未満） ・果実又は果実及び水に糖類を加えて発酵させたもの（アルコール分15度未満）	
混成酒類	甘味果実酒	・果実又は果実及び水に糖類を加えて発酵させたもの（アルコール分15度以上） ・果実酒に一定量以上の糖類，ブランデー等を混和したもの	
蒸留酒類	ウイスキー	・発芽させた穀類及び水によつて穀類を糖化させて，発酵させたアルコール含有物を蒸留したもの	
蒸留酒類	ブランデー	・果実若しくは果実及び水を原料として発酵させたアルコール含有物又は果実酒を蒸留したもの	
蒸留酒類	原料用アルコール	・アルコール含有物を蒸留したもの（アルコール分45度以上）	
発泡性酒類	発泡酒	・麦芽又は麦を原料の一部とした酒類で発泡性を有するもの（アルコール分20度未満）	
醸造酒類	その他の醸造酒	・糖類その他の物品を原料として発酵させたもの（アルコール分20度未満）	・濁酒（米又は米こうじ及び水を原料として発酵させたもので，こさないもの）
蒸留酒類	スピリッツ	・上記のいずれにも該当しない酒類でエキス分が2度未満のもの	
混成酒類	リキュール	・酒類と糖類その他の物品を原料とした酒類でエキス分が2度以上のもの	・薬味酒又は薬用酒（強壮剤，栄養剤その他の薬剤又はこれらの浸出液を原料の一部としたもの） ・白酒（酒税法施行令第5条第2項第2号に掲げるもの）
混成酒類	粉末酒	・溶解してアルコール分1度以上の飲料とすることができる粉末状のもの	
混成酒類	雑酒	・上記のいずれにも該当しない酒類	

（2） 日　本　酒

1） 日本酒の種類と特産地

①　特定名称酒

純 米 酒：米と米麹（15%以上），水だけより醸造した清酒，精米歩合60%
以下の白米を用いたものや特別な製造方法のものを**特別純米酒**という。

吟 醸 酒：精米歩合　60%以下の白米，米麹（15%以上）と水，またはこれ
らと，醸造用アルコール（白米と米麹重量の10%以下）を用い，発酵温度を低く
するなどの吟醸づくりといわれる吟味された方法により醸造された清酒。精米
歩合50%以下の白米を用いたものを**大吟醸酒**，醸造用アルコールを使わないも
のを**純米吟醸酒**および**純米大吟醸酒**という。

本醸造酒：精米歩合70%以下の白米と米麹（15%以上），水，および醸造用
アルコール（白米と米麹重量の10%以下）を用い醸造された清酒。60%以下の精
米歩合の米を用いたものや特別な製造方法のものを**特別本醸造酒**という。

②　普 通 酒　　特定名称酒に分類されない清酒の通称。一般酒ともいう。
全生産量の約60%を占める。

③　特 産 地　　大手メーカーの多い兵庫県（灘などの名産地がある），京都
府（伏見などの名産地がある）がとくに大量に生産しており，ついで新潟県，秋
田県の順である。最近は地酒ブームにより，分散化が進んでいる。

2） 日本酒の用語

①　原材料に関すること

酒造好適米：日本酒づくりに適する品種の米をいい，山田錦，五百万石，美
山錦，雄町，亀の尾などが有名である。

酒造好適水：灘の宮水（鉄分の少ない硬水），伏見の白菊水（鉄分の少ない軟
水）などが有名である。

②　醸造法に関すること

酒　　母：日本酒醸造のアルコール発酵のスターターとなるものが酒母であ
るが，これには伝統的な生酛，生酛づくりの重労働であった酛すり作業（山
卸）を省略した山廃酛，乳酸菌を添加することにより簡便で間違いのない酒母

がつくれるようにした速醸酛がある。

　融米づくり，姫飯づくり：耐熱性デンプン分解酵素で米を融解して仕込む方法。

　③　**製品に関すること**

　原　　酒：製成後加水しない清酒。アルコール度数が少し高い。

　生　　酒：通常の日本酒は**火入れ**という加熱操作を行い出荷するが，それを行わないで濾過してビン詰したもの。

　生貯蔵酒：火入れしないで貯蔵し，出荷直前に火入れしたもの。

　槽口（ふなくち）：醪（もろみ）を搾った搾り立ての酒。白く濁り，炭酸ガスを含む。

　樽　　酒：木製の樽に入れ，木香をつけた清酒。

　生 一 本：単一の製造所でつくった純米酒。

　古　　酒：一般的に貯蔵年数2年以上のものをいう。貯蔵年数は1年未満の年数を切り捨て，ブレンドした場合にはその最も新しいものの年数とする。貯蔵年数3年以上のものを**長期熟成酒**ということがある。

　④　**酒質，成分に関すること**

　日本酒度：日本酒度浮ひょうを用いて15℃で測定した比重より，

（1／比重−1）×1,443　で計算した数値で，水より比重が小さいものが＋，大きいものが−となる。糖分含量が高いと−が大きくなり甘味が増すので，日本酒の甘辛の目安とされる。

　酸　　度：清酒10mLを0.1N水酸化ナトリウムで中和滴定したときのmL数。

　甘　　辛：甘口，辛口は官能的なものであるが，糖濃度と酸度の関数でほぼ表され，糖度が高く酸度が低いものが**甘口**，その逆が**辛口**となる。

　濃醇，淡麗：糖酸両方が多いものが濃く，両方とも少ないのが薄くなる。濃醇甘口から淡麗辛口の4種に酒質を分類する方法がある。

　特撰，上撰，佳撰：酒税法の改正まであった特級，一級，二級にあたるものをこのように表記しているものが多い。

　3）品質と取り扱い法

　利 き 酒：日本酒の官能検査のことを**利き酒**という。利き酒は200mL容の白

磁で，底に紺色の蛇の目のある利きちょこで，18℃ぐらいの直射日光の入らない部屋で行う。色，香り，味，のど越しなどを官能検査する。

保存法：日光，酸素，高温が品質低下の原因となるので，冷蔵庫内などの冷暗所に貯蔵する。

（3）ワ　イ　ン
1）種　　類
日本の酒税法ではワインは果実酒類に分類され，スティルワイン（still wine）など普通にいうワインは果実酒に，フォーティファイドワインなどのデザートワインは甘味果実酒に分類されている。

①　**スティルワイン**　　非発泡性ワイン，食事と一緒に飲むワインということでテーブルワインともいう。普通にワインというとこれを指している。

白ワイン：白系ブドウの果皮，種子を圧搾により分離し，果汁のみを発酵して醸造したワイン。若いワインは薄く緑がかった淡黄色であるが年代物では黄金色から飴色となる。

赤ワイン：黒系ブドウの果皮，種子，果肉，果汁を一緒に発酵させ，搾汁したもの。いわゆるワインレッド，ルビーのような赤から熟成が進むとレンガ色になる。

ロゼワイン：黒系ブドウを用い赤ワインと同じように仕込むが，目的の色となった発酵の初期に果皮を分離し，その後は白ワインと同じように発酵，熟成を続けて醸造される。明るいバラ色のワインである。

②　**スパークリングワイン**　　発泡性ワイン，EUのワイン法では20℃において3気圧以上の炭酸ガス圧を有するワインをいう。フランスのシャンパン，ドイツのゼクトなどが有名である。

③　**フォーティファイドワイン**　　酒精強化ワイン，デザートワインになる。発酵途中や製成ワインに濃縮果汁，ブランデーなどを添加したもの。ポート，シェリー，マデイラなどがある。アルコール度数は16～20%である。

④　**フレーバードワイン**　　アロマタイズドワイン，混成ワインとも呼ばれ

る，ワインに草根木皮，果物，ハチミツなどを加えてつくる。ヴェルモット，サングリア，キールなど。

2）特産地

ワインの生産量はフランスとイタリアが多く，生産量第一位を競い合っており，両国の生産量を合わせると全世界の約40％になる。次いで多いのはスペインである。その他アメリカ，オーストラリア，チリ，アルゼンチン，南アフリカ，ドイツ，ポルトガルなどが生産量の多い国である。また，多様性や上質のワインを産することでもフランスが他を圧倒している。銘醸地として知られるものでは，フランスのボルドー，ブルゴーニュ，アルザス，シャンパーニュ，ドイツのライン・モーゼル地方などがある。

日本のワイン生産量は少ないが，山梨県や北海道のものが知られている。

3）ワインの用語

① ブドウの品種

白ワイン用：シャルドネ（ブルゴーニュ地方の代表的品種），ソーヴィニヨン・ブラン，セミヨン，ミュスカデ，リースリング（ドイツの代表的品種）などが有名である。

赤ワイン用：カベルネ・ソーヴィニヨン（ボルドーの代表的品種），ピノ・ノワール（ブルゴーニュの代表的品種），メルロー，ガメイ，ネッピオーネ（イタリアの代表的品種）などが有名である。

② ブドウ園

シャトー：主にボルドー地方のブドウ園をいう。

ドメーヌ：主にブルゴーニュ地方のブドウ園に対して用いられる。

③ ビンテージ　　ブドウの収穫年をいう。各年のブドウのできを点数で評価したものがビンテージチャートである。

④ 製品に関すること

貴腐ワイン：ブドウ果の成熟期に *Botrytis cinerea*（貴腐菌）が果皮に繁殖し糖度が高くなった貴腐ブドウより醸造されたワイン。甘口のものが多く高価である。

シャンパン：フランスのシャンパーニュ地方で産するスパークリングワインにのみ呼称できる。**ビン発酵法**により製造される。同じ方法でつくられるものにスペインのカヴァがある。スパークリングワインであるがタンク発酵法によりつくられるものにドイツのゼクト，イタリアのスプマンテなどがある。

　ポ　ー　ト：ポルトガルで生産される甘味の強いフォーティファイドワイン。

　シェリー：スペインで生産されるフォーティファイドワインの一種。

　ボージョレ・ヌーボー：毎年11月の第3木曜日午前0時に解禁される，フランスブルゴーニュのボージョレ地区の新酒。

4）品質と取り扱い方

　法規制による格付け：ワイン生産国の多くは原産地，ブドウの品種，醸造法，分析値，官能検査などによりワインの品質を維持・向上させるための法律による規制を設けている。なお，フランスのボルドー地方では醸造所であるシャトーの格付け，ブルゴーニュではブドウ畑に対する格付けがある。

　ビ　ン　型：ワインの産地によりそれぞれ特有なビンが使用されている。ヨーロッパでは容量の規格は1,500，750，375mLであるが，わが国では慣習的に1,800，720，360mLが中心になっている。

　官能評価：ワインの利き酒はテイスティングといい，チューリップ型のグラスに1/5程度ワインを入れ，香りや味について行われる。

　ワインの保存：室温が14～16℃，湿度75～80%で寝かせて保存するのが最適とされる。振動，光によっても品質低下するので注意が必要である。

（4）ビ　ー　ル

　ドイツではビール純粋法によりビールの原料は麦芽，ホップ，水だけとされているが，他の国では他の穀類やデンプンなどを副材料として認めている。わが国で使用されている副材料は米，トウモロコシ，デンプンおよび糖類である。

1）種類と特産地

　①　**種　　類**　　ビールは非常に種類が多いが一般的なものは表4-27のように分類される。日本をはじめ世界のビールの大部分は下面発酵のピルスナー

表 4-27　世界のビール

発 酵	色	代 表 例 と 特 徴	
下面発酵	淡色ビール	ピルスナー（チェコ）	・爽快なホップ香気
		ドルトムンダー（ドイツ）	・高発酵度が切れ味
		アメリカン（アメリカ）	・軽い味，清涼感
	中濃色ビール	ウィーン（オーストリア）	・香味中庸
	濃色ビール	ミュンヒナー（ドイツ）	・麦芽の香気，コク
上面発酵	淡色ビール	ペールエール（イギリス）	・ホップ香気，発酵香
		ケルシュ（ドイツ）	・淡色，軽快
	中濃色ビール	マイルドエール（イギリス）	・麦芽香，穏やか
	濃色ビール	スタウト（イギリス）	・濃厚，苦味
		アルトビール（ドイツ）	・ホップ香味，発酵香
自然発酵		ランビック（ベルギー）	・酸味，小麦麦芽

タイプの淡色ビールである。

　②　**特 産 地**　世界の代表的なビールを表 4-27 にあげる。日本のビール
はほとんど大手 4 社の寡占状態であったが，1994（平成 6 ）年 4 月の酒税法改
正によりビール製造免許取得のための必要最低製造数量がそれまで 2,000kL で
あったものが，60kL に引き下げられたため，多くのいわゆる**地ビール醸造場**
ができ，個性のあるビールが増えてきている。

　2 ）ビールの用語

　ホ ッ プ：クワ科のつる性植物で成熟した未受精の雌花をビールに用いる。
ビールに苦味を与え，清澄にし腐敗を防止する働きがある。

　ラガービール：ドイツ語のラーゲルン（貯蔵する）に由来する言葉で，貯蔵
して熟成したビールである。

　生ビールおよびドラフトビール：熱による殺菌処理をせず，濾過により除菌
したビールである。

　黒ビールおよびブラックビール：濃色のカラメル麦芽（普通の淡色麦芽は 80
〜85℃で焙燥したものであるが，これは約 120℃まで焙燥したもの）を用いた色の
濃いビールをいう。

　スタウト：カラメル麦芽と色麦芽（約 200℃まで焙燥した色の濃い麦芽）を用
いてつくる黒ビールよりもさらに色の濃い，香味の強いビール。

ライトビール：糖分を少なくして醸造した低カロリービール。

　ドライビール：発酵度をあげ残糖量を少なくし，アルコール度を少し上げて辛口にしたビール。

3）発泡酒およびその他の発泡性酒類

　ビールは副原料が麦芽の50％を超えないものと酒税法で定義されていることに対し，**発泡酒**は麦芽または麦を原料の一部とした酒類と定義されている。より少ない麦芽を用いて製造することにより，酒税の低減化を図るために生まれたものである。しかし，2003年の税率改定により酒税が引き上げられたため，麦芽を用いないで製造しビール様風味を有する発泡性の酒が開発された。これは，法規上ビールにも発泡酒にも該当せず，品目ではその他の醸造酒（発泡性）またはリキュール（発泡性）に分類されるため，税率が低減化された。しかし，2006年の酒税法改正で「その他の発泡性酒類（酒税法の品目ではない）」として税率が引き上げられた。しかし，これらビール系飲料の税率は，2026年10月までに段階的に一本化することが決まっている。

4）取り扱い法

　高温，光が変質の原因となるので冷蔵庫などの冷暗所に貯蔵する。なるべく新鮮なうちに消費することが重要である。また，振動により噴きを起こすので静かに取り扱う。

（5）蒸　留　酒

1）蒸留酒の種類と特産地

　酒税法では蒸留酒は**焼酎**，**ウイスキー**，**ブランデー**と**スピリッツ**類に分類されている。

　①　**焼　　酎**　　酒税法では焼酎は「アルコール含有物を蒸留したもの」とされており，連続蒸留機により製造されたほとんど純粋なアルコールを水で薄めたものを**甲類焼酎**，単式蒸留機により製造されたものを**乙類焼酎**または**本格焼酎**と区別している。甲類はアルコール濃度　36度未満，乙類は　45度以下で，これより外れたものはスピリッツ類となる。

本格焼酎は米またはわずかではあるが大麦の麹に主原料となる穀類，イモ類，黒糖，酒粕などを加えた醪（もろみ）を発酵させた後，単式蒸留機により蒸留して製造される。主原料の違いによりイモ焼酎，麦焼酎，泡盛，黒糖焼酎など多くの種類がある。

　② **ウイスキー**　　ウイスキーは発芽した穀類（主として大麦）により穀類のデンプンを糖化後，酵母により発酵した醪（もろみ）を蒸留し，木樽で貯蔵熟成した酒である。主産地により，スコッチ，アイリッシュ，カナディアン，アメリカンに分類される。日本のウイスキーはスコッチタイプである。アメリカンウイスキーの大部分はトウモロコシを51%以上用いたバーボンウイスキーである。

　③ **ブランデー**　　果実酒を蒸留した酒をブランデーという。一般にはブドウブランデーを単にブランデーと呼ぶ。このほかにリンゴ酒よりつくったアップルブランデー，サクランボを発酵してつくるキルシュワッサー，プラムよりのプラムブランデーなどがある。フランスのコニャック市を中心としたシャラント地方でつくられた上質のブランデーにのみコニャックの表示が許可されている。また，アルマニャック地方でつくられたものにのみアルマニャックと表示される。

　アップルブランデーでは，フランスのノルマンディー地方のカルバドス県でつくられるカルバドスが有名である。

　④ **スピリッツ**

ウオッカ：ロシアの酒として有名。穀類原料のほとんど純アルコールに近いものを白樺の炭で濾過して香味を調えたもの。アルコール度50%前後。

ジ　　ン：精留したアルコールに杜松（ねず）の実などの香料植物の香りを含ませたもの。オランダが起源であるが，イギリスのロンドンジンが最も多い。日本産のものもロンドンジンタイプである。アルコール度37〜47.5%。

ラ　　ム：サトウキビ糖蜜を発酵させ蒸留した酒。ジャマイカ，プエルトリコ，キューバなど中南米諸国が主産地である。アルコール度37〜45%。

テキーラ：メキシコ西北部でつくられる竜舌蘭（りゅうぜつらん）を原料とした酒。アルコール度40〜43%。

その他のスピリッツ：白酒は中国の蒸留酒の総称で，貴州茅台酒，汾酒なバイチューマオタイフンチュウどが有名である。東南アジア，インド，中近東にかけてつくられているものにアラックがある。

2）リキュール

蒸留酒にハーブ，果実などを漬け込んだり，漬け込んだものを蒸留したりして得た液体で，それに砂糖などで甘味をつけたものもある。非常に多様のものを一括してリキュールといっている。梅酒などのほか，最近ではアルコール度数の低い缶入りカクテル類なども販売されている。

18. 茶　　　類

茶はツバキ科に属する茶樹の芽葉を加工し，乾燥品としたもので，その浸出液を飲料としている。茶は製造法の違いから，①不発酵茶（緑茶），②半発酵茶（ウーロン茶），③発酵茶（紅茶），④後発酵茶（黒茶）に分類される（図4－16）。

（1）緑　　　茶

わが国の緑茶（荒茶：生の葉を蒸し，乾燥した状態）の主要生産県としては，静岡，鹿児島，三重などがあげられる。緑茶は摘採製造する時期により，一番茶・二番茶・三番茶・四番茶・秋冬番茶に，また産地により静岡茶（川根茶・本山茶），宇治茶，八女茶・嬉野茶，かごしま茶，狭山茶，近江茶，三重茶，くまもと茶のように分けられる。

緑茶はいろいろな産地，品種の荒茶を組み合わせることで，より豊かな味わいのお茶をつくりだす。その荒茶のブレンドをする工程を合組といい，製茶問屋にて荒茶から製品に仕上げる際，風味を調えたり，地元産の茶葉の不足・高騰時に補ったりするために，合組が行われる。品種銘柄の表示は任意事項であり，一品種であれば品種名または品種名100％とする。複数の品種の場合は，

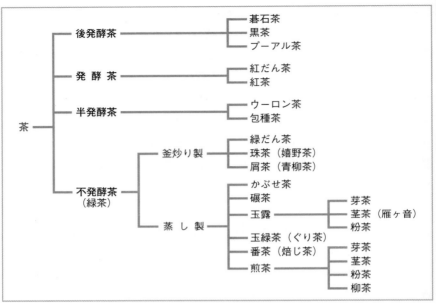

図4-16 茶の分類

使用量の多い順に表示する。

1）製造法および種類

① 煎 茶

ⅰ 手揉み 蒸熱→露切り→回転揉み→中揉み→仕上げ揉み→乾燥

ⅱ 機械製茶 蒸熱→粗揉→揉捻→中揉→精揉→乾燥（火入れ）

蒸熱の時間によって，普通蒸し（30秒～1分），深蒸し（2～3分）などの違いがでる。

八十八夜前後（立春から数えて八十八日目，5月1～2日）に摘まれたものを一番茶（新茶），6月ごろ摘まれたものを二番茶，8月ごろ摘まれたものを三番茶と呼ぶ。

番　茶：8月以降に摘まれた三番茶以降の煎茶や若芽がのびて固くなった葉を原料として製造する。

ほうじ茶：番茶や茎茶を強火で炒って製造する。

玄米茶：玄米を炒って，番茶に混ぜて製造する。

② 碾茶（抹茶）　| 蒸熱→冷却放散→荒乾燥・本乾燥→選別→煉り乾燥 |

新芽が出た後，ヨシズ，菰，ワラ，寒冷紗などで3週間ほど覆をかけた後，摘んだ茶葉（覆い下茶）を20秒間蒸熱する。十分に乾燥後，石臼で均一な微粉末に挽いたものが抹茶である。

③ 玉露　| 蒸熱→粗揉→揉捻→中揉→精揉→乾燥 |

ヨシズ，ワラなどで十分に被覆した生葉（覆い下茶）を短時間蒸熱し，蒸し葉は色を良くするため急冷する。それ以後は煎茶と同じである。

④ 玉緑茶　| 蒸熱→粗揉→揉捻→再乾→仕上げ |

蒸し製と釜炒り製がある。製造工程に精揉工程がなく，茶葉同士の摩擦により，丸い勾玉状になった茶である。

釜炒り茶は中国式製法によるもので，蒸す代わりに炒葉機で殺青し，揉捻，水乾，乾燥の工程を経て製品とする。独特の香気と後味のさわやかさがある。

2）特　徴

茶の苦味物質のカフェイン，テオブロミンは，脳の覚醒作用，利尿作用などの生理作用があり，抹茶，玉露に多い。渋味の主体はタンニン物質で，抹茶，玉露に多い。うま味はテアニンが主体である。

（2）ウーロン茶

中国茶は1,000種類を超えるといわれるが，発酵程度により「緑茶」，「青茶」，「白茶」，「黄茶」，「紅茶」，「黒茶」の6種に，花の香りつけした「花茶」を加えたものに分けられる。ウーロン茶は「青茶」のひとつであり，茶葉中のポリフェノールオキシダーゼを働かせた後，熱でその反応を止めて製造する半発酵茶である。緑茶と紅茶の中間に位置し，産地条件など発酵程度により色や香りが異なり，さまざまな種類がある。主な生産地は台湾，中国福建省・江西省である。

1）ウーロン茶の一般的製造法

日干萎凋→室内萎凋・攪拌→炒葉機で殺青→揉捻→玉解き→熱風乾燥

<ruby>青心大冇<rt>チンシンダマオ</rt></ruby>，<ruby>白毛猴<rt>はくもうこう</rt></ruby>，<ruby>硬枝紅心<rt>こうしこうしん</rt></ruby>，<ruby>大葉烏龍<rt>だいようウーロン</rt></ruby>，<ruby>紅心大冇<rt>こうしんダマオ</rt></ruby>，<ruby>黄心烏龍<rt>こうしんウーロン</rt></ruby>などの品種がある。台湾では，ウーロン茶より発酵程度が低く，より緑茶に近いものをパオチュン茶（包種茶）と呼ぶ。

2）特　　徴

中国茶を香りに注目して分類する「臭香区分法」を表4-28に示す。釜炒り茶は蒸煮製緑茶に比べ，香ばしい香りがする。

表4-28　臭香区分法による中国茶葉の分類および茶の入れ方

タイプ	香　　り	茶　の　種　類		茶の入れ方	
				湯温(℃)	蒸らし時間(分)
香りタイプ	すっきりさわやか (清香型)	緑茶 (不発酵)	碧螺春，黄山毛峰，南京雨花茶など	80〜90	1
		青茶 (半発酵)	安渓鉄観音，東方美人，凍頂烏龍など	100	1
	すがすがしい (亳香型)	白茶 (弱発酵)	白亳銀計，白牡丹，寿眉など	70-80	3
	甘い香り (甜香型)	黄茶 (弱い後発酵)	君山銀針など	70-80	3
	深い香り (陳酵型)	黒茶 (後発酵)	普洱，竹筒茶など	100	3
	花の香り (花香型)	紅茶 (強発酵)	キーモン	100	3
		花茶	茉莉花，桂花烏龍，龍珠など	ベースになる茶葉の種類による	
味タイプ	うまみ感覚	緑茶 (不発酵)	龍井，黄山毛峰など	80〜90	1
		黒茶 (後発酵)	普洱	100	3
		黄茶 (弱い後発酵)	君山銀針	70〜80	3

（3）紅　　茶

1）紅茶の製法

①　オーソドックス製法

> 萎凋→揉捻→玉解・篩分→発酵→乾燥→篩分→切断→篩分→風選

　発酵は25℃前後，湿度90％以上で十分に発酵させる。この段階でカテキン類が酸化重合して，橙赤色のテアフラビンが生成され，特有の香りをつくりだす。葉の大きさにより，OP（オレンジペコ）7〜12mm，BP（ブロークンペコ）2〜4mm，PF（ペコファンニングス）1〜2mm，D（ダスト）1mm以下の等級区分がある。

②　CTC製法　　CTC（crushing, tearing, curling）機の2つの回転数の違うローラーの間で萎凋葉をつぶし，直径1mmほどの粒にして発酵，乾燥する。細かい粒状でティーバッグに使われる。

2）種　　類

　世界の三大紅茶はダージリン（インド），ウバ（スリランカ），キーモン（中国〔キーマン，キームンとも呼ばれる〕）である。

　ダージリンは爽やかな味わいで，赤味の薄いオレンジ色，特有のマスカットフレーバーが極上品である。ウバは赤みの濃いオレンジ色，芳醇で刺激的な味と香りがある。キーモンは澄んだ黄色がかったオレンジ色，蘭の香りが極上品であり，生産量が少ないため，高価である。国内消費量が最も多いアッサム（インド）は濃い赤褐色で濃厚なコクと芳醇な香りをもっている。ヌワラエリア（スリランカ）は淡いオレンジ色で，緑茶に似た渋味と花香がある。

3）特　　徴

　紅茶は他の発酵茶とは異なる，強い発酵を茶葉に促すことででき上がった香りをもつお茶の一種であり，茶葉も水色（お茶の色）も全体的に赤味がかった色が特徴である。紅茶の色はカテキン類が酸化したテアフラビン（燈赤色），テアルビジン（褐色）である。紅茶の渋味はタンニン物質，苦味はカフェインである。

（4）茶類の一般的な入れ方

主な茶類の一般的な入れ方を表4−29に示した。

表4−29　茶類の一般的な入れ方

種　類	煎　茶	玉　露	番　茶	ウーロン茶	紅　茶
茶葉（g）	6	10	9	5	9
湯量（mL）	約180〜270	約60	400	200	450〜500
湯温（℃）	70〜90	70〜80	熱湯	熱湯	熱湯
煎出時間	30〜60秒	2分〜2.5分	30秒	1.5分	3分

（5）茶類の買い方と保存方法

1）買　い　方

茶の良し悪しは，茶葉の外観（形，色），香り，水色，味で決まる。試飲してから購入するのが一番よいが，一般的には外観で判断する。煎茶ならば，色鮮やかな深緑でつやがあるもの，玉露なら撚りが強く，細かいものが上質である。中国茶はホールリーフ（全葉）タイプの茶であるので，大きさが揃っているもの，砕けていない茶葉が上質である。紅茶は茶葉のグレードを確かめ，大きさや形の揃っているものがよい。

2）保　存　法

プラスチックフィルムで密封されている場合，保存可能期間は未開封で茶は約1年，紅茶は2〜3年である。開封した場合は，においを避けて，空気や湿気に触れない密封容器に詰めかえ，低温の場所に置く。

19. コーヒー，ココア

（1）コーヒー

コーヒーは，アカネ科の木になる完熟した赤い果実の種子の内果皮を除き，焙煎したものである。風味がよく一般的なコーヒーとして世界の生産量の約

70％を占めるのがアラビカ種であり，カネフォラ（ロブスタ）種が約30％である。カネフォラ種は抽出中に香りの損失が少ないので，インスタントコーヒーや缶コーヒー，エスプレッソに使われている。

1）フィルターコーヒー（レギュラーコーヒー）

① **精　　製**　コーヒーの実を収穫後，速やかに果肉を除去し，種の乾燥処理を行う。

② **焙　　煎**　精製されたコーヒー豆を，焙煎（ロースト）することにより，コーヒーの香りと味が生み出される。生豆を約50℃まで加温し，ついで約200℃で10〜20分煎る。

焙煎の度合いが低いものが**浅煎り**，高いものが**深煎り**である。浅煎りほどカフェインを多く含み，酸味も強く，深煎りほど苦味が強調される。**焙煎度**は浅煎りのライト，シナモン，中煎りのミディアム，ハイ，シティー，深煎りのフルシティー，フレンチ，イタリアンの8段階に分けられる。

アメリカンは，浅煎りした豆をブレンドして，標準量の約2倍の熱湯で入れた酸味のあるうすいコーヒーである。エスプレッソはイタリアンローストの豆をエスプレッソ（高速コーヒー抽出機）で入れるコーヒーである。

コーヒー豆の銘柄別特徴を表4-30に示した。

表4-30　コーヒー豆の産地と特徴

銘　柄	産　地	香　味
キリマンジャロ	アフリカ，タンザニア	甘い香り，強い酸味と上品な風味
グアテマラ	中米，グアテマラ	甘い香り，上品な酸味と芳香な風味
コスタリカ	中米，コスタリカ	芳香な香り，適度な酸味，上品な味
ゲイシャ	中米，コスタリカ	独特な風味，鮮やかな酸味と甘味
コ　　ナ	ハワイコナ島	甘い香り，強い酸味
コロンビア	南米，コロンビア	甘い香り，やわらかな酸味とこく
ブラジル	南米，ブラジル	適度な酸味と苦味
ブルーマウンテン	西インド諸島，ジャマイカ	調和のとれた風味で最高級品
ベネズエラ	南米，ベネズエラ	適度な香り，軽い酸味と独特な苦味
マンデリン	スマトラ	上品な風味，こくのある苦味
メキシコ	中米，メキシコ	適度な香りと酸味，上品な味
モ　　カ	アラビア	まろやかな酸味とこく
ロブスタ	インドネシア，アフリカ	特異な香り，強い酸味

2）インスタントコーヒー

コーヒーの原液から水分を除去して，**噴霧乾燥法やフリーズドライ法**で粉末または顆粒状にしたものである。

3）コーヒー豆の保存

常温で豆の品質を保てるのは，2週間ほどで，それ以上保存する場合は密封できる食品用保存袋に入れて冷凍庫で保存する。冷凍保存した場合は，完全に常温に戻してから使用する。

パッケージにより異なるが，賞味期限は開封前ならレギュラーコーヒーで1〜2年，インスタントコーヒーで3年である。

（2）コ コ ア

アオギリ科カカオノキ属の果実中の種子（豆）から作られる。豆を炒って殻と胚芽を除き，これをアルカリ処理後，圧搾するとカカオ脂（カカオバター）がとれ，その脱脂残渣がココアである。産地はコートジボアール，ブラジル，カメルーン，ガーナ，ナイジェリア，インドネシアなどである。ガーナ産のものは酸味が少なくマイルドであるのでチョコレートの原料として広く使われる。脂肪量で品質が決められ，22〜25%は高級品，10%以下はローファットココアという。調製ココアには砂糖，粉乳などが添加されている。

20. 清 涼 飲 料

「清涼飲料水」は，食品衛生法により「乳酸菌飲料，乳及び乳製品を除く，酒成分1容量%未満の飲料」と定義されている。一般的には，清涼感を与え，のどの渇きを潤すのに適した飲料の総称である。清涼飲料水の分類と定義されている法律・規定を図4-17に示す。

（1）ミネラルウォーター

　容器入り飲用水として JAS の品質表示ガイドラインがあり，①ナチュラルウォーターは特定の水源から採水された地下水を原水として，沈殿，ろ過，加熱以外をしていないものである。②ナチュラルミネラルウォーターはナチュラルウォーターのうち，地下を移動中または滞留中に地層中の無機塩類を溶解した地下水を原水としている。③ミネラルウォーターはナチュラルミネラルウォー

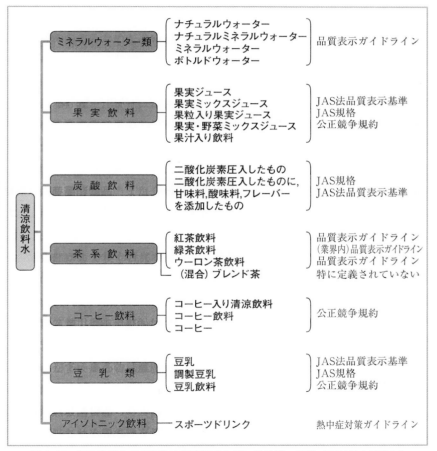

図4-17　清涼飲料水の分類および定義されている法律・規定（2024年1月現在）

ターを原水としてミネラルの調整，曝気，複数の水源から採取したナチュラル
ミネラルウォーターの混合が行われているものである。

また，海洋深層水を原水とした容器入り飲用海洋深層水も，ミネラルウォー
ターとして流通している。

（2）果 実 飲 料

果実飲料には JAS 規格および食品表示基準があり，果汁100％の果実ジュー
ス，果実ミックスジュース，果粒入り果実ジュース および 果実・野菜ミック
スジュースと，100％未満の果汁入り飲料に分けられている。果汁100％のもの
については，Codexの関係もあり，天然果汁の言葉の使用をやめ，ストレート
（表示果実の搾汁そのもの），また濃縮還元果汁（濃縮果汁を希釈したもの）の表
示がなされている。なお，酸化防止剤（ビタミンC）を使用しないリンゴスト
レートジュースには，独自のJAS規格が設けられている。

（3）炭 酸 飲 料

炭酸飲料にはJAS規格および食品表示基準があり，飲用に適する水に二酸化
炭素を封入し，あるいはこれに甘味料，酸味料，フレーバリングなどを加えた
ものとされている。

炭酸飲料業界によるとコーラ炭酸飲料，透明炭酸飲料，果汁入り炭酸飲料，
果実着色飲料，乳類入り炭酸飲料，炭酸水，栄養ドリンク炭酸飲料に分けられ
る。

なお，二酸化炭素を封入した果汁飲料は，JAS上，炭酸飲料には含まれてい
ない。

（4）茶 系 飲 料

①　**ウーロン茶飲料**　　品質表示ガイドラインにより，茶樹もしくは茶葉の
自家酵素発酵させたもの（十分に発酵させたものを除く）を原料として使用した
もので，抽出または浸出して容器に密封した飲料である。甘味がなく，後味が

さっぱりしている。

② **紅茶飲料**　茶樹の若葉を十分に自家酵素発酵させたもの（これに香料等を加えたものを含む）から抽出または浸出したもの（これらを濃縮または粉末化したものを含む）である。ストレートティー（無糖，加糖），ミルクティー，レモンティー（レモン果汁またはレモン香料），フレーバードティー（アップル果汁，ミント等の香料）などがある。ブレンド茶飲料（ハト麦，大麦，大豆，玄米など多くの原料をバランスよくブレンド）がある。

③ **緑茶飲料**　緑茶がドリンク飲料の形態に加工されたもので，無甘味であることから多く飲用されている。日本茶以外にハト麦，大麦，ソバなど多種の原料をバランスよくブレンドした混合（ブレンド）茶も多く出まわっている。

（5）コーヒー飲料

コーヒー飲料等の表示に関する公正競争規約により，コーヒー豆を原料とした飲料およびこれに糖類，乳製品，乳化された食用油脂，その他の可食物を加え，容器に密封した飲料と定義され，3つに分類される。

① **コーヒー入り清涼飲料**　内容量100g中コーヒー生豆換算で1g以上2.5g未満のコーヒー豆から抽出または溶出したコーヒー分を含むもの。

② **コーヒー飲料**　100g中コーヒー生豆換算で，2.5g以上5g未満のコーヒー豆から抽出または溶出したコーヒー分を含むもの，③コーヒー：100g中コーヒー生豆換算で，5g以上のコーヒー豆から抽出または溶出したコーヒー分を含むもの。

糖類，乳製品，乳化された食用油脂を使用していないものが，ブラックコーヒーである。ただし，添加されるものが糖類0.5g／100g未満のものは「無糖」，また糖類のみを使用したものは「加糖」と併記すれば「ブラック」と表示できる。カフェオレは，乳固形分が3％以上になると乳飲料になる。

（6）アイソトニック飲料

アイソトニック飲料は液体に含まれる無機質，有機酸，糖類などの量を調整して，その浸透圧が体液と等しくなるようにしてある飲料水である。発汗量の多い身体活動中あるいは活動後に飲用すると水分の補給がよいため，スポーツ飲料として用いられることが多い。ナトリウム，カリウム，カルシウム，塩素，クエン酸，果糖またはブドウ糖，その他が含まれる。

スポーツドリンクには液体タイプと粉末タイプがある。粉末タイプは水に溶かして使用する。成分としては可溶性固形分の大半は糖分であるが，清涼飲料水に比べて少ない。ビタミンB_1，B_2，C，ナイアシン，B_6などのビタミン類，クエン酸などの有機酸，ミネラルなどを添加したものがある。

（7）豆　乳　類

豆乳類は，JAS規格および食品表示基準により，3つに分けられる。
① 　豆　　乳　　大豆固形分8％以上。
② 　調製豆乳　　大豆固形分6％以上。
③ 　豆乳飲料　　果汁入り（大豆固形分2％以上，果実の搾汁5％以上10％未満のもの），その他（大豆固形分4％以上）。

21．醸 造 食 品

（1）醸造食品の種類

醸造食品は微生物を用いて発酵した食品であり，酒，味噌，醤油，酢が主なものであるが，納豆，テンペ，チーズなども発酵食品である。また，魚醤や塩辛など発酵が微生物によらないで，魚の内臓などの酵素が働くようなものも入れられている。酒や納豆，チーズなどは他で取り上げているので，ここでは味噌，醤油，食酢について解説する。

（2）味　　噌
1）種類と特産地

　味噌は普通味噌と加工味噌に大別されるが，単に味噌といえば，普通味噌を示すといってよい。普通味噌は原材料や麹の種類により米味噌，麦味噌（田舎味噌），豆味噌に分類される。また，塩分濃度や糖濃度により甘，甘口，辛口に，色の濃淡により白，淡色，赤に区分される。形態的にはこれらはいずれも粒と漉しがあるが，最近の市販味噌は漉し味噌が多くなっている。米味噌では麹の米粒の形が残っているものを麹味噌または浮麹味噌と呼んでいる。

　品質表示基準の定義では味噌にだし等を加えて練ったものも味噌に含まれ，「だし入り」と表示される。しかし，加工味噌は味噌の定義には含まれていない。

①　普通味噌

　米　味　噌：米味噌は蒸米を用いてつくった米麹に蒸煮した大豆と食塩を加えて仕込み，発酵・熟成したものである。米麹と大豆の割合，食塩濃度，熟成期間などの製造法により，全国各地に多くの特徴的な銘柄がある。工業的に生産される味噌の約82%が米味噌である。

　京都の白甘味噌に代表される**白味噌**は淡いクリーム色であり，信州味噌は黄みを帯びた淡色の味噌の代表的なものである。また，赤みを帯びた褐色の味噌は赤味噌と呼ばれ，仙台味噌などがある。白味噌は，製造の際大豆を蒸さずに煮て褐変の原因となる水溶性成分を除く，麹歩合を多くする，熟成期間を短くする，熟成中の攪拌を行わないなど，着色をできるだけ抑えて製造される。これに対し**赤味噌**は大豆を長時間蒸煮し，熟成期間も長く，また切り返しという攪拌を行って空気との接触を増やすなど，褐変を進行させたものである。なお，京都の白甘味噌の代表的なものとして知られる西京味噌は銘柄名である。

　甘味噌，甘口味噌，辛口味噌など辛みによる分類は，基本的には塩分濃度によっており，甘味噌は 5 ～ 7 %，甘口 7 ～12%，辛口11～13%である。しかし，同じ塩分濃度でも麹歩合の多い味噌は還元糖が多く甘みが強くなる。甘味噌では還元糖が多く，辛口味噌では一般に少ない。

麦 味 噌：蒸した大麦で麹をつくり，米味噌と同様に製造される。九州，四国，北関東などで多く生産される。味噌生産量のうち約4％を占めている。

豆 味 噌：大豆だけでつくられる味噌であり，蒸した大豆を丸めて味噌玉といわれる玉状の麹をつくり，これと食塩を混合して仕込み，熟成して製造される。愛知，岐阜，三重の中京地方で主に生産され，全味噌の約5％の生産量である。八丁味噌，溜味噌，名古屋味噌，三州味噌，二分半味噌などと呼ばれる。八丁味噌は岡崎城より八丁の距離にある八丁村で起こったのでこの名があるが，現在は2社のみで生産されるブランド名である。

主な味噌の銘柄，産地を表4-31に示す。

表4-31 味噌の分類および主な銘柄，産地

原料による分類		味，色による区 分*		食塩（％）	主 な 銘 柄もしくは産地	麹歩合**	醸造期間
普通味噌	米 味 噌	甘	白赤	5〜7 5〜7	白味噌，西京味噌讃岐味噌，府中味噌，江戸甘味噌（東京）	15〜30 15〜20	5〜20日 5〜20日
		甘 口	淡色赤	7〜11 10〜12	相白味噌（静岡）中甘味噌中味噌（瀬戸内沿岸），御膳味噌（徳島）	8〜15 10〜15	5〜20日 3〜6か月
		辛	淡 色赤 色	11〜13 12〜13	信州味噌仙台味噌，佐渡味噌，越後味噌，津軽味噌，北海道味噌，秋田味噌，加賀味噌	5〜10 5〜10	2〜6か月 3〜12か月
	麦 味 噌	淡色系赤 系		9〜11 11〜12	九州，四国，中国九州，埼玉，栃木	15〜25 10〜15	1〜3か月 3〜12か月
	豆 味 噌	辛 赤		10〜11	八丁味噌，名古屋味噌，三州味噌，二分半味噌	——	6〜12か月
	調合味噌	甘口，辛口	淡色，赤		全国	——	
加工味噌	醸造なめ味噌				金山寺（径山寺）味噌，醤味噌	——	6か月以上

* 　色による区分で，白はクリームに近い色，淡色は淡黄色ないし山吹色，赤（色）は赤茶色ないし赤褐色を示す。
** 　大豆に対する米（麦）の重量比率，米（麦）/大豆×10

調合味噌：JASの品質表示基準で，米味噌，麦味噌，豆味噌を混合したもの
や，麹を混合して醸造した味噌，他の原料（たとえば，脱脂大豆，トウモロコシ
など）を用いたものなどをいう。市販の赤だし味噌は豆味噌を主原料に米味噌
や調味料を加えて加工し，漉したものである。

②　**加工味噌**　　普通味噌以外の味噌と呼ばれるものの総称であり，なめ味
噌（おかず味噌），調味味噌，乾燥味噌などがある。なめ味噌は製造方法により
醸造なめ味噌と加工なめ味噌がある。

　醸造なめ味噌：普通味噌と同じ材料に各種野菜，魚介類，調味料，香辛料な
どを加えて仕込み，発酵・熟成して製造する。金山寺（径山寺）味噌，ひしほ
味噌などが代表的である。

　金山寺味噌は中国の金山寺でつくられ紀州の湯浅に伝えられたものが最初と
いわれるが，現在では各地でつくられている。炒ってひき割りにした大豆と大
麦でつくった麹（米を加えることもある）に塩水を加え，なす・うり・しょう
が・しその実などを刻んで塩漬けにしたものを混ぜて熟成させたもの。

　ひしほ味噌は大豆と大麦を混ぜて麹をつくり，塩水を混ぜて発酵，熟成して
製造される。千葉県の野田と銚子のものが有名であるが，類似のものは各地で
つくられている。

　加工なめ味噌：普通味噌に種々の副材料と砂糖，水飴，調味料などを加え，
煮て練り上げたもので，鯛味噌，ユズ味噌，シソ味噌などがある。

　乾燥味噌：インスタント味噌汁などに用いられるもので，噴霧乾燥法や凍結
乾燥法で乾燥して製造される。吸湿性が強く，酸化されやすいのでアルミ箔と
ポリエチレンのラミネート包装など防湿性，酸素遮断性が特に要求される。

　調味味噌：即席味噌汁などに供される味噌にだし等を入れ練ったものの呼称
に使われるが，加工なめ味噌に使われる場合もある。

　2）**品質と取り扱い方**

①　**よい味噌の選び方**

　色　　　　：特有の冴えた色をしているものがよく，灰色がかったものや色む
らのあるものは避ける。

香　　り：食べたときに香りが高いものがよく，大豆臭，酸臭，薬品臭のあるものはよくない。

　　**味　　　**：食塩単独の塩辛さがあるものは塩が馴れていないものである。豆味噌には特有の苦みや渋みが特徴となるが，米味噌や麦味噌では苦みや渋みの少ない，味の調和がとれたものがよい。

　　② **取り扱い方**　　空気に晒されると表面より褐変し風味も落ちるので，低温で密閉して保存する。開封した味噌では密閉容器に移し替え，表面にラップを密着させ，冷蔵庫に保存するとよい。

（3）醤　　油

1）種類と特産地

　醤油の種類にはこいくち（濃口醤油），うすくち（淡口醤油），たまり（溜醤油），しろ（白醤油），さいしこみ（再仕込醤油）がある。これらは，それぞれ原料の配合割合や基本的な製造方法に特色のあるものであるが，醤油麹と食塩水より発酵・熟成して製造する本来の醸造方式，本醸造に加え，アミノ酸液等を添加して製造コストを低減させた混合醸造方式，混合方式などの製造方法がある。本醸造方式によるものが圧倒的に多く，その他の方式によるものは減少している。JAS規格では醤油の品質を，これらの方式にほぼ対応して，特級，上級，標準の3等級に区分している。

　　① **濃口醤油**　　濃口醤油はほぼ等量の蒸煮した大豆と炒った小麦により醤油麹をつくり，食塩水を加えて発酵，熟成して製造される。火入れにより赤みを帯びた黒褐色の色調となる。濃口醤油は全国的に生産され，全醤油生産量の約85％を占める。

　　② **淡口醤油**　　兵庫県の竜野を中心に発達した醤油であるが，現在では全国的に製造されている。色が薄くなるように工夫して醸造されたもので，塩分濃度は濃口醤油が17％（w/v）前後であるのに対し，19％（w/v）前後であり2％程高い（日本食品標準成分表では濃口醤油14.5％（w/w），淡口醤油16.0％（w/w））。全醤油生産量の約11％である。

③ **溜醤油**　大豆のみまたはそれに少量の麦や米を加えたものを原料に味噌玉麹をつくり醸造されたもので，濃口よりも全窒素分が多く，濃厚な味と独特な香りを有する醤油である。高級品は刺身やたれなど，普通品はせんべいなどの加工用の用途が多い。愛知県の生産が圧倒的に多く，ついで岐阜，三重が多い。全醤油の2％程度の生産量である。

④ **白醤油**　少量の大豆に麦を加えたもの，またはこれに小麦グルテンを加えたものを原料に醸造されたもので，ビールと同じくらいの色をしている。還元糖量が多く甘味の強い醤油である。色を薄くしたい料理や隠し味としての用途がある。生産量は増えつつあるが，それでも全醤油の 0.6％程度である。愛知県，千葉県での生産量が多い。

⑤ **再仕込醤油**　濃口と同じ原料であるが，食塩水の代わりに**生揚げ醤油**を用いて醸造される。濃口よりも食塩濃度が低く（14～17％），エキス分の多い濃厚な風味の高級醤油である。別名，甘露醤油ともいわれる。山口県の柳井地方の発祥であるが，現在では愛知県を中心に全国で生産されている。全醤油の1％程度の生産量である。

2）品質と取り扱い方

空気に触れると褐変し色が悪くなり，また乾燥すると濃縮されるので密閉して低温，暗所に貯蔵する。

（4）食　　酢

1）種類と特産地

農林水産省が定めた食酢品質表示基準による食酢の分類（表4-32）では酢酸菌を用いた発酵により生産される**醸造酢**と**合成酢**に大きく分けられ，醸造酢はさらに原料により穀物酢，果実酢およびその他の醸造酢に分けられている。穀物酢には米酢，米黒酢，大麦黒酢，およびその他の穀物を使用した穀物酢がある。果実酢はリンゴ酢とブドウ酢およびその他の果実酢に分けられている。合成酢の生産量は全体の約0.5％であり，食酢の大部分は醸造酢である。醸造酢には日本農林規格（JAS）があるが，合成酢については廃止された。食酢を

表 4-32　食酢の品質表示基準による分類とJAS規格

分　　　類			定　　　義	酸度	無塩可溶性固形分
食酢	醸造酢	穀物酢（醸造酢のうち，原材料として1種又は2種以上の穀類を使用したもので，その使用総量が醸造酢1Lにつき40g以上であるものをいう）	米酢	穀物酢のうち，米の使用量が穀物酢1Lにつき40g以上のもの（米黒酢を除く）をいう	4.2%以上	1.3%以上8.0%以下（米酢にあっては，1.5%以上8.0%以下，ただし，砂糖類，アミノ酸液および原材料の項に規定する食品添加物を使用していない米酢にあっては，1.5%以上9.8%以下）であること
			米黒酢	穀物酢のうち，原材料として米（玄米のぬか層の全部を取り除いて精白したものを除く。以下この項において同じ）又はこれに小麦若しくは大麦を加えたもののみを使用したもので，米の使用量が穀物酢1Lにつき180g以上であって，かつ，発酵及び熟成によって褐色又は黒褐色に着色したものをいう		
			大麦黒酢	穀物酢のうち，原材料として大麦のみを使用したもので，大麦の使用量が穀物酢1Lにつき180g以上であって，かつ，発酵及び熟成によって褐色又は黒褐色に着色したものをいう		
			穀物酢	米酢，米黒酢，大麦黒酢以外の穀物酢		
		果実酢（醸造酢のうち，原材料として1種又は2種以上の果実を使用したもので，その使用総量が醸造酢1Lにつき果実の搾汁として300g以上であるものをいう）	りんご酢	果実酢のうち，りんごの搾汁の使用量が果実酢1Lにつき300g以上のものをいう	4.5%以上	1.2%以上5.0%以下（りんご酢にあっては，1.5%以上5.0%以下）であること
			ぶどう酢	果実酢のうち，ぶどうの搾汁の使用量が果実酢1Lにつき300g以上のものをいう		
			果実酢	りんご酢，ぶどう酢以外の果実酢		
		醸造酢		穀物酢及び果実酢以外の醸造酢	4.0%以上	1.2%以上4.0%以下であること
	合成酢		合成酢	1.氷酢酸又は酢酸の希釈液に，砂糖類，酸味料，調味料（アミノ酸等），食塩等を加えた液体調味料であって，かつ，不揮発酸，全糖又は全窒素の含有率が，それぞれ1.0%，10.0%又は0.2%未満のもの		
				2.1又は氷酢酸若しくは酢酸の希釈液に醸造酢を混合したもの		

*酸　　度：希釈して使用されるもの（高酸度酢という）にあっては，それぞれの数値に希釈倍数を乗じて得た数値とする。

使用した製品では他の副材料と共に加工した多くの加工酢がある。

① **穀 物 酢**　穀物の使用量が1L中40g以上のものをいう。食酢全生産量の49%程度を占めている。

米　酢：穀物酢のうち，米の使用量が1L中40g以上のものを米酢という。米を原料に日本酒と同様にアルコール発酵を行い，ついで酢酸発酵して製造されたものである。

米 黒 酢：原材料として米（玄米のぬか層の全部を取り除いて精白したものを除く）またはこれに小麦もしくは大麦を加えたもののみを使用したもので，米の使用量が穀物酢1Lにつき180g以上であり，かつ，発酵および熟成によって褐色または黒褐色に着色したものである。このなかには，中国から伝来したときの古法を伝えているとされる壺酢がある。壺酢は深い琥珀色をし，やわらかな酸味とうま味，芳香をもつ上質の酢である。生産は鹿児島県の霧島市が有名である。

大麦黒酢：大麦のみを使用したもので，大麦の使用量が穀物酢1Lにつき180g以上であって，かつ，発酵および熟成によって褐色または黒褐色に着色したものである。

穀 物 酢：JASで穀物酢と表示されているものには，酒粕よりつくられる粕酢，麦芽酢および麦，酒粕，アワ，トウモロコシなどの複数の原料を使うものなどが一括されている。

② **果 実 酢**　果実の搾汁の使用量が1L中300g以上使用したものをいう。リンゴ酢（サイダービネガー），ブドウ酢（ワインビネガー），その他の果実酢に分けられる。バルサミコ酢は北イタリア，エミリアロマーニャ州モデナ地方で伝統的な方法により生産されている**ワインビネガー**である。トラディツィオナーレと呼ばれる伝統的なバルサミコ酢は，限られた品種のブドウの果汁を濃縮し，樽を移し替えながら12年以上も発酵熟成させたものである。日本での果実酢の生産量は全食酢中の約5%である。

③ **醸 造 酢**　JASでは穀物酢と果実酢を除いたその他の醸造酢を醸造酢と表記している。生産量は全食酢の約45%を占めている。市販の醸造酢ではア

ルコールと酒粕，アルコールと米を原料としているものが多い。アルコールと種々の栄養源を用いて深部発酵により製造される酸濃度10%以上の高酸度醸造酢もこれに含まれる。高酸度醸造酢は欧米では希釈して（5〜7％）家庭用としても多く市販されているが，日本ではマヨネーズなどの加工用がほとんどである。

④　**合 成 酢**　　合成酢は氷酢酸や酢酸を原料に種々の物質を調合して製造する。一般家庭向けはほとんどなく，大部分は加工原料として用いられている。

⑤　**加 工 酢**　　柑橘類の搾汁である生ポン酢，それに食酢を混合したポン酢および醤油などで味つけした味つけポン酢などがある。

2）品質と取り扱い方

食酢は殺菌作用を有し保存性がよく，特別の注意は必要ないが，密栓して冷暗所に貯蔵する。

22. 調　味　料

（1）砂　　　糖

1）種類と特徴

サトウキビからの**カンショ糖**とサトウダイコンから精製した**テンサイ**（ビート）**糖**が主なもので，その他にサトウカエデからのメープルシュガーやサトウヤシからのヤシ糖がある。世界的には約60％がカンショ糖，40％がテンサイ糖である。

搾汁を煮詰めて石灰で精製したものを冷やすと砂糖の結晶がでるが，これをこのまま糖蜜分も含めて固めたものを**含蜜糖**，遠心分離などにより糖蜜を除いたものを**分蜜糖**という。含蜜糖には黒砂糖，赤砂糖，白下糖などがある。分蜜糖を活性炭やイオン交換樹脂で精製して種々の**精製糖**やそれを加工した**加工糖**が生産される。

精製糖は結晶化の方法により結晶粒が大きく水分の少ないざらめ糖（双目

表4-33　砂糖の平均成分

種　類	ショ糖(%)	還元糖(%)	灰分(%)	水分(%)	色調	平均粒径(mm)
白　双　糖	99.80	0.04	0.02	0.01	白　色	2.01
中　双　糖	99.65	0.08	0.03	0.03	淡褐色	2.35
グラニュー糖	99.73	0.07	0.03	0.06	白　色	0.44
上　白　糖	97.85	1.14	0.03	0.69	白　色	
中　白　糖	95.55	2.23	0.28	1.55	淡褐色	
三　温　糖	94.33	2.68	0.58	1.75	褐　色	
角　砂　糖	99.8	0.07	0.03	0.15	白　色	0.21
氷　砂　糖	99.8	0.06	0.01	0.06	白色透明感	
黒　　糖	75〜86	2.0〜7.0	1.3〜1.6	5〜8	黒褐色	
液糖 ショ糖型	固形分67〜68％，グラニュー糖相当製品から裾物まで各種					
50％転化型	固形分75〜76％，ショ糖：還元糖約半々，上物から裾物まで各種					
和　三　盆　糖	97.72	0.54	0.69	0.14	黄白色	

糖）と粒径が小さく水分の多いくるま（車）糖に分類される。ざらめ糖には結晶粒径1〜3mmで無色の白ざら糖，黄褐色の中ざら糖および粒径0.2〜0.7mmの白ざら糖であるグラニュー糖がある。くるま糖は粒径が0.1〜0.2mmで，精製度の高い順に白色の上白糖，淡褐色の中白糖および褐色の三温糖があり，固結防止と湿潤性のために最終工程で転化糖溶液を噴霧して加えてある。上白糖は精製糖生産量の約60％を占めている。

　和菓子材料に用いられる和三盆糖は香川県と徳島県が特産地で，白下糖より伝統的な研ぎと押しの工程で糖蜜を除いた分蜜糖である。くるま糖よりも粒径が小さく，風味豊かな砂糖である。

　加工糖には氷砂糖，角砂糖，顆粒状糖，粉糖，液糖などがある。

　2）取り扱い方

吸湿性が高いので密閉して保存することが重要である。

（2）塩

1）種類と特産地

食塩は長い間専売品であったが，1997（平成9）年4月専売制度が廃止された。

表 4-34　センター塩の品質規格

塩　　種	製造方法	包装量目	品　質　規　格		
			NaCl 純度	粒　　度	添　加　物
食　卓　塩	原塩を溶解し再製加工したもの	100g	99%以上	500〜300μm85%以上	塩基性炭酸マグネシウム基準0.4%
ニュークッキングソルト		350g	同上	同上	同上
キッチンソルト		600g	同上	同上	同上
クッキングソルト		800g	同上	500〜212μm85%以上	同上
精　　製　　塩		1 kg	99.5%以上	500〜180μm85%以上	塩基性炭酸マグネシウム基準0.3%
		25kg	同上	同上	なし
特 級 精 製 塩		25kg	99.8%以上	同上	なし
家　　庭　　塩	イオン交換膜電気透析法によるかん水を煮つめたもの	700g	95%	600〜250μm80%以上	なし
食　　　　塩		1 kg	99%以上	600〜150μm80%以上	なし
		5 kg	同上	同上	なし
		25kg	同上	同上	なし
さしすせそると		500g	98.5%以上	同上	第二リン酸ナトリウム0.3%　塩基性炭酸マグネシウム0.4%
並　　　　塩		25kg	95%以上	同上	なし
つ け も の 塩	原塩を洗浄し粉砕したもの	2 kg	同上	粒度平均800μm程度	リンゴ酸基準0.05%　クエン酸基準0.05%
原　　　　塩	外国から輸入した天日塩など	25kg	同上		
粉　　砕　　塩	原塩を粉砕したもの	25kg	同上	粒度1,180μmをこえるもの15%以下，500μmを通過するもの40%以下	

　塩の種類および品質規格は，それまでは日本専売公社およびそれを引き継いだ日本たばこ産業株式会社により定められていた。これらの専売塩の販売管理は，財務省管轄の塩事業センターに引き継がれ，センター塩として販売が続けられている。表4-34に食塩の種類と規格を示す。また，専売制度が廃止されたため多くのブランドがでてきており，天然塩などの呼称で市販されている。

2）取り扱い方

　塩は相対湿度75%以上だと溶けだし，それ以下だと乾燥する。また，ニガリ含量が高い塩はより低い湿度で溶解する。このため，固結しやすいので密閉して貯蔵する必要がある。

（3）うま味調味料と風味調味料

1）種類と特徴

① **うま味調味料**　うま味調味料として用いられているものにはコンブのうま味成分として発見されたアミノ酸系のL－グルタミン酸一ナトリウム（**MSG**：monosodium-L-glutamate）とカツオ節のうま味物質である核酸系の5′－イノシン酸ナトリウム，シイタケのうま味物質である5′－グアニル酸ナトリウムがある。アミノ酸系のうま味成分と核酸系のうま味成分は相乗効果がある。うま味調味料にはアミノ酸系の単一型とアミノ酸系と核酸系との複合調味料がある。単一型はMSG単品が加工食品に使われるだけでなく，MSGに核酸系うま味物質を1.5〜2.5％配合した低核酸複合調味料が家庭用うま味調味料の主流である。複合調味料といわれるのは核酸系うま味物質を8〜9％配合した高核酸複合調味料を指している。

② **風味調味料**　いわゆる，だしの素がこれにあたり，各種の節類，煮干し，コンブ，シイタケ，貝柱などの風味原料にうま味調味料，タンパク加水分解物，砂糖，食塩などを配合して乾燥し，粉末状や顆粒状にした調味料を風味調味料と呼ぶ。

（4）ドレッシング

1）種類と特徴

ドレッシングとは　JAS規格では，食用植物油脂および食酢もしくは柑橘類の果汁に食塩，糖類，香辛料を加えて調製し，水中油滴型に乳化した半固体状，もしくは乳化液状の調味料，または分離液状の調味料と定義している（表4-35）。ドレッシングおよびドレッシングタイプ調味料は図4-18のように分類されている。また，ドレッシングタイプ調味料とは食用油脂を使用していないもので，いわゆるノンオイルドレッシングなどを指している。

2）品質と取り扱い方

ドレッシング類は食酢や食塩を使っているため，それらの作用により微生物による腐敗には抵抗性のあるものが多い。品質劣化は油脂の酸化，アミノ-カ

表4-35　ドレッシングおよびドレッシングタイプ調味料の定義

用　　語	定　　　義
ド レ ッ シ ン グ	① 食用植物油脂（香味食用油を除く。以下同じ）および食酢若しくはかんきつ類の果汁（以下この条において「必須原材料」という）に食塩，砂糖類，香辛料等を加えて調製し，水中油滴型に乳化した半固体状若しくは乳化液状の調味料または分離液状の調味料であって，主としてサラダに使用するもの ② ①にピクルスの細片等を加えたもの
ドレッシングタイプ調味料	① 食酢またはかんきつ類の果汁に食塩，砂糖類，香辛料等を加えて調製した液状または半固体状の調味料であって，主としてサラダに使用するもの（食用油脂を原材料として使用していないものに限る） ② ①にピクルスの細片等を加えたもの
半固体状ドレッシング	ドレッシングのうち，粘度が30Pa·s以上のものをいう。
乳化液状ドレッシング	ドレッシングのうち，乳化液状のものであって，粘度が30Pa·s未満のものをいう。
分離液状ドレッシング	ドレッシングのうち，分離液状のものをいう。
マ ヨ ネ ー ズ	半固体状ドレッシングのうち，卵黄または全卵を使用し，かつ，必須原材料，卵黄，卵白，タンパク加水分解物，食塩，砂糖類，蜂蜜，香辛料，調味料（アミノ酸等）および香辛料抽出物以外の原材料および添加物を使用していないものであって，原材料及び添加物に占める食用植物油脂の重量の割合が65％以上のものをいう。
サラダクリーミードレッシング	半固体状ドレッシングのうち，卵黄およびデンプンまたは糊料を使用し，かつ必須原材料，卵黄，卵白，デンプン（加工デンプンを含む），タンパク加水分解物，食塩，砂糖類，蜂蜜，香辛料，乳化剤，糊料，調味料（アミノ酸等），酸味料，着色料及び香辛料抽出物以外の原材料及び添加物を使用していないものであって，原材料及び添加物に占める食用植物油脂の重量の割合が10％以上50％未満のものをいう。

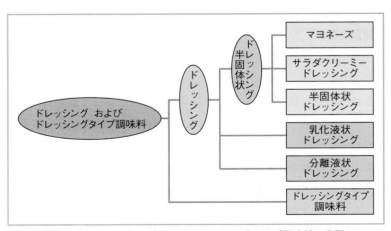

図4-18　ドレッシングおよびドレッシングタイプ調味料の分類

ルボニル反応による褐変，マヨネーズなどでは分離が問題となる。密閉し低温での貯蔵が望ましいが，冷凍すると乳化した製品では分離が起こる。また，密閉しても容器中に空気があると酸化するので，空気を追い出して保存するとよい。

23. 香 辛 料

　香辛料（スパイス）は植物体の一部，すなわち果実，花，蕾，樹皮，茎，葉，種子，根など，そのものか，その乾燥品あるいはそれより抽出したエキスなどであって，特有の香り，辛味，色調を有し，食品の風味や色を引き立たせ食欲を増進させたり消化・吸収を助けるものと定義される。一般に香辛料という場合，香草（ハーブ）も含めることが多く，非常に範囲の広いものである。スパイスは世界各地で使われているものを集めると350種とも500種ともいわれるが，わが国で利用されているものだけでも約100種はあるといわれる。日本で古くより薬味とされてきたものも香辛料の一部とみなされる。

（1）香辛料の種類と特徴
　香辛料は対象となる料理別に和風スパイス，洋風スパイス，中華風スパイスなどに分類されたり，特性によって香味性スパイス，辛味性スパイス，着色性スパイス，植物の使用部位などによりシーズ（種子類），ハーブ（葉）など，種々の観点から分類される。ここでは供給される形態により分類して説明する。

1）生スパイス
　葉サンショウ（木の芽），シソの葉，ショウガ，トウガラシ，グリーンペッパー，ニンニク，ワサビ，ユズ，ハーブ類などがあり，きざんで野菜的に使われたり，薬味などにされる。

2）乾 燥 品

ホールスパイス：原料となる植物の種子やつぼみを加工せず乾燥させたもの
で，シナモン，クローブ，コショウ，ターメリック，ナツメグ，メース，オー
ルスパイス，スターアニス，パプリカ，サフラン，オレガノ，タイム，セー
ジ，ローズマリー，バジル，ペパーミント，キャラウエー，マジョラム，チリ
ペッパー，ローレルなどがあり，そのまま調理の香味づけに用いられるものも
あるが，多くは使用前にきざんだり，粉砕して用いる。

パウダースパイス：ホールスパイスをあらかじめ粉砕したり，きざんで販売
しているもの。上記以外にカラシ粉，粉ワサビ，ジンジャー，フェンネル，ク
ミン，粉サンショウ，カルダモンなどがある。

3）混合スパイス

スパイス類や調味料をあらかじめ混合して使いやすくしたものである。

カレー粉とカレールウ：日本のカレー粉は数十種のスパイスを調合して，企
業的に生産・販売されているものがほとんどであるが，本場のインドなどでは
家庭により調合され，千差万別のカレー料理がつくられている。日本のカレー
粉は日本独特のものと考えてよいものである。カレールウは炒った小麦粉にカ
レー粉，食塩などの調味料，その他の副材料を加熱・混合してつくったもの
で，即席的にカレー料理がつくれるようにしたものである。現在固形状のもの
を中心に大量に出まわっている。

ブーケガルニ：日本語では"香草の束"と訳されるフランス語である。数種
類のハーブやスパイスをたこ糸で縛ったものや布の袋に入れたものである。

ピクリングスパイス：ピクルスをつけ込む際に用いる混合スパイスである。

チリパウダー：トウガラシを中心に数種のスパイスを混合したもの。アメリ
カ南部からメキシコ，中南米にかけて用いられている。メキシコ料理チリ・コ
ン・カーンは有名である。

タバスコソース：米国ルイジアナ州のタバスコ地方に産するタバスコ種のト
ウガラシを岩塩でつけ込み，発酵した後すり潰して裏ごしし，塩分と酢で味を
調整したもの。ピザパイやスパゲッティなどに用いられる。

五香粉(ウーシャンフェン)：花椒（サンショウに似た中国の植物），クローブなど5種のスパイスを混合した中華風混合スパイス。鶏のから揚げなどに用いる。

　　花椒塩（ホワジャオイエン）：花椒の実の乾燥果皮に適量の食塩を混合したもの。中華料理に用いられる。

　　ラ ー 油：あらびきしたトウガラシとゴマ油を混合したもの。

　　七味トウガラシ：七色トウガラシともいう。標準的にはトウガラシ，ゴマ，ケシの実，青ノリ，アサの実，ちんぴ，サンショウをほぼ等量ずつ混合しているが，多くのバリエーションがある。

　　シーズニングスパイス：スパイスと食塩，砂糖などを混合し手軽に使えるよう調合したもの。塩コショウ，ガーリックソルト，ゴマ塩，シナモンシュガーなどがある。最近は，特定の料理に専用に用いる種々の組み合わせのものが市販されている。

（2）香辛料の取り扱い方

　　高温多湿，光，酸素により変質が速まるので，密閉して遮光し，低温に貯蔵する。

24. インスタント食品

　　インスタント食品とは，法律的規制を受けた名称ではなく，簡単な調理操作ですぐに食べられるように加工された即席食品につけられた俗称（呼称）である。広義には，「煩雑な調理操作や長い調理時間が不要で，貯蔵・保存に特別な器具を必要とせず，輸送や携帯に便利な食品」を示す（表4-36）。1958（昭和33）年にインスタントラーメン（即席めん）が誕生するなど，1950〜1960年代に相次いでインスタント食品が発売された。これによって家事が省力化され，利便性の高いインスタント食品の需要が増し，日本の食生活に定着した。

表4-36　インスタント食品の分類

1．食品加工および加工された状態による分類		2．消費者の消費目的による分類	
缶詰・びん詰・レトルト食品	牛飯，釜飯，赤飯，カレー，その他の各種調理済み食品	主　食	牛飯，焼飯，赤飯，釜飯，各種麺類など
半乾燥または濃縮(厚)食品	レバーペースト，その他のスプレッド，そば・うどんの汁，濃縮スープ類	副　食	茶碗蒸し，すきやき，豚汁，カレー，味噌汁，ハンバーグステーキ，その他の調理済み食品，スープ類など
乾燥食品	即席めん類，即席カレー，インスタントコーヒー，粉末清涼飲料，粉末スープ，即席みそ汁，調理済み食品	嗜好品	コーヒー，紅茶，ココア，緑茶，プリン，汁粉など
冷凍食品	すきやき，茶碗蒸し，うなぎ蒲焼き，ハンバーグステーキ，シュウマイ，ギョウザ，各種スティック，フルーツカクテル	飲　料	天然果汁粉末，清涼飲料粉末など

（1）レトルト食品

1）レトルトパウチ食品の定義

　レトルトパウチ食品は，"レトルト"が大気圧以上の圧力を加えて加熱処理できる殺菌釜を意味するため，その名前から，高圧釜で殺菌しパウチ（袋）詰めした食品と理解されるが，**食品表示法**に基づき策定された内閣府令「食品表示基準」に，「プラスチックフィルム若しくは金属はく又はこれらを多層に合わせたものを袋状その他の形状に成形した容器（気密性及び遮光性を有するものに限る。）に調製した食品を詰め，熱溶融により密封し，加圧加熱殺菌したものをいう」と定義されている。また，**食品衛生法**には，レトルトパウチ食品に完全に合致する定義の食品はないが，**容器包装詰加圧加熱殺菌食品**が「食品（清涼飲料水，食肉製品，鯨肉製品，魚肉ねり製品を除く）を気密性のある缶，びん，レトルトパウチ，プラスチック容器などの包装に入れ，密封した後，加圧加熱殺菌したもの」と定義されており，このなかに含まれる。食品衛生法に基

づく「食品，添加物等の規格基準」では，ボツリヌス菌の耐熱胞子を死滅させるため，製造時に「そのpHが4.6を超え，かつ，水分活性が0.94を超える容器包装詰加圧加熱殺菌食品にあっては，中心部の温度を120℃で4分間加熱する方法又はこれと同等以上の効力を有する方法」で殺菌することが定められている。すなわち，レトルトパウチ食品とは，**調理した食品を遮光性と気密性のある容器に詰め，120℃，4分加熱相当以上の高圧加熱殺菌したもの**といえる。

その表示に関しては，「食品表示基準」に，レトルトパウチ食品である旨を表示することなど詳細が定められている。また，容器包装詰加圧加熱殺菌食品として，殺菌方法を明記することが定められている。

2）包装材および包装方法

レトルトパウチ食品の包材は，120℃以上の耐熱性があるだけでなく，気密性がなければならない。すなわち，食品衛生法の定めに従い，耐圧縮試験，熱風封かん強度試験，落下試験において規定の水準に達する必要がある。

現在市販されている一般的な耐熱性積層フィルムの構成は，外側から，ポリエステル／ナイロン／アルミ箔／ポリプロピレンとなっている。一番内側のフィルムはヒートシール用で120℃の耐熱性に耐えうるポリプロピレンが用いられる。容器の口に約2 kg/cm²の圧力で約180〜230℃の熱を加えることで，内側で接している2枚のポリプロピレン部分同士が熱融合して接合される。次層は，光や酸素の透過性が全くないアルミ箔。長期保存が可能になるものの，電子レンジが使用できない原因でもある。さらにその外側のナイロンは突き刺し強度が優れており，流通中に穴があく事故を防ぐ目的で使われている。そのため，外箱に入ったレトルト袋の場合にはこの層がない場合が多い。最外層のポリエステルフィルムは印刷がきれいに載る素材である。

遮光性がなくレトルトパウチ食品の定義には合致しないが，アルミ箔を使わないシリカ蒸着PETフィルムを用いた容器包装詰加圧加熱殺菌食品は，電子レンジにかけることができるため，利便性が高い。

3）レトルトパウチ食品の取り扱い方

レトルトパウチ食品は，袋を入れたときに十分に浸るくらいの量の沸騰水中

で温める。また，レトルトパウチの耐熱温度が130℃程度のため，それ以上になるフライパン加熱，庫内温度130℃以上のオーブン加熱などは避ける。なお，包装材にアルミ箔を使用するレトルトパウチ食品の場合は，そのまま電子レンジにかけても加温できないため，**電子レンジを使用する場合**にはあらかじめ中身を電子レンジ対応容器に移す必要がある。

レトルトパウチ食品は，細くとがったもので刺すと穴があき，腐敗，油脂の酸化など品質劣化につながるため，パウチフィルムを傷つけないよう注意が必要である。

レトルトパウチ食品の**賞味期限**はそれぞれ商品に表示されているが，常温保存で約1〜2年である。

（2）即席めん

即席めん類の日本農林規格（**JAS規格**）では「1　小麦粉又はそば粉を主原料とし，これに食塩又はかんすいその他めんの弾力性，粘性等を高めるもの等を加えて練り合わせた後，製めんしたもの（かんすいを用いて製めんしたもの以外のものにあっては，成分でん粉がアルファ化されているものに限る。）のうち，添付調味料を添付したもの又は調味料で味付けしたものであって，簡便な調理操作により食用に供するもの（凍結させたもの及びチルド温度帯で保存するものを除く。）。2　1にかやくを添付したもの」と定義されている。

1）即席めん類の種類

消費者のさまざまなニーズに対応するため，**即席めんも多様化している。即席めんの容器・加工法・味による分類を表4-37に示した。

インスタントラーメン（図4-19）は誕生以来袋入り（**袋めん**）で販売されていたが，1971（昭和46）年に，**カップめん**が誕生した。カップめんでは，包装容器が包装，調理器具，食器の3つの役割を担っている。このカップめんの生産量（食数）は，1989（平成元）年には袋めんを上まわり，2010（平成22）年に袋めんの約2倍となった。

また，めんの処理方法は，**油揚げめん**と**非油揚げめん**に大別できる。揚げ処

表 4 -37　即席めんの分類

分 類 項 目	
包 装 容 器	袋めん カップめん
め ん の 種 類	中華めん（ラーメン，やきそばなど） 和風めん（うどん，そばなど） 欧風めん（スパゲッティなど）
めんのα化の有無	α化めん（蒸熱後乾燥） 非α化めん（蒸熱せずに乾燥）
め ん の 処 理 方 法	油揚げめん（140〜160℃の揚げ油で 1 〜 2 分加熱） 熱風乾燥めん（80℃前後の熱風で30分以上乾燥） 生タイプ即席めん（有機酸で処理後殺菌）
食　　べ　　方	汁もの（ラーメン，かけそば，かけうどんなど） その他（焼きそばなど）
味	醤油味，塩味，とんこつ味など

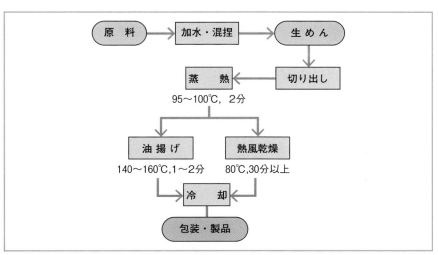

図 4 -19　即席中華めんの製造工程

理により，油揚げめんは，脂質が可食部100gあたり約20g含まれ，非油揚げめんの4倍量に相当する。また，水分量は油揚げめんが概して低い。JAS規格では，生タイプ即席めん以外の即席めんの水分量は14.5%以下と定められている。

2）油脂の酸化防止

油揚げめんにはパーム油，純正ラード，ゴマ油，またはこれらの混合油が用いられる。これらの**油脂が酸化すると品質が劣化する**ので，食品衛生法規格基準の成分規格として，含有油脂の酸価3以下，過酸化物価30以下，さらに，JAS規格では，油揚げめんの酸価を1.5以下と定めている。また食品衛生法規格基準では，保存基準として**直射日光を避けて保存**すると定めている。

（3）フリーズドライ食品

フリーズドライは，食品を冷凍し，気圧を真空に近い状態（水の沸点が−4℃程度になる）まで下げたところで，加温して昇華により水分を取り除いて乾燥させたものである。低温で氷が直接水蒸気になって乾燥するため，食品成分の変化を抑えて乾燥させることができる。また，氷のあった空洞にお湯が浸み込むために素早く湯戻りする。熱の影響をほとんど受けないので，食材の色・風味・食感などが復元されやすく，ビタミンなどの栄養価が損なわれにくい。保存料を使用せず，常温での長期間保存を可能とする。即席みそ汁・即席スープでは，1食分を具材ごと，小分けのトレイ（型枠）に入れて，約−30℃の凍結庫で中心までしっかり凍らせ，真空凍結乾燥機で乾燥させる。

（4）その他の乾燥食品

1）噴霧乾燥（スプレードライ）

スラリーやエマルション状態の食品を孔径の小さいノズルから熱風中に噴霧して，瞬間的に水分を除去する方法である。食品が微細な粒子として噴出されるため急速に乾燥され，また，蒸発潜熱により食品の温度上昇が抑制されるため，過熱による品質の低下を抑えることできる。粉乳，インスタントコーヒー

などに利用される。即席みそ汁には，噴霧乾燥した味噌に調味料，乾燥した野菜・ワカメ・油揚げなどを混ぜて包装したものがある。

2）熱風乾燥（エアードライ）

熱風を食品に吹き付けて水分を蒸発させる方法である。箱型，トンネル式，コンベア式などがある。熱風乾燥した食品は，硬く縮んだ状態になるので戻しに時間がかかるが，体積が少なくなり，備蓄や携行食に向いている。5年程度の長期保存が可能なものもある。

25. 冷 凍 食 品

（1）冷凍食品の定義

冷凍食品は，食品衛生法における「食品，添加物等の規格基準」では，「製造し，又は加工した食品（清涼飲料水，食肉製品，鯨肉製品，魚肉ねり製品，ゆでだこ及びゆでがにを除く。）及び切り身又はむき身にした鮮魚介類（生かきを除く。）を凍結させたものであって，容器包装に入れられたものに限る」と定義している。この定義によれば，急速凍結して，そのまま食品素材として流通する冷凍魚，冷凍肉，冷凍液卵は「冷凍品」であっても冷凍食品とはいえない。食材に何らかの前処理を施して，凍結した包装食品が冷凍食品とみなされる。また，この規格基準では，**保存温度が−15℃**と定められている。これは，微生物の増殖可能温度に基づき，長期保存における安全性の観点から決定された。一方，Codex規格（WHOとFAOが合同でつくった国際的食品規格）では，品質保持の観点から**−18℃**と定められている。

食品衛生法では，冷凍食品を4つに分類し（図4-20），冷凍食品の**安全性確保**のため，保存温度以外にも，**菌数などの成分規格**を定めている。その規格に合わないものの製造，輸入，販売はできない。**包装**に関しても，"清潔で衛生的な合成樹脂，アルミニウム箔または耐水性の加工紙"と定められている。

さらに，冷凍食品を製造する企業・団体が加盟する**日本冷凍食品協会**では，

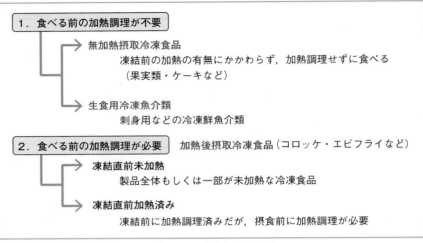

図 4-20　冷凍食品の分類

「HACCPに沿った衛生管理の制度化」で要求された「食品事業者が実施すべき管理運営基準」を反映した基準に基づく冷凍食品認定制度を設けている。認定された冷凍食品製造工場で製造された冷凍食品には，独自の**認定証マーク**（図4-21）を表示することができる。

図 4-21　冷凍食品認定
制度による認定証

（2）冷凍食品の種類と解凍

　解凍方法は解凍した食品の品質に大きく影響するが，冷凍食品の適切な解凍方法は，その食品の種類によって異なる。

1）魚介類の冷凍

　魚卵を含む生鮮品から味つけ品や蒲焼きなどさまざまな種類が販売されている。ここでは，生鮮品について取り上げる。

　生食用・加熱用いずれも，解凍により流出するドリップ量を極力抑える必要があるため，ゆっくり解凍（**緩慢解凍**）することが望ましい。また，品温の上

昇による品質の劣化を防ぐため，半解凍状態（氷温）に留める。冷凍すり身を解凍したときに必要以上に温度が上がると，かまぼこ様にゲル化する（すわり）ので，とくに注意が必要である。また，エビやイカなどの水産冷凍食品には，貯蔵中の乾燥や酸化を防ぐために凍結直後に氷水中をくぐらせてグレーズと呼ばれる氷の膜をつけている。解凍後，水分を十分ふき取ってから調理する。

　5℃前後で解凍する**低温解凍，自然（室温）解凍，水中（流水）解凍，氷水中解凍**などの方法がある。低温解凍では，時間がかかるが，戻り過ぎを防ぎ，微生物や酵素の影響も最小限に抑えることができる。氷水中解凍は，氷水中の熱伝導率が空気より高いため，低温解凍よりも解凍時間が短く，かつ低温解凍の利点も生かされている。また，**電子レンジを使って解凍**する場合は，短時間で解凍できるので衛生的である。しかし，戻し過ぎ，加熱ムラが起こりやすいため，低い出力で様子をみながら何度かに分けて電子レンジにかけ，必ず半解凍状態で止める。解凍終了後20〜30秒程度そのままにして，余熱を活用し，残りの解凍を進め，品温を均一にする。

2）野菜類の冷凍

　冷凍野菜は，とろろいもや漬物など一部の例外を除き，急速凍結前にブランチング（90〜100℃の熱湯を通す，または蒸気にあてて，調理加熱の70〜80％程度加熱すること）する。この操作により，細胞内の酵素類を失活させ，冷凍保存中の酵素作用による褐変等の変質を防いだり，組織を軟化させて，凍結による組織の破損を防いでいる。

　一般に，冷凍野菜は，事前に解凍はせず，そのまま調理に供する（**急速解凍**）。ブランチングを考慮に入れ，加熱しすぎないように注意する。ブロック凍結された野菜は，あらかじめ半解凍状態にしてから調理するとよい（**二段解凍**）。

　また，ブランチングされた冷凍野菜は，加熱調理としては不完全であるため，包装の一括表示欄の項目，凍結前加熱の有無に「加熱してありません」と表示されている。欄外に「軽く湯どおし（ブランチング）してある」と説明が

加筆されているものもあるが，誤解しないように注意が必要である。なお，あらかじめ完全に加熱し，解凍後加熱せずそのまま食べることができる冷凍野菜（枝豆など）もある。

3）調理冷凍食品

食材を，調味，成形，加熱などある程度調理してから凍らせたもので，多様な商品が製造・販売されている。調理冷凍食品のJAS規格は，フライ類，しゅうまい，ぎょうざ，春巻き，ハンバーグステーキ，ミートボール，フィッシュハンバーグ，フィッシュボール，米飯類，めん類の冷凍食品については，内閣府令「食品表示基準」によって表示の詳細が定められている。

自然解凍でそのまま食べられるものもあるが，基本的には，凍ったまま調理に供するものが多い（**急速解凍**）。商品が多様であるため，事前に調理方法を確認する。

（3）冷凍食品の品質と取り扱い方

冷凍食品の安全性と品質は，規格基準や表示基準によって管理されているが，購入後家庭で使用するまでは各消費者が適切に取り扱う必要がある。

1）購　入　時

冷凍食品の品質は保管温度に大きく左右される。そこで購入時には，冷凍ショーケースの温度が**ー18℃以下**に保たれていること，ショーケース内の冷凍食品が**ロード・ライン**（**積荷限界線**：ケース内のこの限界線以下は−18℃に保たれている）以下に陳列されていることを確認する。包装の内側に極端に霜がついているもの，乾燥により食品の一部が白っぽくなっているもの，形状変化がみられるものは，品質が低下している可能性がある。また，包装が破れているものは衛生的に問題である。なお，ムキエビなどの水産冷凍食品の表面に薄い氷の膜がついているのは，霜ではなくグレーズである。

2）持ち運び時

持ち運びの間に解凍されてしまうと品質が低下するため，**直射日光にはあてず**，持ち運びに時間がかかる場合は**ドライアイス等**を使用し，**できるだけ早く**

冷凍庫に移す必要がある。

3）家庭での保存

　冷凍食品は−18℃以下の冷凍庫（室）で保存する。JIS規格で**スリースター**または**フォースターの冷凍庫（室）**は，室温が15〜30℃であれば，冷凍負荷温度（食品温度）が−18℃以下になる能力を有する。−18℃以下で保存する場合は，購入時の品質が2〜3か月程度維持できると考えられる。包装を破ったものや使い残しを保存する場合は，乾燥や油やけが起こりやすいため，包装の中の空気を抜き，口を堅く閉じ，さらにポリ袋などで包みなおして保存する。一度解凍した**冷凍食品の再凍結**は，緩慢凍結となるため，元の品質に戻らないことがある。また，品温の高いものを冷凍庫（室）に入れると，庫（室）内温度の上昇により，他の冷凍食品の品質低下を招く可能性があるので，十分に留意する。

26. 弁　　　当

（1）弁当の概要

　弁当は，学校や会社に持ち運んで住居以外の場所で食べたり，行楽，自宅での簡単なもてなしや会食にも多く利用され，多様な食の形態に用いられている。

1）弁当の原型

　弁当を携行食として考えるならば，**日本最古の弁当**は糒（ほしいい）である。雑穀を蒸して干したもので，湯や水にひたす，もしくはそのまま食べたとされる。**飛鳥・奈良時代**に防人（さきもり）などが細長い布袋に入れて携帯した。また，**平安時代**には，強飯（こわい，こわめし）を握り固めた**屯食**（とんじき），葉で強飯を包んだ**裹飯**（つつみいい）など米飯加工品が，饗応の際に下級の者に供された。主食に副食（梅干し，味噌など）が添えられた弁当は，**鎌倉時代**の戦陣食からである。

2）弁当の名称

1603〜1604年に刊行された日葡辞典には，すでにBentoの項目があり，「引出しつきの文具箱に似た箱で，中に食物を入れて携行するもの」と記されている。戦国時代，織田信長が大勢の人に配る食事を「弁当」と名づけたことから始まるとされる。

弁当は，その容器や食べる場所，販売場所などで呼び名がつけられている。江戸時代の僧，松花堂昭乗が用いた十字の仕切りのついた絵の具箱を弁当箱に利用した弁当を松花堂弁当という。大阪の料亭「吉兆」の創業者，湯木貞一氏が茶懐石の弁当に使ったのが最初である。また，鉄道の開通後旅客のために駅で販売されるものを駅弁と称する。1970年代の旅行ブームによって，地域の特産品を組み込んだものなど，名物になった駅弁も多い。また，空港限定販売の空弁など新たな旅の弁当も生まれ人気がある。

3）さまざまな弁当

弁当は，単なる日常の携行食すなわちケの食事である場合と，お花見や観劇に持参したり，家の中での祝い事や法事，もてなし用の弁当など，ハレの食事として利用される場合がある。江戸時代には，茶の湯の文化の影響や町人文化の発展によって洗練，多様化していった。

茶の湯の文化から生まれた弁当には，茶道を確立した千利休による半月形の半月弁当，野外で用いられる茶道具一式を入れる茶箱を弁当箱にした茶箱弁当などがある。また，江戸時代後半に花開いた町人文化によって，飲酒と美食が一般化し，料理屋が料理箱の名で弁当をつくるようになった。料理屋から派生した仕出し屋は芝居見物客用に芝居の幕間用の弁当幕の内弁当を始めた。もともと芝居の関係者が楽屋で食べた仕出し弁当が始まりといわれる。また，料亭でも弁当形式の豪華な「膳料理」がつくられるようになった。

4）弁　当　箱

弁当の容器として，古くから，防腐効果も期待して，柏やホウなどの葉や熊笹などが用いられた。平安時代には，破子や面通など薄く削り取った白木を円形に曲げてつくった曲物が用いられた。室町時代に木工技術が向上し，安土桃

山時代に至ると，漆塗りの重箱や提重などが用いられるようになった。江戸時代に入ると，用途に応じた多様な弁当箱が誕生し，庶民の花見などの娯楽には提重，野良仕事には岡持ちや半切り桶，旅行には柳や竹で編んだ行李，腰弁当などが使用されていた。明治時代には，**アルミニウム製**の弁当箱，次いで**アルマイト製**のものが誕生し，昭和時代に向けて量産された。第2次世界大戦後は，**プラスチック製**の弁当箱，**ジャー式の保温弁当容器**などが利用されるようになった。

また，中食の需要増加により，コンビニエンスストアやスーパーマーケット，百貨店の地下売り場の弁当の登場で，電子レンジの使用可能な**耐熱性，耐油性に優れたプラスチック製**の弁当箱（ポリスチレン・ポリプロピレン・ポリプロピレン＋フィラー容器）や**再生紙で製造した紙ボックス**が普及してきた。

一方，観劇などのハレの場での弁当の容器としては塗り物（漆器）が用いられることもある。

5）弁当の内容

携行食としての弁当は，おにぎりその他**主食が中心**で，それにおかずとして梅干しや漬物，さらに料理が入れられた。しかし，近年は，ご飯より**副食をたくさん食べる傾向**が強くなってきた。盛りつけられる料理の種類も多様で，和風弁当，洋風弁当，中華風弁当，すし弁当などがある。

6）宅配弁当・持ち帰り弁当

1975（昭和50）年ごろに誕生した持ち帰り弁当専門店の急激な成長とコンビニエンスストアで売られている「コンビニ弁当」の普及などによって，弁当が，職場や学校，外出先で食べられるだけでなく，家に持ち帰っても食べられるようになり，その用途が拡大した。すなわち，家庭外で調理したものを自宅に持ち帰り食卓に並べる食生活が定着したことを意味する。また，宅配弁当の需要も増大している。この変化は，女性の社会進出や高齢者家庭の出現で，家庭内での調理が減ったことに起因すると考えられる。

新型コロナウイルス感染症の感染拡大により，出前・持ち帰りサービスの需要も高まったが，この場合は，食品の調理後，直ちに，簡易な包装を施し，注

文者に提供する。弁当を事業とする場合は，まとまった量の弁当を前もって調理し，調理後，提供までに一定の時間を要する点で異なっている。

（2）弁当の取り扱い方

　毎年の食中毒統計によると，**複合調理食品**（弁当・惣菜）の食中毒発生件数や患者数が上位を占めていることから，**弁当の衛生管理**には，十分な注意が必要である。「HACCPに沿った衛生管理の制度化」によって，全ての食品事業者のうち大規模事業者等はHACCPに基づいて，小規模な営業者等はHACCPの考え方を取り入れた衛生管理を実施するため，事業者自らが（業界団体が作成した手引書を参考にして）衛生管理計画を作成する。

　弁当の消費期限は，品質劣化が早いため，食品表示基準で義務付けている「年月日」だけでなく，必要に応じて「時間」まで表示することが望まれる。消費者は，購入するにあたって，価格だけでなく，消費期限などの表示を確認することが大切である。すぐ食べない場合は，品質の経時的変化ができるだけ少なく，保存性を加味した商品を求めなければならない。**購入後の運搬・温度管理**など，弁当の取り扱いには十分な注意が必要である。

　高齢者家庭の増加により，弁当の宅配事業が拡大しつつあるが，物流の発達により，従来の出前，仕出しをはるかに越える距離の配送を可能にした。さらに，ICT（情報通信技術）の整備・浸透が未知の製造者からの購入を促し，トラブルとなる事象も散見される。食中毒の面からも，今後注意を向ける必要がある。

27．機 能 性 食 品

　食品が有する三次機能は，健康の維持促進，疾病予防に働く**生体調節機能**（消化器系，循環器系，免疫系，内分泌・神経系の各臓器や細胞の働きに作用して恒常性維持に働く機能）である。機能性成分には食物繊維やポリフェノール類

図4-22　健康食品の分類

（厚生労働省　いわゆる「健康食品」のホームページ（https://www.mhlw.go.jp/stf/sei-sakunitsuite/bunya/kenkou_iryou/shokuhin/hokenkinou/index.html））

などの**非栄養素**以外に，アミノ酸や脂肪酸，ビタミン，ミネラルなどの**栄養素**成分も該当する。作用成分は消化管内で作用する成分と吸収後に作用する成分とに分かれる。日本で**機能性が表示できる食品**は，特定保健用食品（トクホ），栄養機能食品，機能性表示食品の3つである（図4-22）。

（1）特定保健用食品（トクホ）

　1991（平成3）年，世界で初めて食品に健康表示が許可されたものである。生理学的機能などに影響を与える保健機能成分を含む食品のことであり，消費者庁長官の許可を得て，特定の保健の用途に適する旨の文言とマーク（図4-23）を表示することができる。特定保健用食品に含まれる保健機能を有する成分を「**関与成分**」という。2009（平成21）年9月1日より特定保健用食品について，有効性と安全性の審査を担当する省庁が厚生労働省から消費者庁へ移管した。**個別許可型，規格基準型，疾病リスク低減表示，条件付き特定保健用食品**がある。

1）個別許可型

　科学的試験結果に基づいた個別の生理学的機能，特定保健機能，安全性に対し，国の審査を受けて承認を受けたものである。医薬品と間違われないために，疾病診断や治療，予防などに関する表現は認められない。

 特定保健用
食品

 条件付き特定
保健用食品

図 4-23　特定保健用食品許可マーク

2）規格基準型

すでに特定保健用食品としての許可実績が十分であるなど，科学的根拠が蓄積されている関与成分を含む食品について規格基準を定め，適合した食品に事務審査だけで承認する特定保健用食品である。2014（平成23）年2月時点で，整腸関係成分でオリゴ糖と食物繊維（9成分），血糖値関係成分で難消化性デキストリン（1成分）が定められている。

3）疾病リスク低減表示

特定保健用食品は疾病名の表示や病態の改善に関する表示はできないが，2005（平成17）年に関与成分の疾病リスク低減効果が医学的・栄養学的に確立されている場合にのみ，個別許可型で疾病名の表示が認められるようになった。この新制度によって「疾病リスク低減表示」が認められている関与成分は現時点，「カルシウムと骨粗鬆症」と「葉酸（プテロイルモノグルタミン酸）と神経管閉鎖障害」の2つである。

4）条件付き特定保健用食品

現行の特定保健用食品の審査で要求される有効性の科学的根拠のレベルには届かないが，一定の有効性が確認できる食品については，「条件付き特定用保健食品」として承認される。限定的な科学的根拠である旨の表示をすること「□□を含んでおり，根拠は必ずしも確立されていませんが，○○に適している可能性がある食品です」と表示することが条件とされる。

5）関与成分（表4-38）

関与成分は消化管内で作用する成分と吸収後に標的細胞へ到達し，作用する

表4-38　代表的な特定保健用食品関与成分

表示内容	関与成分
おなかの調子を整える食品	消化管内作用：乳酸菌・ビフィズス菌（*Lactobacillus, Bifidobacterium*），オリゴ糖類（イソマルトオリゴ糖，ガラクトオリゴ糖，キシロオリゴ糖，大豆オリゴ糖，フラクトオリゴ糖，乳果オリゴ糖，ラクチュロース，ラフィノース），食物繊維（寒天，グアーガム分解物，小麦ふすま，サイリウム種皮，低分子化アルギン酸ナトリウム，難消化性デキストリン，ポリデキストロース）
血圧が高めの方に適する食品	吸収後作用：ペプチド類（カゼインドデカペプチド，カツオ節オリゴペプチド，ごまペプチド，サーディンペプチド，のりオリゴペプチド，ラクトトリペプチト，ローヤルゼリーペプチド，ワカメペプチド），燕龍茶フラボノイド，γ－アミノ酪酸（GABA），酢酸，杜仲葉配糖体（ゲニポシト酸），
コレステロールが高めの方に適する食品	消化管内作用：食物繊維（キトサン，サイリウム種皮，低分子アルギン酸ナトリウム），植物性ステロール 吸収後作用：キャベツ・ブロッコリー由来天然アミノ酸（S－メチルシステオンスルホキシド：SMCS）
食後の血中の中性脂肪を抑える／体脂肪が付きにくい食品	消化管内作用：ウーロン茶重合ポリフェノール，グロビンたんぱく分解物，コーヒー豆マンノオリゴ糖，食物繊維（難消化性デキストリン），茶カテキン，リンゴ由来プロシアニジン 吸収後作用：エイコサペンタエン酸（EPA　イコサペンタエン酸：IPA），ドコサヘキサエン酸（DHA），ケルセチン配糖体，コーヒーポリフェノール（クロロゲン酸類），茶カテキン，中鎖脂肪酸，モノグルコシルヘスペリジン，β－コングリシニン
血糖値が気になる方に適する食品	消化管内作用：L－アラビノース，グアバ葉ポリフェノール，小麦アルブミン，食物繊維（難消化性デキストリン，大麦若葉由来），ネオコタラノール
ミネラルの吸収を助ける／骨の健康が気になる方に適する食品	消化管内作用：カゼインホスホペプチド（CPP），クエン酸リンゴ酸カルシウム（CCM），フラクトオリゴ糖，ヘム鉄，ポリグルタミン酸 吸収後作用：カルシウム，大豆イソフラボン，乳塩基性たんぱく質（MBP），ビタミンK_2，
虫歯の原因になりにくい食品	消化管内作用：糖アルコール（キシリトール，エリスリトール，マルチトール，パラチノース），茶ポリフェノール
歯の健康維持に役立つ食品	消化管内作用：カゼインホスホペプチド－非結晶リン酸カルシウム複合体（CPP-ACP），フクロノリ抽出物，緑茶フッ素，リン酸－水素カルシウム，リン酸化オリゴ糖カルシウム（POs-Ca）

（厚生労働省　いわゆる「健康食品」のホームページ（https://www.mhlw.go.jp/stf/seisakunitsuite/bunya/kenkou_iryou/shokuhin/hokenkinou/index.html））

成分に大別される。

① **おなかの調子を整える食品**　特定保健用食品のなかではこの用途の食品が最も多く，乳酸菌やオリゴ糖，食物繊維など，関与成分の種類も多い。作用部位は大腸で，腸内細菌叢を改善し，便通改善を目的としている。関与成分としては**乳酸菌，オリゴ糖，食物繊維**に大別される。吸収後に作用する成分は現時点ではなく，消化管内で作用する。

② **血圧が高めの方に適する食品**　消化管内で作用する成分は現時点ではなく，吸収後に作用する。対象ペプチド類（**カツオ節ペプチド**など）は血圧を上昇させるレニン－アンジオテンシン系のアンジオテンシン変換酵素（ACE）の作用を阻害する。γ－アミノ酪酸（GABA）はアミノ酸の一種で，抹消の交感神経系に抑制的に作用することで血圧を低下させる。

③ **コレステロールが高めの方に適する食品**　消化管内の作用として，**キトサン**や**低分子化アルギン酸ナトリウム**が腸管内で胆汁酸と結合し，排泄されることで，胆汁酸の再吸収を抑制し，コレステロールから胆汁酸への代謝を充進する。

④ **食後の血中の中性脂肪を抑える／体脂肪が付きにくい食品**　**ケルセチン配糖体**は，トリグリセリド分解関与ホルモン感受性リパーゼやβ酸化関連酵素を活性化し，脂肪燃焼を充進する。**クロロゲン酸**は，ミトコンドリアでのβ酸化を充進する。**茶カテキン**は細胞内小器官（ミトコンドリアやペルオキシソーム）でのβ酸化に関わる酵素の活性を高め，脂肪の燃焼を促進する。**モノグルコシルヘスペリジン**は脂肪合成の抑制およびβ酸化を充進する。**EPAやDHA**は脂肪酸およびトリグリセリドの合成低下，分解促進，VLDL（超低密度リポたんぱく質）の代謝充進などにより脂質代謝を調節する。**中鎖脂肪酸**は，長鎖脂肪酸とは異なる代謝特性を利用している。

⑤ **血糖値が気になる方に適する食品**　**L－アラビノース**は，スクラーゼ阻害する。**グアバ葉ポリフェノール**は，α－アミラーゼおよびα－グルコシダーゼ阻害する。**小麦アルブミン**は，α－アミラーゼ阻害作用が報告されている。**難消化性デキストリン**は，小腸でのグルコース吸収を阻害する。

⑥　**ミネラルの吸収を助ける／骨の健康が気になる方に適する食品**　　大豆イソフラボンは，**エストロゲン**（女性ホルモン）**様**作用により，骨吸収を抑制し，骨形成を促進する。**乳塩基性たんぱく質**（MBP）は，破骨細胞のはたらきを抑制し，骨吸収を低下させ，骨芽細胞を増やして骨形成を促進する。ビタミンK$_2$は，骨形成を促進する。

⑦　**虫歯の原因になりにくい食品**　　吸収後に作用する成分は現時点なく，消化管内で作用する。キシリトールはう蝕（虫歯）の原因となるミュータンス菌に利用されにくく，エナメル質の再石灰化を促進する。

⑧　**歯の健康維持に役立つ食品**　　吸収後に作用する成分は現時点なく，消化管内で作用する。カゼインホスホペプチドー非結晶リン酸カルシウム複合体（CPP-ACP），リン酸一水素カルシウム，リン酸化オリコ糖カルシウム（POs-Ca）は，エナメル質の再石灰化を促進する。緑茶フッ素は，エナメル質の耐酸性増強作用を有する。

（2）栄養機能食品

　通常の食生活で1日に必要とされる量（**栄養素等標準基準値**）を摂取することが困難である成分の**補給**や**補完**に利用することを目的としている。栄養素等表示基準値は，国民の健康の維持増進を図るために示されている18歳以上の栄養成分の摂取量の基準を，性および年齢階級ごとの人口により加重平均した基準値であり，食品を購入する際の目安となる値である。

1）対象成分

　n－3系脂肪酸，ミネラル6種類（亜鉛，カリウム，カルシウム，鉄，銅，マグネシウム），ビタミン13種類（ビタミンA,B$_1$，B$_2$，B$_6$，B$_{12}$，C,D,E,K，ナイアシン，パントテン酸，ビオチン，葉酸，ただし，β－カロテンを除く）に限定されている。

2）表示について

　機能表示に関しては個別審査の必要はなく，対象栄養素が厚生労働省規定基準量（**上限値，下限値**）を満たしていることで栄養機能表示ができる。

一般的な食品表示内容に加え，栄養機能食品であること，栄養成分の名称および機能，栄養成分量・熱量，１日あたりの摂取目安量あたりの量，摂取するうえでの注意事項，バランスのとれた食生活の普及を図るための文言，消費者庁長官が個別に審査をしているかのような表示をしないこと，１日あたり摂取目安量に含まれる当該栄養成分量が栄養素等表示基準値に占める割合，調理または保存方法に関して注意を必要とするものはその注意事項の表示が義務付けられている。

（3）機能性表示食品

　2015（平成27）年４月，新たに「機能性表示食品」制度が施行された。事業者が対象食品の機能性と安全に関する科学的根拠などの必要事項を消費者庁長官に届出て受理されれば，受理された60日後から機能性を表示して販売できる**届出型**食品である。2023（令和５）年６月末時点で，受理後に撤回した商品を除き，3096品目が販売されている。

１）対象成分

　機能性表示別では，体脂肪や中性脂肪などの脂肪関係が約15％で最も多く，次に整腸＋血糖値，コレステロール＋中性脂肪関係で約13％。その他，睡眠・ストレス・疲労，血圧，整腸，肌，認知機能，眼の機能（アイケア），関節・筋肉・歩行，血糖に加え，免疫や排尿，血管の弾力に関係する品目が受理販売されている。消費者庁ホームページ「機能性表示食品の届出情報検索」サイトで最新情報を確認できる。

２）表示について

　一般的な食品表示に加え，機能性表示食品であること，届出番号，届出表示，１日あたりの摂取目安量，栄養成分量および熱量，機能性関与成分の含有量，摂取方法，摂取上の注意，問い合わせ先，「本品は疾病の診断，治療，予防を目的としたものではありません」の記載，「本品は疾病に罹患している者，未成年者，妊産婦（妊娠を計画している者を含む）および授乳婦を対象にした食品ではありません」の記載（生鮮食品には本表示はなし），「疾病に罹患して

いる場合は医師に，医薬品を服用している場合は医師，薬剤師に相談してください」の記載（生鮮食品には本表示はなし），「体調に異変を感じた際は，速やかに摂取を中止し，医師に相談してください」の記載（生鮮食品には本表示はなし），「食生活は，主食，主菜，副菜を基本に食事のバランスを」の記載，「本品は，事業者の責任において特定の保健の目的が期待できる旨を表示するものとして，消費者庁長官に届出されたものです。ただし，特定保健用食品とは異なり，消費者庁長官による個別審査を受けたものではありません」の記載が必要となる。

主要参考文献

〔第1章〕
・日本官能評価学会編　必読官能評価士認定テキスト　霞出版社　2020
・日本官能評価学会編　官能評価士テキスト　建帛社　2009
・佐藤　信　官能検査入門　日科技連出版社　1999
・古川秀子・上田玲子　続おいしさを測る　幸書房　2019
・官能評価分析―方法JISZ9080　日本規格協会　2004
・官能評価分析―用語JISZ8144　日本規格協会　2004

〔第3章〕
・小林三智子・神山かおる編著　食品物性とテクスチャー　建帛社　2022
・山野善正監修　進化する食品テクスチャー研究　NST　2012
・中濱信子・大越ひろ・森高初恵　おいしさのレオロジー　弘学出版　1997
・川端晶子編　食品とテクスチャー　光琳　2003
・松本幸雄　食品の物性とは何か　弘学出版　1991
・川端晶子　食品物性学　建帛社　1998
・島田淳子・下村道子編　調理とおいしさ　朝倉書店　1993
・山口蒼生子・柳沢幸江ほか　新版食事計画論　家政教育社　2002

〔第4章〕
・木田滋樹　米の食味評価最前線　全国食糧検査協会　1997
・農産物検査ハンドブック　穀物編　全国瑞穂食糧検査協会　2012
・食品工業編集部　米粉食品　光琳　2012
・大坪研一　米粉　幸書房　2012
・農産物検査員育成研修テキスト　全国瑞穂食糧検査協会　2012
・貝沼やす子　お米とごはんの科学　建帛社　2012
・大臣官房統計部　都道府県別の平成25年度水稲の生産事情　農林水産省　2013
・日本食品大事典第3版　医歯薬出版　2013
・珈琲の大事典　成美堂出版　2013
・地域食材大百科第1・2・4巻　農文協　2011
・青柳康夫編著　Nブックス改訂食品機能学〔第4版〕　建帛社　2021
・岩元睦夫ほか編　青果物・花き鮮度管理ハンドブック　サイエンスフォーラム　1991
・伊藤三郎編　果実の科学　朝倉書店　1991
・霜村春菜　野菜と果物の品目ガイド（改訂10版）　農経新聞社　2018
・日本果樹種苗協会ほか監修　図説果物の大図鑑　マイナビ出版　2016
・大石圭一編　海藻の科学　朝倉書店　1993

・畑江敬子　さしみの科学　成山堂書店　2005
・渡邉悦生編　魚介類の鮮度と加工・貯蔵　成山堂書店　1995
・日本食肉協議会編　食肉の知識　日本食肉協議会　2018
・齊藤忠夫・根岸晴夫・八田一編　畜産物利用学　文栄堂出版　2011
・川本伸一編集代表　生食のはなし　朝倉書店　2023
・成瀬宇平監修　食材図典Ⅱ加工食材編　小学館　2001
・松石昌典・西邑隆徳・山本克博編　肉の機能と科学　朝倉書店　2015
・成瀬宇平監修　食材図典Ⅲ地産食材編　小学館　2008
・日本食肉研究会編　食肉用語辞典（新改訂版）　食肉通信社　2010
・渡邊乾二編著　食卵の科学と機能―発展的利用とその課題―　アイ・ケイコーポ
　レーション　2008
・中村　良編　卵の科学　朝倉書店　1998
・厚生労働省　食鳥卵の成分規格
・日本鶏卵協会　鶏卵規格取引要綱
・日本農林規格　日本農林規格協会（JAS協会）
・冷凍食品取扱マニュアル　日本冷凍食品協会

索　引

■**責任編集**

青　柳　康　夫　女子栄養大学名誉教授・農学博士
　　　　　　　　────（序章，第2章，第4章15，17，21〜23）

筒　井　知　己　東京聖栄大学名誉教授・農学博士
　　　　　　　　────（第3章5，第4章2〜4，6，14）

■**執 筆 者**（執筆順）

飯　田　文　子　日本女子大学家政学部教授・博士（応用生命科学）
　　　　　　　　────────────────────（第1章）

柳　沢　幸　江　和洋女子大学家政学部教授・博士（栄養学）
　　　　　　　　────────────────（第3章1〜4）

奈　良　一　寛　実践女子大学生活科学部教授・博士（農学）
　　　　　　　　────────────────（第4章1，5）

佐々木　弘　子　聖徳大学人間栄養学部教授・博士（栄養学）
　　　　　　　　──────────（第4章7，16，18〜20）

吉　川　秀　樹　京都光華女子大学健康科学部教授・博士（農学）
　　　　　　　　────────────────────（第4章8）

山　本　健　太　中村学園大学栄養科学部講師・博士（栄養科学）
　　　　　　　　────────────────────（第4章9）

小　櫛　滿里子　元相模女子大学栄養科学部准教授・博士（水産学）
　　　　　　　　──────────────────（第4章10，11）

吉　江　由美子　東洋大学食環境科学部教授・博士（水産学）
　　　　　　　　──────────────────（第4章10，11）

舩　津　保　浩　酪農学園大学農食環境学群教授・博士（水産学）
　　　　　　　　────────────────────（第4章12）

上　薗　　　薫　東京家政学院大学現代生活学部准教授・博士（食品科学）
　　　　　　　　──────────────────（第4章13，27）

真　部　真里子　同志社女子大学生活科学部教授・学術博士
　　　　　　　　──────────────────（第4章24〜26）

■編　者

公益社団法人　　日本フードスペシャリスト協会

〔事務局〕
〒170-0004　東京都豊島区北大塚 2 丁目20番 4 号
　　　　　　橋義ビル 4 階403号室
　　　　　　TEL　03-3940-3388
　　　　　　FAX　03-3940-3389

四訂 食品の官能評価・鑑別演習

1999年（平成11年） 9 月30日　　初 版 発 行
2004年（平成16年） 4 月 1 日　　新版発行〜第16刷
2014年（平成26年） 4 月10日　　三訂版発行〜第11刷
2024年（令和 6 年） 3 月 1 日　　四訂版発行

編　　　者　　(公社)日本フード
　　　　　　　スペシャリスト協会

発 行 者　　筑　紫　和　男

発 行 所　　株式会社 建 帛 社
　　　　　　　　　　KENPAKUSHA

112-0011　東京都文京区千石 4 丁目 2 番15号
　　　　　　TEL　　（03） 3944-2611
　　　　　　FAX　　（03） 3946-4377
　　　　　　https://www.kenpakusha.co.jp/

ISBN　978-4-7679-0753-6　C3077　　　　　亜細亜印刷／ブロケード
©日本フードスペシャリスト協会ほか，1999，2004，2014，2024.
（定価はカバーに表示してあります）　　　　　　　Printed in Japan

フードスペシャリスト養成課程教科書・関連図書

四訂 フードスペシャリスト論 [第7版]
A5判／208頁
定価2,310円（税10%込）

目次 フードスペシャリストとは　人類と食物　世界の食　日本の食　現代日本の食生活　食品産業の役割　食品の品質規格と表示　食情報と消費者保護

四訂 食品の官能評価・鑑別演習
A5判／280頁
定価2,640円（税10%込）

目次 食品の品質とは　官能評価　化学的評価法（食品成分と品質／評価）　物理的評価法（食品の状態／レオロジーとテクスチャー　他）　個別食品の鑑別

食物学 I ―食品の成分と機能―[第2版]
A5判／248頁
定価2,530円（税10%込）

目次 食品の分類と食品成分表　食品成分の構造と機能の基礎　食品酵素の分類と性質　色・香り・味の分類と性質　食品成分の変化　食品機能

食物学 II ―食品材料と加工，貯蔵・流通技術―[第2版]
A5判／240頁
定価2,420円（税10%込）

目次 食品加工の原理　各論（穀類・イモ・デンプン／豆・種実／野菜・果実・キノコ／水産／肉・卵・乳／油脂／調味料／調理加工食品・菓子・し好飲料）　貯蔵・流通

三訂 食品の安全性 [第3版]
A5判／216頁
定価2,310円（税10%込）

目次 腐敗・変敗とその防止　食中毒　安全性の確保　家庭における食品の安全保持　環境汚染と食品　器具および容器包装　水の衛生　食品の安全流通と表示

調理学 [第2版]
A5判／184頁
定価2,200円（税10%込）

目次 おいしさの設計　調理操作　食品素材の調理特性　調理と食品開発

三訂 栄養と健康 [第2版]
A5判／200頁
定価2,310円（税10%込）

目次 からだの仕組み　食事と栄養　食事と健康　健康づくりのための政策・指針　健康とダイエット　ライフステージと栄養　生活習慣病と栄養　免疫と栄養

四訂 食品の消費と流通
A5判／168頁
定価2,200円（税10%込）

目次 食市場の変化　食品の流通　外食・中食産業のマーチャンダイジング　主要食品の流通　フードマーケティング　食料消費の課題

三訂 フードコーディネート論
A5判／184頁
定価2,200円（税10%込）

目次 食事の文化　食卓のサービスとマナー　メニュープランニング　食空間のコーディネート　フードサービスマネジメント　食企画の実践コーディネート

フードスペシャリスト資格認定試験過去問題集 年度版
A4判／100頁（別冊解答・解説16頁付）　定価1,430円（税10%込）　最新問題を収載し，毎年2月刊行